神秘欢娱

人与香烟500年

雷景 著

Mystic Joy

500 Years of History in a Puff of Smoke

SPM 南方传媒 | 广东人民出版社
·广州·

图书在版编目（CIP）数据

神秘欢娱：人与香烟 500 年 / 雷景著 . -- 广州：广东人民出版社，2025. 1. -- ISBN 978-7-218-18124-0

Ⅰ . TS4-091

中国国家版本馆 CIP 数据核字第 2024V5N469 号

SHENMI HUANYU: REN YU XIANGYAN 500 NIAN

神秘欢娱：人与香烟 500 年

雷景　著

出 版 人： 肖风华

责任编辑： 马妮璐
责任技编： 吴彦斌
装帧设计： 明翊书业

出版发行： 广东人民出版社
地　　址： 广东省广州市越秀区大沙头四马路 10 号（邮政编码：510199）
电　　话：（020）85716809（总编室）
传　　真：（020）83289585
网　　址： http://www.gdpph.com
印　　刷： 天津鸿彬印刷有限公司
开　　本： 710mm×1000mm　1/16
印　　张： 21.5　　**字　　数：** 290 千
版　　次： 2025 年 1 月第 1 版
印　　次： 2025 年 1 月第 1 次印刷
定　　价： 99.00 元

序：香烟主义

并不是如同萨特一样，面对死亡威胁仍坚持“我要抽烟”，是在大病一场之后明确地知道，我不适合再继续抽烟，从而听从了医生的告诫。

正是在手指不再夹着各类香烟、双唇也不再轻轻地碰触它之后，香烟并没有因封存而从我生活中消失，它一次一次在头脑中活跃着。

我无意对香烟做颠覆性的重塑，我相信所有的前人，他们一直在认真地建造文明，除了战争从来没有将明知是黑色的颜料涂满玫瑰园的画布。

1

香烟是什么？首先一点它不是毒品，对有的人来说可以算作瘾品，无论是从繁重的劳作中抬起头来的耕作者，还是伏案思考的哲学家。

香烟给予人的快感是独特的，充满康德所说“消极的快乐”，一种邪恶之美，是一种关于欢愉的痛苦的享受。身体通过释放被毒素激发出的紧张情绪而获得片刻的轻松——人的这种舒适感来自自身奋力排除毒素的过程。

人与香烟交流的过程是快乐的，也是忧伤的。波德莱尔的《恶之花》和《巴黎的忧郁》中，到处都是香烟的身影。那些被点燃的事物，不仅是一支香烟，更是躁动的人性。

在战争和经济萧条期，由于人类在患难与共中需要相互慰藉，吸烟几乎被视为和食物一样重要的东西。

《香烟：一个人类痼习的文化研究》的作者、美国康奈尔大学教授理查德·克莱恩的一句话很精确地传达了这个意义："烟草能带给人精神上的荒谬体验，生理上的矛盾作用、不愉悦的快感，因而被现代文明狂热吸纳。"如同在烟草被欧洲人发现400多年后出现的摇滚乐对古老戒律的成功冲击、对更多未知世界的预期感到震惊一样，香烟于人类显示了文化价值和伦理道德观念的革命意义。

2

然而，香烟问世以来，就一直与不健康、犯罪、死亡相提并论，到最近30多年来达到顶峰。那么，人为什么喜欢这种口味不佳且令人不舒服的东西？

关于香烟与健康的话题，留给科学家们去重复下结论或者重新判断。本书仅用一个章节就有关香烟与健康的已有公众认知做一个梳理，以免有所偏颇。

同样作为法国人，学者迪迪埃·努里松在《烟火撩人：香烟的历史》中表达了对戒烟运动开始之后某些偏颇的担忧："强加给香烟的歇斯底里的谴责，在公共卫生的假面具之下，通过道德判断立法，同时扩大监管的权力及检查制度的范畴，以达到对自由的钳制。"

是的，抽烟曾经在它风行的早期展示了一种新物种和新时尚的魅力，在近代社会则与价值观中一种对自由、平等、博爱的渴望，以及没有它们时的叛逆相关联。它就是矗立在指间的价值灯塔，是一种可以称为主义的东西。

法国古典主义文学作家皮埃尔·路易斯，在 1896 年创作的小说《新快感》中描写道：“香烟是人类发明的新快乐，是智慧的发明，是标志现代文明和古代文明区别的东西。历史不是别的什么，历史就是香烟的历史 。”

3

更需要引起我们思考的是，这是一种巧合还是象征？烟草从被发现到风行、从种植到产业化的历程与人类文明全球化的进程完全重叠。

500 多年来，香烟是宗教一样的存在，是地理大发现的重要组成部分，是全球化文化融合与经济共同体形成的证明，是人性的真实外化，是政治和战争的触角……

欧洲的 16 世纪，是文艺复兴的收割期，是一个现代意识初生的年代。理性科学方法迅猛发展，随之而来的是中世纪以来神学信仰的丧失。在这种情况下，对时代焦虑具有确定性疗愈和补救功能的事物，烟草算一个。

法国摄影家考克托从形象的视角做出他的解释：取出，点燃，吸入，喷出，吸烟的仪式性魅力“征服了世界”。这个带有军事意味的隐喻含蓄地暗示了吸烟的两个主要诱惑：冒险与美丽。

因而，香烟，至少是一种文明现象，或者说是一个重要的文明工具。如果同时你还认为它是一种宗教，它是人类情感与生存方式，它是伴侣，是一种超验，那么，你是对的。或许这就是香烟主义。

4

烟有道。迪迪埃·努里松在《烟火撩人：香烟的历史》中说：“一个本来普通的物品被点燃后，便拥有了生命，它的存在变得更有价值。香烟发展的历程折射着社会的演进，点燃的烟火照亮、撩动了整个世界。”

这些香烟，有时是熄灭的，有时是燃烧的，有时被扔掉，有时在深夜不曾点燃，有时与人分享，有时独自收藏，有人憎恨它，有人爱戴它，既充当残忍的刑具，也做战地救人的手术刀，是友谊的纪念，也是爱情的象征。或许我们还可以循着柏拉图的“灵魂层次划分”，将“欲望之烟”香烟、“精神之烟”雪茄、“理性之烟”烟斗区分。

理查德·克莱恩也说：“没有对香烟的体验，等同于对现代文明的无知。”

西班牙诗人曼纽尔·马查多的《安达卢西亚之歌》中也有一句关于香烟的名言：“生命有如一支香烟 / 煤渣，灰烬和火焰 / 有的人匆匆吸完 / 有的人细细品味。”

而燃烧着别样火焰的香烟则是人类对于普罗米修斯式理想的悠长响应。因为火是人类的灵魂。

同时，从趋之若鹜到争议其对健康的损害，到底应该遵从禁烟规则还是遵从人性欲望，事实上一切并没有结束。

（另外简要说明本书对两个常用词的表述和使用界定：“烟草”用于植物、产业及相关领域；“香烟”用于终端制品。）

目 录

CONTENTS

02 财富风云 // 073

香烟的历史竟然具有一种伟大的共生性。公元1492年哥伦布发现了美洲大陆，同时发现了当地人使用烟草。从此烟飘全球，世界连接在一起。香烟作为文化现象和经济现象的500年，恰逢人类社会快速发展的时期，毫无疑问这是一个伟大的时代。

抽烟是能够为战斗之前和战斗之后疲惫不堪的神经提供放松的手段。它暂时将残酷的现实掩盖起来，让士兵获得片刻的自由。士兵与香烟，是一对重要的存在。在生与死的临界，那一口本就缥缈的烟雾带着宿命和挣扎，以及对生命的眷恋。

出乎我们后人的想象，当时自信甚至自负、处于海禁中的中国不仅接受了烟草，而且最初并没有把它明显地当作外国的东西，而是迅速地将烟草融入了本土的生产和生活。特别是对于烟草的近亲“鸦片”，体现出卓越的热情和创新。

▲ 16 世纪烟草种植园场景

◀ 1913 年，英美烟公司技师指导中国河南烟农

◀ 20 世纪 60 年代中国香烟生产车间

第三次工业革命以来新技术频现，新技术将如何影响烟草产业及烟草的社会文化现象具有重要意义。电子烟试图解除人和社会对传统烟草的依赖，而这种尝试超越了现实，缺乏成功的必要条件，发展时遭遇巨大阻力，挫败自然在所难免。

其实烟草的投资价值，早在它为各国贡献巨大的税收开始，就获得了全面的认同。1929年，美国股市崩盘后《华尔街日报》老板买入三支股票，烟草公司是其中之一。有人问巴菲特，烟草生意这么赚钱，你怎么看……

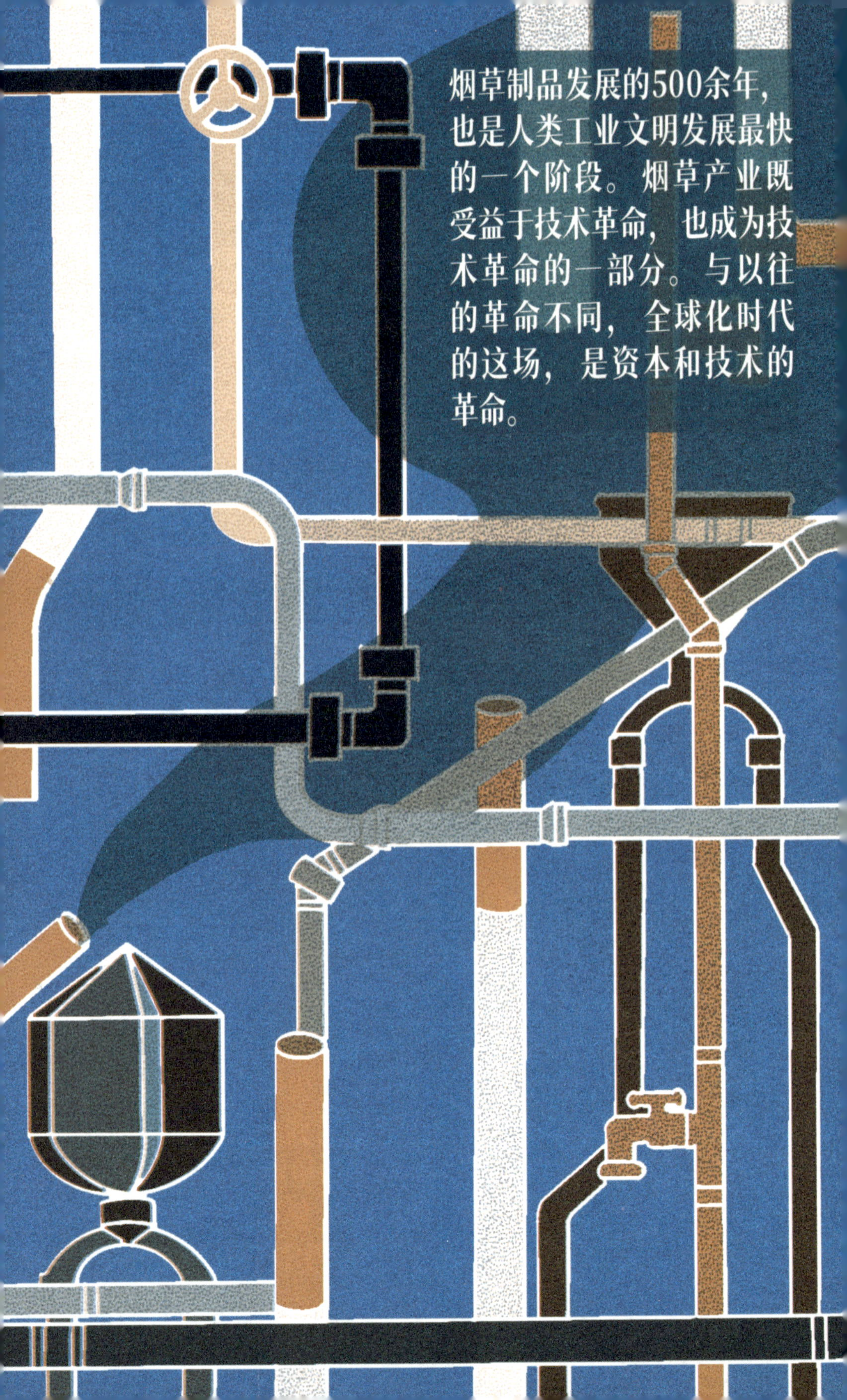

烟草制品发展的500余年，也是人类工业文明发展最快的一个阶段。烟草产业既受益于技术革命，也成为技术革命的一部分。与以往的革命不同，全球化时代的这场，是资本和技术的革命。

传说在很久以前，一位女神来到人间，她所到之处，就会长出烟草。烟草作为植物，它的出生本身就自带神奇，象征着一种华丽的冒险。它美丽的生长只为燃烧。在大工业文明的洗礼之下，金黄色的叶子幻化为数以万亿计的金钱。

萨特阐明了香烟与艺术的关系：吸烟与另一种行为有着特殊的关系，那就是艺术创作。吸烟的美学体验反映了人类的神秘心理和精神渴望，具有一种永恒的神秘欢愉——不是美丽的，绝对是超凡的。抽烟，在呼吸之外呼吸，是另一种呼吸。

雪茄总有一种神秘的牵引：抽雪茄不仅是一种生活方式，还是一种人生过程，是精神和信念的寄托，是情绪的释放，是思想的延伸，更是一种独特个性与力量的宣示。

烟斗给人以有城府、深沉的感觉——在纷乱的世界中可以心静如水。每一支香烟都是相同的，而每支烟斗都与众不同，如果说一名战士的生命靠枪来延长，那么一个成熟男人的生命的延长，或许在多种选择中你可以相信烟斗。

▲《自画像》(1889 年)·,(荷兰)文森特·凡·高

▲《拿烟斗的男孩》(1905 年),(西班牙)毕加索

◀《低俗小说》(1994 年,剧照),(美国)昆汀·塔伦蒂诺导演

▼《卡萨布兰卡》(1942 年,剧照),(美国)迈克尔·柯蒂斯导演

烟草产品也在悄然使人发生改变。1618年，詹姆斯一世以叛国为由将沃尔特·罗利爵士斩首。这是詹皇举行全国性禁烟的政治需要。罗利是使用烟斗的倡导者，最早开辟了弗吉尼亚至英国的贸易，是新生活和新观念的象征人物。

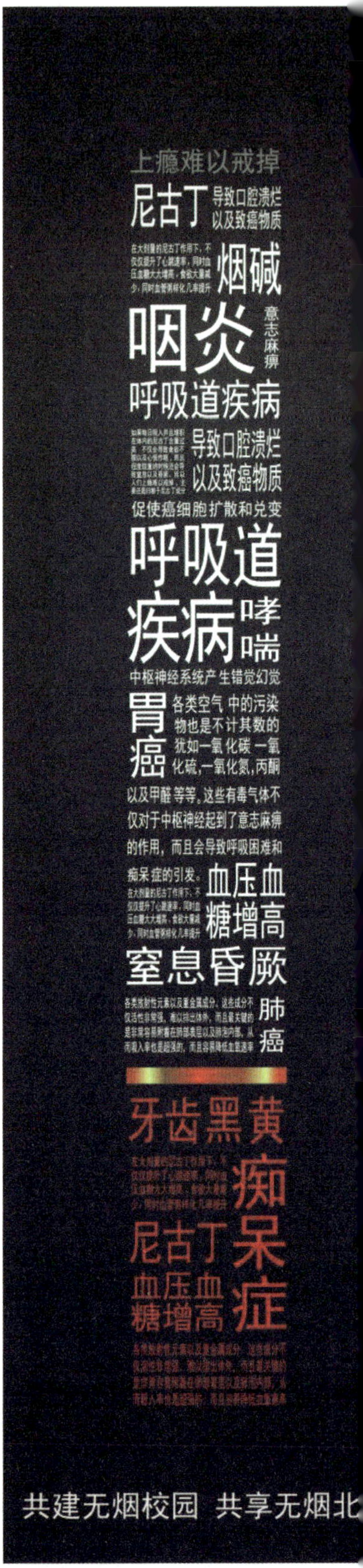
上瘾难以戒掉
尼古丁
导致口腔溃烂
以及致癌物质
烟碱
咽炎
意志麻痹
呼吸道疾病
导致口腔溃烂
以及致癌物质
促使癌细胞扩散和兑变
呼吸道疾病
哮喘
中枢神经系统产生错觉幻觉
胃癌
各类空气中的污染物也是不计其数的犹如一氧化碳 一氧化硫,一氧化氮,丙酮以及甲醛等等。这些有毒气体不仅对于中枢神经起到了意志麻痹的作用，而且会导致呼吸困难和痴呆症的引发。
血压血糖增高
窒息昏厥
肺癌
牙齿黑黄
痴呆症
尼古丁
血压血糖增高
共建无烟校园 共享无烟北

控烟创意海报精选

烟草的社会意义“完美”体现了规则与人性的冲突——我要抽烟VS禁烟，吸烟有害健康，世界上每个有认知能力的人都明白。

但吸烟者就是难以放弃这种伤害自己的欢愉。那么“少数人”的利益怎么办？

“生命是一种病症。”
芝诺终其一生都在奉行一个虚幻的信仰：我抽的是最后一根烟。事实上这最后一根总是变成另一根，而下一根才是最后一根。抽烟是一种生活方式，戒烟也是一种生活方式，两难处境。

01

全球化特别样本

A UNIQUE CASE OF GLOBALIZATION

1　一路走来 500 年

香烟的历史竟然具有一种伟大的共生性，公元 1492 年，哥伦布发现了美洲大陆，同时发现当地人使用烟草。香烟作为一种文化现象和经济现象的 500 年，恰逢人类社会快速发展的时期，毫无疑问这是一个伟大的时代。

香烟的发现，秉承着人类的探索精神。

1492 年 10 月 12 日，在克里斯托弗·哥伦布（Cristoforo Colombo，约 1451—1506）踏上美洲大陆第一天所记的航海日志里，写着几种当地人送来的礼物，其中之一就是“发出独特芬芳气味的黄色干叶”——烟草。只不过当时这些叶子被扔在甲板上，无人关注。半个月后，哥伦布的船队到达古巴，水手们惊奇地发现一些土著在吸食那些卷成筒状的黄色叶子，口鼻中不时冒出缕缕青烟。船员路易斯·德·托雷斯（Luis de Torres）和罗德里戈·德·杰雷兹（Rodrigo de Gerez）也试着效仿，成为欧洲最早的烟民。也从此，香烟成为全人类社会生活的一部分。

A/ 渊源

有考古证据显示，早在公元前 6000 年至公元前 3000 年期间，作为礼仪习惯的一部分，北美和南美原住民开始抽烟。

在墨西哥帕伦克古城一座神殿的墙壁上，人们发现了一幅浮雕，用图像记录着一个玛雅人进行祭祀典礼的画面。一个祭司头戴礼冠、身着礼服，手上郑重其事地拿着一根管状烟斗。他用嘴含着烟斗的一端，此时连续不断的烟气从烟斗的另一端冒出来。而他的礼冠似乎也用烟叶进行了装饰。

考古学家们由此形成明确的记载：公元 432 年，在墨西哥安静的神庙里，原住民将它用于祭祀和吸食，抽烟就已经是玛雅人宗教仪式的重要组成部分。祭司将烟草掺入一种致幻植物混合剂中使用，大约是由于这种燃烧的植物会让祭司很快进入亢奋状态，从而营造出烟雾缭绕的神秘氛围。

这时的中国正处于南北朝民族战乱和融合中，而欧洲也由于匈人（学界研究认为匈人即西迁的匈奴人）的入侵和罗马帝国的衰落到处混战。

B/ 风行

那是一个西班牙人引领世界的时代，烟草随着哥伦布船队的返航最先来到西班牙，不久后传到葡萄牙，紧接着又迅速传到欧洲其他地区：先是来到法国，又跨过海峡，伊丽莎白女王一世也有了烟瘾，有事没事就得抽一次。她在 65 岁的时候，牙齿特别黑，或许就与抽烟有关。

烟草在整个欧洲身价百倍，广受追捧。

1575 年前后，西班牙人用一艘大帆船将烟草运到菲律宾种植，烟草在那里迅速成为赚钱的作物。1580 年，烟草经葡萄牙传入土耳其，随后辗转进入波斯、印度等国。1620 年，人们可以在中南半岛和中国台湾、福建以及日本发现种植的烟草。

到了 1630 年时，烟草已经征服了欧、亚两洲，成为不折不扣的全球性作物。世界各地的人们，不分肤色、种族与信仰，开始前赴后继地体验这来自新大陆的神奇感受，并在往后的岁月里共同品味这一切，幸福、忧伤、财富、友情、平安、疾病。

吸烟既融入底层人生活中，也是上流社会日常娱乐的重要组成部分。烟草的消费形式不尽相同，比如烟斗、纸烟、雪茄、水烟等，还衍生出了鼻烟、烟熏等方法。

消费的热情和上瘾的快感（以及无法戒烟的折磨）对于所有人来说都是一样的。烟草被疯狂地传开了，一发不可收拾。

1604 年，英格兰国王詹姆斯一世（James I，1566—1625）痛感王室中抽烟风气不雅，于是写了专著《对烟草的强烈批判（*A Counterblast to Tobacco*）》（详见第四章），述说烟草如何毒害身体。可惜它在教化国民方面没达到国王想达到的目的，烟草就已经势不可挡地遍布全国大街小巷了。

无独有偶，1624 年，教皇也曾禁止在圣地使用烟草，但其后不了了之；1633 年，土耳其甚至对吸烟者处以死刑，遭到极大反对，从而不得不在 1647 年取消了规定。

C/ 进化

推动烟草广泛和快速传播的一个因素是卷烟的发明。在 1832 年土耳其和埃及的战争中，一名埃及炮手获得了上司奖励的一磅烟草，不过却忘了附赠烟斗。士兵灵机一动，模仿火炮装药的形式，用纸包住烟丝抽了起来。这就是最早的卷烟。一种方便快捷、容易携带的吸烟方式就此诞生。

1847 年，一位名叫菲利普 · 莫里斯（Philip Morris）的人出现在英国，他是最早开始销售“土耳其卷烟”的人，但并不顺利。1880 年，詹姆斯 · 邦萨克（James Bonsack）发明卷烟机，卷烟开始真正普及，香烟的产量大增。

另一个事件也具有决定性——那就是烤烟的发明。它也来自一次偶然事件。1839 年，北卡罗来纳州的一个种植园失火，一个奴隶发现失火的种植园飘出了一种清香的味道，比苦味的黑烟草更令人感到愉悦。于是，通过烘烤烟叶这种热干燥方法加工出的口感更好、更柔和、色泽金黄的烟草成了流行品。我们现在看到和享用的卷烟，基本上都是烤烟。

烟草作为一种重要的商品带动了相关种植业的发展，作为英国殖民地的北美弗吉尼亚成为最负盛名的区域。也由于对种植土地的争夺，北美欧洲人与土著印第安人产生了尖锐的冲突，从而铸成印第安人大量被杀的惨剧。

到 20 世纪初，由于洲际贸易和殖民扩张，吸烟已经成为欧洲人乃至世界各地人们喜欢的社会生活要素之一。而美国则成为香烟生产大国。

大工业文明和科技进步也影响到了这个行业，香烟生产力获得极大解放。同时健康因素催生了 20 世纪过滤嘴香烟和电子烟的诞生。

D/ 共生

香烟作为一种文化现象和经济现象的 500 年，恰逢人类社会快速发展的时期，毫无疑问这是一个伟大的时代。

在这个时代：16 世纪，欧洲开启宗教改革；17 世纪，英荷法分别创立东印度公司，“五月花号”带领欧洲人开始移居美国，清军入关，牛顿发现万有引力定律；18 世纪，珍妮纺织机发明，蒸汽机改良，美国打完独立战争并发表独立宣言，法国大革命爆发；19 世纪，鸦片战争、美国南北战争爆发，林肯发表解放黑奴宣言，巴黎公社成立，电话、电灯、可口可乐发明，放映首部电影；20 世纪，两次世界大战，电视机发明，世界经济大衰退，奥斯卡首次颁奖，首届足球世界杯举行，IBM 推出个人电脑，WTO 成立。

最初，哥伦布只是位有经验的水手，他野心勃勃，多年来一直为向西驶入大西洋而努力，却始终未能成行。最终他与麦哲伦、达·伽马等一批航海家共同开辟了世界航路，由此成为现代世界的开端，而15 至 17 世纪这段时期也被后人称为“大航海时代”。

大航海带来大发现。大航海时代的到来浅层次源自对域外财富的向往，深层次则源自人类最古老而强烈的情绪，便是对未知的恐惧。漂泊于大海之上的航海家，最能了解人类的脆弱与渺小。

烟草作为这一伟大时代的共同发现，具有重要的文化思考价值。大航海时代所拥有的冒险、自由、浪漫、公平等精神动力，在跨越几百年后，依旧影响与召唤着我们。而穿过烟草的薄雾，我们依稀可见其文明与人性的光芒。这是来自哥伦布等先贤英雄的感召。

2　燃烧的全球化：让世界“上瘾”（上）

烟草发现于大航海时代，也随之实现了全球化传播，并与其后所有全球化发展同步，成为全球化进程中一个重要的先行者。文艺复兴给烟草在欧洲的传播带来了具有决定性且深远的影响，三次工业革命中的技术进步和两次世界大战对其的影响也十分显著。

烟草燃遍欧洲。探险者们首先将它敬奉给国王，烟草在西班牙、葡萄牙、法国、俄国等国宫廷及上流社会中成为一时风尚；船员们则将它带到民间，成为底层民众的休闲。欧洲人这样描述17至18世纪烟草全球化的场景：法国国王路易十四在社交聚会上，将一款穆斯林的饮料介绍给他的天主教贵族，再以中国瓷器啜饮加了糖的咖啡，然后来根弗吉尼亚香烟，享受吞云吐雾的乐趣……

烟草全球化迅猛而范围广大。

A/ 从无到有

“1500年，是世界历史和人类文明一个真正的开端，被人类历史称为一个重要的分水岭，是古代帝国与现代帝国崛起的分界线，更是从农耕文明、游牧文明进入海洋文明、商业文明的分界线。”（摘自《危机：1520—2021》）

随着全球化时代的开始，人类进入一个快速发展时期，同时在欧洲国家引发了一系列社会及商业革命，人类在增加相互联系，亦在相互影响，在这一过程中产生了诸多对抗与合作。

新航路开辟对人类社会产生了深刻的影响。在新航路开辟后的近四个世纪中，发生了一系列重大的历史事件，出现了一些重要的历史现象：

· 全球性人口迁徙和物种大交流开启，比如大航海不仅从美洲带出了烟草，还有番薯、玉米、马铃薯、木薯、辣椒、西红柿等，还引发欧洲人前往美洲、非洲人被贩卖到美洲的热潮。它改变了世界人文地理格局和自然环境状态；世界各地开始建立广泛的直接联系，不断拓展和提高着人类认识世界的视野与能力。

· 西欧国家通过开辟新航路和早期殖民掠夺，形成了世界殖民体系，使资本主义经济获得快速发展；1624 年，英国人在北美建立的第一个殖民地，正是以烟草种植为主业的弗吉尼亚。

· 西欧各国先后发生科学革命和三次工业革命。（详见第二章）

人类历史进程逐步从分散走向整体。大航海把分散在世界各地的人类串联在了一起，从此我们每个人的命运都和这个共同体紧密相连。1590 年，烟草传入日本。1916 年，日本作家芥川龙之介创作了短篇小说《烟草和魔鬼》。小说讲述了 16 世纪时魔鬼化作西方传教士将烟草输入日本，体现了作者对于明治维新后日本学习西方的思考。

B/ 商业网络

大航海及其共生出的烟草的传播时间点可以放在另一个历史维度下考量：文艺复兴，以及与文艺复兴齐名的西欧近代另外两大思想解放运动——宗教改革与启蒙运动。文艺复兴（14 至 16 世纪）强调从逻辑推理中寻找真理，宗教改革强调独立思考、质疑权威，启蒙运动（17 至 18 世纪）重点在于用科学方法指导人的行为。

对于香烟的传播，当时仅有的反对声来自教会的担忧，他们认为一个嘴巴和鼻子都冒烟的人一定是被魔鬼附体了。但文艺复兴使教会对人们思想的统治力大大削弱，从而为香烟的传播减少了阻力。

文艺复兴是一场反映新兴资产阶级要求的欧洲思想文化运动。它揭开了近代欧洲历史的序幕，被认为是中古时代和近代的分界，其核心精神是人文主义精神。在启蒙运动中，亚当·斯密推动经济学的普及，孟德斯鸠推动政治、哲学向新的方向前进。随着思想和知识的迅速普及，整个社会越来越强调个体自由和理性，带来了一场反封建、反教会的运动，这一浪潮中，美国、法国、德国、意大利等国家都进行了大大小小的革命。而科学革命可以说是其延伸或者说是成果。科学的发展以及科学的方法加深了人类对世界的理解和认知。随着人类对世界的理解越来越深入，很多发明出现，这些发明推升了人们的生活水平。

事实上，以往的历史研究忽略了一个重要方面：贸易及其在形而上层面对人类的影响。贸易不只带来财富，它还带来了交融和一体化。贸易既有可能引发战争，也有可能代替战争。大航海开辟了新的贸易道路，欧洲人开始走向世界，去各地旅行，寻找财富。统治阶层尤其是王室成员通过支持探险活动，和探险者分享探索带回来的财富。全球贸易的兴起使各国经济与民生甚至政治和军事发生了重大的变化。比如中国，与烟草同期传入的还有番薯、玉米、辣椒等。美国学者班凯乐在《中国烟草史》中也持这样的观点：烟草由欧洲船只运送到东亚，而正是这些船只创造了新的世界跨洋贸易。以烟草为首的瘾品与权力、金钱共生——全球商业网络建立了起来。

C/ 殖民代价

殖民扩张中断了美洲和非洲原有的社会发展进程，印第安人的文明遭到毁灭性打击，很多非洲人沦为奴隶，亚洲的古老帝国也受到冲击。

大航海时代中，烟草在欧洲的风行以及棉花在美洲的种植等，催生了人类历史上最重要的事件之一：黑奴贸易。其产业链条和历史逻辑同样臭名昭著。

1606 年，英国人组建弗吉尼亚公司，以在北美建立商业殖民地为目的。1612 年，弗吉尼亚公司开始在詹姆斯敦种植烟草，生意火爆。与此同时，法国、意大利等国也积极效仿。

烟草种植业是劳动密集型产业，需要大量廉价劳工，英、荷两国在一次交易中意外发现非洲黑奴可担此任。

这个臭名昭著的贸易一方面为欧洲完成了日后称霸世界的资本累积，另一方面改变了整个世界人口和经济结构的版图。

荷兰人通过黑奴贸易获得大量烟草，不仅满足本国市场所需，也借此展开全球贸易。荷兰人发现，他们所到之处，每个地方都对烟草欣然接受。在荷兰殖民贸易网络的推动下，烟草成为全球贸易通货。

而北美的弗吉尼亚，在成为欧洲列强的烟草种植基地后并没有讲完它的故事，一场宏大叙事酝酿其中，那就是独立战争和美国的诞生。毫不夸张地说，美国的建立始于对烟草种植和贸易资源的争夺。

贸易加速进行全球化漫延。英国、荷兰、法国分别在 1600 年、1602 年和 1664 年成立了东印度公司，烟草贸易是这些公司重要的业务。

与香烟类似的，还有巧克力和咖啡。这是全球文化交融中的偶然和必然。

也就是说，当我们享受全球化的便利，也不得不看到，一路走来，全球化本身充满牺牲，也充满血腥。国家利益和全球利益之间的平衡一直在变化。前者太多，会导致保护主义抬头或更糟的局面；后者太多，意味着许多人将对这个系统失去信任。在不受约束的、20 世纪 90 年代风格的超级全球化和 20 世纪 30 年代的民族主义（甚至法西斯主义）全球化之间，有没有中间地带和完美出路？

3　燃烧的全球化：让世界“上瘾”（下）

在全球范围内的拓展使烟草作为一个社会、经济和文化大要素成为全球现象。尽管明代由郑和主持进行的大航海早于欧洲人，并且其硬件水平遥遥领先，但中国在全球化浪潮中总体的失落在烟草这里也体现得十分充分。

在西方扩张和融合的叙事中，强调协同和相互联系。西欧走向了地理大发现，俄罗斯开始迅速扩张，奥斯曼帝国崛起并横跨欧亚非三大洲，它们都展示了往外突出的姿态和格局。而此时称霸海上的中国却拒绝了与世界文明接轨，抛弃了海上贸易带来共同进步的机遇。意外的是烟草呈现了例外的发展轨迹。

A/ 烟草号列车

在历史学家眼里，西方文明的重大事件有很多发生在16至18世纪，这一时期也恰恰是烟草普世化的历史进程时期。

这是第一次全球化浪潮，正是中国强大的明王朝时期，巧合的是郑和也带了一支船队于1405年至1433年7次出海，并且时间比哥伦布还早了几十年。

史学研究表明，中国当时也在这列烟草号全球化进程的列车上。15至16世纪的中国，经济发达，GDP世界第一，社会繁荣，文化灿烂。

没错，这样的中国值得哥伦布崇拜，并且他航行的目标本来也不是什么美洲大陆，而是中国和印度。他曾在热那亚的监狱里读过《马可·波罗游记》，书中描写的东方世界到处都是黄金和香料。

出乎我们后人的想象，当时自信甚至自负的中国不仅接受了烟草，而且最初并没有把它明显地当作外国的东西，而是迅速地将烟草融入本土的生产和生活。美国历史学家卫周安（Joanna Waley-Cohen）在《中国历史中的全球潮流》中认为："不论是官员们还是普通民众，很少有中国人在意他们所需要的技术和工艺是否源自国外。换句话说，那些被归结为中国人通常都具有的传统的孤立主义思想、敌视创新以及恐惧外国人的特征并不突出。"也就是说，中国整个社会范围内的民众，一直积极热心地与外部世界接触，他们允许、鼓励并主动寻求外国货物和思想的流播。并且与多次民族融合、政权更迭一样，中国人很快将其"变"成自己的。以至于长期以来很多人以为那就是原产于中国的东西。鼻烟、水烟、机制卷烟，均纳入中国人的消费习惯。事实上，或许是由于烟草行业最初浓重的小农特征，从而为中国社会所接受。

比烟草传入中国略往后，在明朝中后期，一些欧洲传教士来到中国，其中最有名的是利玛窦（1552—1610），他带来了地理、数学等现代知识，也于 1582 年带来了鼻烟。当时，中国的瓷器、丝绸和茶叶等货物有不少经由海洋运往海外，而这些船只往往会在海上与从欧洲远道而来的烟草擦肩而过。

B/ 何以错失

在早期全球化的历史潮流中，与欧洲文明采取国家支持的方式不同，明朝放弃了元代的海外贸易与商税政策，恢复起传统的朝贡贸易与农业财政，长期采取禁止海外贸易的"海禁"政策。特别是在郑和之后，这种内敛的国策使得中国在这列全球化列车的行进过程中，整体脱轨了。虽然在漫长海岸线上一些民众开展了走私贸易，包括东南沿海的烟草种植和贸易，潜移默化地推动中国越来越深地卷入早期经济全球化的历史进程，最终在隆庆年间（1567—1572）推动国家开放“海禁”，实现了海外贸易的合法化，即使如此，明朝长期的封闭和抑商政策，绝无可能产生如欧洲国家那样的海外殖民国家战略；而且，这种政策与政治上的内忧外患、财政上的入不敷出共同冲击了明王朝的统治并最终使之崩溃，还不幸地延伸到了清代。

此外，明政权满足于在东亚地区的辐射影响这一做法，深刻影响了中国在世界近代浪潮中的命运。而这也恰恰是未参与这一轮全球化的最直接的影响。

这也符合学界关于“万历十五年（1587 年）”是明朝甚至是整个中国社会走向的转折点的说法。

错失实施海洋战略的机会并不是明朝决策者的偶然为之，清朝入关后的烟草政策也很有意思，与尚处关外时大量进行烟草贸易不同，康熙帝实施了政策性的禁烟，但其出发点并不是出于健康考虑，而是由于旗人入关后毁田种烟。大量农田被占用引起了康熙的忧虑，为了确保粮食生产，他主张限制甚至禁种烟草，“以为非土产，耗财货，下令大禁云”，“境内沃壤，悉种嘉禾……凡民间向来种烟之地，应令改种蔬谷”，对烟草本身的健康危害问题只字不提，其立足点完全在于“非土产耗财货”。

烟草贸易其实给中国带来了一个改变自己世界观的契机，但中国错失了这次改变的历史机遇。

因此真正的世界观的改变要到晚清，也就是由于坚船利炮使得中国人不得不改变的时候，中国超稳定的世界观才出现了颠覆，日益增长的中国海洋贸易逐渐被整合进了西方人打造的全球贸易。

但为时已晚，以至于 19 世纪末，在中国的权力和财富跌入谷底时，机制卷烟进来以后就被明确认为是“洋货”了。随即，在广阔的世界开放历史背景下的中国社会巨变中，20 世纪的中国，香烟成为现代性的有力象征也就不是偶然的，其中包括经济社会和文化的种种现象，特别是产业内涵中资本、市场、产品、劳动力、资本家等元素得到完整体现而且与以往中国社会全然不同。卷烟在中国全球化和现代化进程中的影响力并不孤立。

C/ 复杂“全球化”

烟草传入中国，就在同一时刻青花瓷正抵达西方。中国的瓷器、丝绸等商品迅速成为爆品，欧洲想拿更多的出口商品和中国人交换，但是当时中国的商品质量远远比欧洲的要好很多，中国人对欧洲出口的商品没有任何兴趣，烟草更是形不成主流。迫于无奈欧洲各国只好用本就不足的白银来购买商品，逐渐地，欧洲各国对中国形成巨大的贸易逆差，从而成为在此后欧洲对中国发动鸦片战争的直接原因。中国更不可能积极主动地借助海外贸易的巨大效应推动政权的整体改造与近代转型。

这里也同样有一个有趣的历史现象，是与烟草某些方面有着特别共性的“鸦片”引发了战争，而不是别的。

之后，两次世界大战、妇女解放等社会浪潮中，烟草都表现得“当仁不让”，也以其独特魅力让世界不断“上瘾”。包括在 20 世纪中期以后跨国公司的风起云涌，也体现在烟草产业中，分布在欧美日的四大烟草公司在大浪淘沙中杀出来，而中国烟草的庞大体量也使之与其他巨型国企一样独自存在。此后，互联网大潮汹涌，电子烟横空出世也不是偶然的。一些区域经济特征在烟草行业的体现也与全球经济大势相吻合：世界最好的烟草在津巴布韦，但也只能是资源供应国；全球最好的雪茄在古巴，但也只能是独立的个案并且无法成为商业化主流；英美烟草竟然在中国落败、仅占据微小市场份额……“全球化”从来都是复杂的。

“全球化”开拓的代价和牺牲也是巨大的。1522 年 9 月，一艘破旧不堪的帆船停靠在西班牙港口，三年前从这里出发的 5 艘帆船只回来了维多利亚号。船队总指挥斐迪南·麦哲伦不见了，各位船长不见了，只剩下 18 个水手侥幸活了下来，他们衣衫褴褛、形容枯槁，却完成了人类历史上第一次环球航行，人员死亡率高达 90%。这样的代价是由欧洲人付出的，他们配得上此后欧洲的崛起。

4　烟草中国（上）

虽然有殷周时代中国就已发现烟草的说法，但更多的共识还是烟草在明代由菲律宾传入。传入后中国政府很早就有严格的管理。现代香烟制品则更是舶来品。目前中国是世界最大的烟草制造国、消费国。

16 世纪，可能有一个葡萄牙水手向一名中国走私者展示了如何使用烟斗和吸食烟草，或者一个葡萄牙传教士在菲律宾向一个福建人传授了烟草的药用知识，又或者稍晚些年代有一个福建商人在马尼拉交换回了“淡巴菰”种子。

这些场景就是学界普遍认可的有关烟草与中国之间故事的最初看法，时间是 1575 年（明万历三年）前后。

但也有不同看法。有最远上溯到汉朝以前甚至殷周时代的："中国之有烟叶栽种，早在汉朝以前。到了汉时，已设吏专管征税。"（1939年12月20日《张建通讯》）

而这个要通俗一些："公元225年，诸葛亮率军南征，士兵受到瘴气侵袭感染病症，当地居民送来韭叶云香草，士兵燃烧吸取其烟，瘴毒被驱除。"（1940年中国实业国际贸易局《烟草》）

还有更通俗的，更像是一个美丽传说。晚清词人况周颐的《眉庐丛话》中记载，古高丽国一个妃子去世，国王痛悲不已。夜里妃子入梦，对国王说自己的坟上长出一种草，采来烘干，火焚而吸其烟，即可止悲、息忧。国王根据梦中所言采得烟草，并因此世代流传，"后人更美其名曰相思草云"。烟草的出典竟然如此浪漫动人，让人始料不及。这个传说《本草纲目拾遗》中也有记载。

元大德七年（公元1303年）李京《云南志略》记载：金齿百夷（指西南一些少数民族的先民）有"嚼烟草的习俗和嗜好"。

明人兰茂《滇南本草》第二卷载有"野烟"，曰："一名烟草，有大毒……"1980年广西博物馆文物队在广西合浦县上窑明窑遗址发现三件明代瓷烟斗和一件压槌。

而从社会学意义上，我们可以勾勒出这样的画面：明末清初在广大的乡间，农民们用长长的烟袋吸烟成为一种乡村剪影，他们远远地坐着，把烟锅伸到南方的火塘里和北方的炉火边，让它在那里一明一灭地闪着光。烟嗞嗞地通过烟杆被吸收进去。那是一份韵味，一份劳作者对未来的憧憬。

B/ 传入与接纳

在明代，烟草先是在福建莆田一带成为当地的作物，农民以极高的热情种植这种草本植物。然后，广东、福建、辽宁发展为中国烟草种植的三个中心。明末清初，福建“石马名烟”是中国最早的香烟店铺招牌。龙岩烟商活跃，福州“王大盛”也很知名。北京的烟袋斜街就始于明朝，曾是烟草手工作坊的聚集地。

明末清初，中国不是孤立的，更不是隔绝的，烟草传入中国是复杂而持续的全球化进程的组成部分。公元 16 至 17 世纪，烟草由南、北、东、西四路传入中国。16 世纪中后期，南路由菲律宾传至广东、福建。17 世纪初，北路由朝鲜传至东北，并销售到北京；而朝鲜、日本的烟草来自海上贸易。据传闻，多尔衮等清朝开国元勋就吸烟。第三条路线则是印度和缅甸等地传入的水烟。第四条路线是从俄罗斯南下至中亚和中国西北部地区。这些不同路线展现了这一时期中国参与全球贸易的情形。

西南地区，也就是现在中国烟草的中心区域，则是从 18 世纪才开始将烟草种植在那些曾经肥沃却因战争而荒芜的农田里。不过它并非从广东和福建传入，而是从印度经缅甸进入的。三藩之乱终结后更多移民从湖南甚至福建迁入，有了汉族定居者，烟草种植更盛。到 1790 年，昆明附近一半以上农田种植烟草，出售烟草的家庭比出售稻米的还多。

美国学者班凯乐在其著作《中国烟草史》中阐述道：烟草进入中国时，并没有遭遇仇外的反应。政府及民间非常清楚它来自国外，但并没有特殊的不满。最初一百年，用的还是音译“淡巴菰”。

即使在十七八世纪，即使受到国外反烟思潮的影响，中国人的反对也十分和缓，几乎没有如同欧洲国家那样的邪恶指控，显示出极大的包容性。

对烟草的接纳、引进与融合以至流行，中国与欧洲的方式和社会状况几乎是相同和相近的，并且从边疆群体到精英群体，烟草逐渐高端化和体面化。清初文化学者厉鹗（1692—1752）曾有文字表现这一状况：“伟男髫女，无人不嗜。”

与欧洲一样，中国对烟草的反对以及国家层面的禁止几乎也是并行的。从明末开始，各个时期都不同程度有禁烟的法令和行动。有的从维护健康出发，有的从生活良俗出发，有的从防止占有耕田、发展经济出发，曲曲折折。

农耕国家接纳烟草消费和种植是容易的，经营者长期以规模较小的手工作坊形式存在，但其发展速度却很快。1736 年，福建永定只有一家手工作坊，到了 1820 年就发展到了一百多家。17 世纪被认为最好的漳州府出产的石码烟，在 18 世纪被蒲城烟草代替，蒲城烟草后续又被永定烟草取代。

而当欧洲烟草进入产业化时代，中国在接纳时则体现出不同，技术成为本土化需要跨越的难题，从而只能先行引进。

C/ 文化与典籍

在古代中国，烟草受到众多文人知识分子的青睐。

《康熙字典》的主编陈廷敬甚至还有一首五古《咏淡巴菰》：“神农不及见，博物几曾闻？似吐仙翁火，初疑异草熏。充肠无滓浊，出口有氤氲。妙趣偏相忆，萦喉一朵云。异种来西域，流传入汉家。醉人无籍酒，款客未输茶……”

抽烟是清代重臣纪晓岚平生三大嗜好之一。他吸烟成癖，烟瘾奇大，所用的旱烟袋是定制的，容量很大，有人说一次能装三四两烟丝，其人也有“纪大烟袋”的绰号。

清代著名学者全祖望总结了烟草的诸多优点：“将以解忧则有酒，将以消渴则有茶，鼎足者谁？菰材最佳。若夫蠲烦涤闷，则灵谖之流；

通神导气，则仙茅其俦。”

那一时代的文人将文字注入烟草，都要早于欧洲波德莱尔等那一批作家和诗人半个世纪。1797年，浙江海盐人朱履中的烟草诗专集《淡巴菰百咏》出版。

并且，研究理论类书籍出现也较早。1737年，钱塘（今杭州）人汪师韩辑成烟草专著《金丝录》。陆耀的《烟谱》写于1774年，精彩诠释吸烟礼仪：何时宜抽烟？何时该忍住烟瘾？有“八宜”“七节”“五可憎”，如刚起床时，餐后招待客人时，写作时宜吸烟；也列出不宜吸烟的时机，如赏梅或行仪式之时，在皇上面前绝对不宜吸烟，与美妇交谈也不可吸烟。1805至1815年，清代陈琮从前人著作中辑录成专著《烟草谱》出版，被评价为与陆羽《茶经》地位相同。全书共八卷。卷一叙述烟草的来历和种类；卷二记载烟草栽培、烟叶调制、烟丝制作、烟具、烟的药性及禁烟税等知识；卷三记载一些典故；卷四至卷八为有关烟草的诗、词、赋等。

5　烟草中国（下）

1899年，美国人菲里斯克在上海试销“品海”牌10支装香烟，从此打开中国香烟市场。南洋烟草等本土公司在与跨国公司的竞争中不落下风。民国时期就有烟草专卖制度。1983年，中华人民共和国《烟草专卖条例》颁布。

1905 年，日本华侨简照南在香港创办南洋烟草公司，生产出双喜、飞鹤等品牌香烟。他成功采用了“中国人吸中国烟”的行销策略，夺回了长久以来沦陷于洋商手中的市场，与英美公司的“三炮台”等名牌打得热闹。当前香港的红双喜生产厂家仍是当年老厂。

A/ 市场

卷烟开始进入中国市场是在 1888 年（光绪十四年），中国人邓宁在老晋隆洋行开始小规模销售进口香烟。1899 年，美国人菲里斯克带着品海、老刀、白锡包香烟来到上海，从此在中国打开了香烟市场，售价每支 3 文。同年，广东商人在湖北宜昌创办民族企业——湖北宜昌茂大卷烟制造所。

但真正的现代烟草产业在中国的发展，却要从詹姆斯·杜克说起。他创立了英美烟草公司，至今仍然是全球“四大”烟草巨头之一。英美烟草杀入中国，带动了中国民族烟草工业的发展。

随着“洋火”（火柴）的普遍使用，卷烟席卷了整个中国。1902 年，直隶总督袁世凯在天津提倡“实业新政”，以官商合办的形式，招股开办北洋烟草公司。这是中国第一家股份制民族卷烟企业。公司章程写道：“自纸烟盛行，中国之利源外溢者岁不下数万金，若不筹抵制，销烟日广，隐患日深。”1903 年，北洋烟草公司推出中国第一个卷烟品牌“龙珠”……

北洋序曲之后，南洋兄弟出演了中国民族烟草工业的主角。从它与英美烟草在中国市场交手的脉络里，可见民族资产阶级如何利用民族情绪来获取利益。详见第二章之《别篇：南洋兄弟杠赢英美烟草往事》。

民国时期，烟叶资源、卷烟工业和烟草市场均有较大发展，烟政管理渐趋完善。国外烟草商的垄断经营和民族卷烟工业的奋力抗争，是这一时期的重要特征。

B/ 国货

据《中国烟草史》的数据：1927 年，中国卷烟公司已达 180 家。在整个 20 世纪二三十年代，南洋兄弟和华成烟草公司排名前二。华成 4000 元起步，到 1933 年资产已达 360 万元，1936 年更是达到 1240 万元，成长飞速。抗日战争前，山东、河南、安徽是中国的三大烤烟叶产地。东北和华南随后也有种植。1938 年，植物学家蔡希陶在云南培育出当时中国最好烟草品种“云南一号”。

20 世纪 20 年代和 30 年代，国外公司的品海、孔雀、红锡包、老刀、前门、哈德门等品牌在中国市场无处不在，一方面是全球资本和资本主义生产方式的力量体现，另一方面也是中国融入全球化工业经济的一个重要例证，同时还是新的消费习惯与文化的跟进。中国遇到了世界，卷烟成为一个标志，生产者和消费者都经历了全球化的融合过程。

大部分中国公司将这些卷烟称为“国货”，虽然原材料、用于生产的机器、技术全部都是进口的。也有如华成这样的，强调他们的“外国”因素，以吸引城市人口对奢侈生活方式的追求。这一时期南洋兄弟的金龙、联珠，华成的金鼠、美丽、仙女、花旗等成为流行品牌。

越来越多的人加入吸烟行列，其中也不乏一些女性。和发型、穿着、妆容一样，许多女性将吸烟视为一种时尚。20 世纪三四十年代，近代化浪潮风起云涌，中国在这一时期虽然几经挫折，但香烟行业锐气不减。卷烟在中国实现了广泛平民化。

1942 年，国民政府颁布《战时烟类专卖暂行条例》，这是中国对烟类实行专卖的第一部法规。

C/ 发展

1949 年，中国卷烟总量约为 160 万箱，其中 70% 左右为外资所控……之后，中华人民共和国烟草行业采取了一系列改组、公私合营、统购包销等举措。1950 年，毛泽东批示“要搞一种较好的烟出来”（据 2020 年《档案春秋》杂志）。

1951 年，中华牌卷烟横空出世。此后经历了 30 年各地方百花齐放式发展，黄金叶、云烟、红塔山、利群、白沙相继创牌……1982 年，中国烟草总公司成立，原轻工业部烟草专卖局改组为国家烟草专卖局，与中国烟草总公司一套机构、两块牌子，上级管理单位是工信部，烟草行业步入集中统一管理时代。

实际上在中国实行改革开放以前，中国的卷烟增长率一直不高，在 1952—1970 年间平均每年增长仅为 5% 左右。当时，国家明确“优先发展重工业，相应发展轻工业”的经济方针，作为消费资料的烟草行业没有得到政策的支持。在此阶段，中国烟草的发展可以概括为：生产力低下，优质烟草产品只能满足特需；市场主流烟草产品数量众多、标准繁杂、质量低劣。

中国烟草产业链简示图

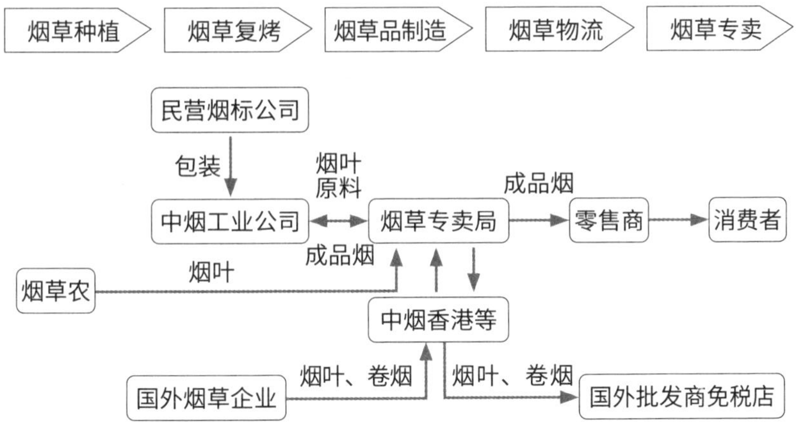

1978 年以后，市场化改革释放了被压抑的需求，生产和消费大幅扩张，1980—1990 年年增长速度达 12.3%。

经济开放带来了外烟的引进，20 世纪 80 年代，万宝路、健牌、骆驼、555、希尔顿、良友等知名品牌相继回归或进入中国市场，填补了当时中国本土香烟因低档简陋产生的巨大空白。那时，进口香烟的出身与价格足以展示高档次，本土香烟只有中华在价格上可以与之抗衡，但产量又上不去。外烟的引进也为当时中国生活方式的开放、全球化提供了一个侧面的丰富展示。但如同它们的前辈英美烟草在 20 世纪初的命运一样，在付出 30 多年的努力之后，市场份额越做越小。

中国本土产品在 20 世纪 90 年代后期开始发力，产量、档次不断提升，不仅满足了不同市场的需求，而且出现了价格远远超过成本逻辑的豪华香烟。市场上知名高价烟也早已不止于中华，利群 · 富春山居 20000 元 / 条、白沙 · 和天下 · 尊尚 14000 元 / 条，等等。

中国香烟出口不多，近几年大约为每年七八千万条。这主要是出于两点原因：一是口味原因，国外烟客不习惯中式烤烟；二是市场，中国烟企对开拓国外市场兴趣不大。出口品牌主要有中华、熊猫等。

D/ 世界第一

1991 年，随着《中华人民共和国烟草专卖法》颁布，直到现在，香烟市场一直保持着专卖制度下的活跃。至今中国烟草多年保持了七个“世界第一”：烟叶种植面积第一、烟叶收购量第一、卷烟产量第一、卷烟消费量第一、烟草利税第一、吸烟人数世界第一、死于吸烟相关疾病人数第一。3 亿多中国烟民所创造的超过 2 万亿根消费量相当于排名第 2 名至第 29 名所有国家消费量的总和。卷烟的产量和消费量均超过全球三分之一。同时，数据显示，每年约有 100 万人死于吸烟。（数据来自《中国吸烟危害健康报告》）

“国家出资 + 专卖制度”的政企合一，让中国烟草总公司成为比中石油、中石化、国家电网还要赚钱的实体央企，被称作中国最赚钱的公司：2023 年税利折合美元 2000 多亿，是苹果公司的两倍，供应了全球市场超过 40% 的卷烟。

现代意义上的禁烟也是百年历程。从 1911 年的上海“劝戒纸烟会”，到民国“新生活运动”；从 20 世纪 80 年代对全球控烟的响应，到 2003 年签署世界控烟公约；从减少焦油等方向的卷烟技术更新，到新型电子烟的开发，人们都做出了巨大努力。

6　谁的香烟（上）

香烟曾频繁现身外交场合，这是人们司空见惯的画面：斯大林的烟斗、丘吉尔的雪茄……烟雾缭绕如复杂政治谜团，同时也记录了政治家们思考与决策的过程。香烟还以其时代文化特征留下不同时期政治色彩的记录。

香烟其实从来都不仅是一支烟，香烟政治一直都存在于烟雾缭绕中，复杂而诡异。

早期烟草用于宗教。宗教是披着神外衣的政治，政治是打着现代社会文明旗号的宗教。

女历史学家莎拉·米洛夫（Sarah Milov）在《香烟：一部政治史》（*The Cigarette: A Political History*）中探索了烟草背后的政治纠缠，对政府与资本恶性一面的共谋提出了极具摧毁性的控诉。

A/“治烟即治国”

发现烟草并将其带回欧洲的哥伦布大航海，本身就是西班牙国家投资的一次行动，伴随着西班牙的扩张野心。

最初，吸烟在欧洲的确是政治事件。欧洲历史上第一个吸烟的人——哥伦布团队中的船员罗德里戈·德·杰雷兹回国后于1498年在反烟草浪潮中被捕，当时他正在巴塞罗那街头抽着一根巨大的卷烟。他被判处10年有期徒刑，罪名是“施行妖术”。比罗德里戈更加悲剧的是倡导使用烟斗的沃尔特·罗利爵士（Walter Raleigh，约1552—1618），他在英国17世纪大规模的禁烟运动中被国王詹姆斯一世下令斩首示众。

詹姆斯一世在历史上是一个富有争议的国王，基本评价是说他不干正事。说他不干正事的原因也很具有说服力：过度把治理国家的精力用于反烟，把自己对于烟草的厌恶用于国家大政。他曾为此写过专著（专著内容简介见第四章），那是要占据一个国王相当的时间和精力的。且不说能写专著表明这个国王是一个知识型的国王，他这个人的特色真不是“昏庸”可以概括的，接下来我们看看他的“神操作”：

第一，强力反烟，不惜杀一儆百，而且这个“一”是贵族，代价是罗利爵士；

第二，深刻洞察烟民和商人心理，以“反烟”为名把烟草税收大刀阔斧放大40倍，在增加收入的同时，市场竟然在刺激下更加火爆，而他作为国王“反烟”的道德外衣也更加鲜亮；

第三，把在美洲做大的弗吉尼亚公司收归国有，壮大国家的财政实力。

这哪里是昏庸？分明就是一个有作为的帝王和政治家。大英帝国的雏形成于17世纪中期，即是由詹姆斯一世打下了一个坚实的基础，深刻影响了后来维多利亚女王时代大不列颠的迅速强大。更重要的是，烟草财政成为至今许多国家仍在使用的国家治理模式。

詹姆斯一世即位于 1603 年英格兰女王伊丽莎白一世驾崩之际，之后掌权至 1625 年。

B/ 治烟重在烟外

与詹姆斯一世同时期，中国明思宗崇祯皇帝（1611—1644）也不约而同将烟草管理纳入国家行政。他曾两次下令全国禁止吸烟，凡私自兜售烟草者，不论多寡，均斩首示众。但禁烟的原因并不是健康，而是“燕”与“烟”谐音，而崇祯是燕王后代，而且天启年间就有童谣说：“天下兵起，遍地皆烟。”明末史学家谈迁在《枣林杂俎》中、明末东林党人杨士聪在《玉堂荟记》中均有记载：“己卯，上传谕禁之，犯者论死。”禁烟却遭到了全国上下烟民们的一致反对，导致禁令也仅停留在纸上。这一点与詹姆斯一世禁烟的结果竟也是历史惊人的相似。

皇太极在看到士兵为购买烟草而卖掉武器之后，开始禁烟。崇德三年（1638 年）时，刑部开始处罚违犯者，有人因吸烟被鞭打，更严重的还被用铁钎穿透鼻子和耳朵。

而康乾时期禁烟态度最为激烈的内阁学士方苞的观点很具代表性，他担心种植烟草会增加饥荒风险，在其上书《请定经制札子》中对烟草危害的陈述紧紧围绕着经济结构：“臣闻善富天下者，取材于天地，而愚民所习而不察者，夺农家上腴之田，耗衣食急需之费，未有如烟者也……”

在 1905 年抑制洋货运动中，本来抽烟的慈禧将 8 箱卷烟扔进了湖底，更像是一场政治作秀。

英国在北美的烟草贸易，也并非单纯的经济行为。当烟草庄园主的政治倾向与经济利益的均衡被打破之后，爆发了美国独立战争（1775

年—1783 年）。美国第一任总统华盛顿在独立战争之前就多次写信抱怨全球市场上烟草价钱越来越便宜，因此他们对英国金融财团的欠债也越来越多。这样的话，独立既是一次政治行为，也意味着债务的一笔勾销。独立战争期间，为了寻求国际支持，游说法国的富兰克林所用的抵押物，也是 500 万磅烟草。1776 年，《独立宣言》发表，美国建国。

正如曼瑟尔・奥尔森在《集团行为、利益团体与国家兴衰的逻辑分析》中所说："一般认为，具有相同利益的个人或企业的集团，均有进一步追求扩大此种共同利益的倾向。另外，具有共同利益的公民会组织起来进行游说活动来维护自己的利益。"以至于在战后，烟草商从未停止参与政治。

C/ 阶级性的转移

拿破仑三世（1848 年至 1870 年在位）甚至当众说过这样的话："吸烟这项小毛病每年能带来一亿法郎的税收收入。如果你说得出有一项美德每年能带来同样的收益的话，我当然可以立刻下令禁止它。"

道德与税收就此展开往后数百年的天使与魔鬼之战。俄国罗曼诺夫王朝的沙皇米哈伊尔・费奥多罗维奇以严刑厉行禁烟闻名，但当王位传到彼得大帝时，他不仅为了税收废除禁烟法，自己也学着抽起烟来。在詹姆斯一世之后的英国和法国，香烟大行其道，但在普鲁士，抽烟却仍然是违法的，甚至可能被处以死刑。

与中英鸦片战争时间差不多，作为落后国家，伊朗与英俄等国签订抵押烟草买卖权的条约，引发国内抗议运动，迫使当时的政府做出以商人和宗教为政治主体的变革，继而对以后一百多年的伊朗政体产生了巨大影响。

香烟还在其象征意义上被赋予政治内涵。吸烟被革命者视为公民权利的象征。1848 年，普鲁士人终于获得了吸烟权，人们欢欣鼓舞；而在意大利的米兰，人们却举行规模浩大的反吸烟运动，许多抽烟者都遭到袭击。

上升到形而上的“抽烟快感”，在一定的社会背景下具有了阶级性，享受和地位是给皇室和特权精英的，而不是给卑微的劳动者群体的，因为他们的首要任务是工作、生产和遵守纪律。对于声称抽烟能提高人们工作能力的回应是：抽烟是一种休闲活动，会导致工人忽视自己的职责。

这种禁忌不久随着社会进步而更新，曾经“奢侈的东西”很快连平民也可以享用到了。

奥斯曼土耳其苏丹穆拉德四世（1623 年至 1640 年执政）作为统治者曾敏感于烟民的聚集，于是他打着“抽烟看起来是对道德和健康的一种威胁”的旗号试图关闭聚集点。试图杀死魔鬼的人，事实上魔鬼在他压抑的内心。压抑吸烟的欲望常常使被压抑的欲望再次涌现，且更为强烈，从而演化变异为抗争，当然也许会是邪恶。

成立于 1868 年 7 月 11 日的法国“反对滥用烟草联盟”，与其说是一个反烟组织，不如说是一个政治机构。联盟认为，“在烟和酒的双重影响下，兴奋的情绪达到了极致。狂热的斗志一发不可收拾”，1871 年的巴黎公社运动，促使人们认识到烟草所产生的社会激进作用。

7　谁的香烟（下）

在整个 20 世纪，香烟是美国政治制度的核心，联邦政府一直有一只活跃的手在积极支撑烟草经济：历次战争都将烟草纳入军需品，毫无疑问是政治的需要。美国的烟草集团给各州或联邦的政治献金不计其数。

2019年7月11日，两名资深历史学家通过美国国家公共广播电台（NPR）表示：若不是美国政府对烟草产业的大力扶持，美国人根本就不会有这么大的烟瘾。

但事实上不可阻挡的控烟运动还是让烟草从美国政治生活的中心向边缘进行移动，突显了20世纪政府运作中两种相互竞争的概念：一个是关于生产者的特权和经济权利，另一个是关于广泛的社会成本。

A/ 核心利益

在整个20世纪，烟草是美国政治制度的核心利益。在国内外，美国政府甚至一度鼓励人们吸烟。香烟的历史就是复杂的政府机构的历史，它的权力杠杆对有组织的企业、烟农和激进主义者来说是不同的。

1964年1月，一个寒冷的星期六，约翰·F.肯尼迪（John F. Kennedy）政府的卫生局局长卢瑟·特里（Luther Terry）代表联邦明确提出了“吸烟对人体健康有害”，并回答了数百名记者的问题。

无力的是在此后的数十年间，政府对烟草生产的补贴继续。烟草的政治特权更多体现在美国政府的日常工作中，大型卷烟公司到20世纪中叶跻身美国最强大的公司之列。

在20世纪大部分时间里，联邦政府一直有一只活跃的手在积极支撑烟草经济：历次战争都将烟草纳入军需品，毫无疑问也是政治的需要。1917年，国会安排资金将香烟列入“一战”参战士兵的配给范围。1914年至1920年间，美国香烟消费量暴增。从19世纪中叶开始的建立在科学认知基础上的反烟运动（以 1853 年英国成立英国反烟协会为标志）彻底宣告失败。第二次世界大战后，作为“马歇尔计划”的一部分，美国烟草工业出口海外，这对某些受援国重建其国内的烟草产业而言当然是好事。战时士兵的口粮帮助普及了卷烟，过剩的出口项目提高了农民的收入和全球香烟消费，并且一个慷慨的价格支持系统稳定了美国东南部的农业经济，直到 21 世纪——在卫生局局长宣布“香烟是致命的”很久之后。

我们可以看到烟草在很大程度上是美国政治经济的正常组成部分，而且是美国战后所促成的。与农业利益组织携手合作的政府官僚机构是“香烟世纪”的共谋者。这种关系以及更广泛的烟草业的权力，并不是一个腐败的问题，而是一个国家管理的结果。

烟草经济一直是由被赋予了胁迫性和决策权的利益集团组织起来的。烟草生产和消费的政治经济学根植于精英种植者及其利益集团的愿望，即使联邦政府严格控制了烟草的可种植区域。

B/ 政治献金

纵观香烟的历史，我们可以看到生产者在“消费者领地”反复行使权力。通过将香烟嵌入政治、经济和法律的变化的多种叙述中，我们可以更好地理解以商业为中心的历史难以轻易解决的悖论。

20 世纪八九十年代，美国的烟草集团给各州或联邦的政治献金已超过 3200 万美元，作为回报，美国国会先后为大烟草商提供优惠政策待遇（据《收买国会》）。另据“美国儿童无烟行动基金与共同事业国家中心”发布的资料显示，2003 年上半年烟草业有 1060 万美元用于各方游说。

《华尔街日报》报道，烟草业对共和党“贡献”尤甚，布什的班底就与烟草行业的关系甚为深厚。在 2000 年总统大选期间，烟草业把

3/4 以上、670 多万美元的竞选捐款都给了布什和共和党，其中向布什本人大约捐献了 9 万美元。烟草业最慷慨大方的捐款者当属菲利普 · 莫里斯公司（以下简称菲莫公司），它为布什的竞选活动、就职仪式以及其后的庆祝宴会，至少提供了 280 万美元。2020 年，7 个“烟草州”北卡罗来纳、肯塔基、田纳西、弗吉尼亚、佐治亚、南卡罗来纳、宾夕法尼亚，共有 92 张选举人票，占 538 张选举人票的 17%。特朗普拿下其中 5 个，拜登拿下 2 个。在 2012 年和 2016 年两次大选中，烟草企业把 84% 的政治捐赠资金给了共和党。2020 年，烟草企业出资 547 万美元，其中 68% 的资金给了共和党。2017 年，雷诺为特朗普竞选团队捐资 150 万美元。数据显示，从 1990 年到 2020 年，烟草企业对共和党的捐资远高于民主党。

在这样的背景下，通常政府部门与烟企“打成一片”也就顺理成章了。菲利普 · 莫里斯公司公关部时任副总裁卡拉莫尔，曾专门负责布什就职典礼捐款事务。在渊源上，布什的首席政策战略顾问卡尔 · 罗夫曾在 1991 年至 1996 年期间，担任过菲莫的政治顾问；白宫负责与商界协调的官员伯拉劳特，曾任该公司的公关经理；卫生与公众服务部长汤普森还曾拥有菲莫股票。

不止于美国国内，一份备忘录显示，英美烟草公司（BAT）向津巴布韦民盟累计捐款数额在 30 万至 50 万美元之间。至于是否有政治目的，并无相关调查可以证实。但来自英国广播公司 BBC《广角镜》的一项调查也显示，英美烟草曾贿赂已故的津巴布韦前总统穆加贝，以撤销对该公司的“非法监视”。

2010 年，美国政府证实：两家美国大型烟草公司被指控花费近 3000 万美元贿赂多个国家的政府官员，以获得利益丰厚的海外烟草出售合同。这两家公司为弗吉尼亚州的环球烟叶公司和北卡罗来纳州的联一国际公司。

C/ 消长之间

与此同时，在大型烟草公司之外，社会运动（如环保运动和不吸烟者的维权运动）与工会和香烟制造商之间惊人的相互联系也被揭示出来。1971 年，马里兰州一名名叫克莱拉·古因（Clara Gouin）的家庭主妇——她的女儿对烟雾过敏——成立了“反吸烟污染组织”（Group Against Smoking Pollution）。该组织迅速在大学城和自由派居多的地区发展起来，它的目标是让所谓的“沉默的大多数”尽可能变得可见。从伯克利到弗林特，其成员逐渐博得了公众对其事业的关注，且以温和的方式在工作和休闲场所争取非吸烟区。

到了 20 世纪 70 年代中期，美国人的吸烟量减少了。1974 年，成年人的吸烟率已经下降到 37%，并且一直持续下降，直到今天。从 20 世纪 70 年代开始，越来越多的美国人通过戒烟来表明自己的身份。一群不吸烟的积极分子从民权运动和环保运动中汲取了灵感，他们摆脱了公众对香烟的认知，从而让吸烟成为社会所不能接受的行为。在不吸烟者的旗帜下，基层激进主义者组织并赢得了在各种公共场所吸烟的限制。

从 20 世纪 90 年代起，烟草企业开始陷入诉讼的四面楚歌。2001 年 6 月，布什政府曾称正在考虑放弃克林顿时期提出的对烟草业索赔的诉讼，希望和烟草公司达成庭外和解以了结官司。这一做法引起了美国公众和传媒的强烈反感，他们指责布什政府为了报答某些特殊利益集团，不惜牺牲民众的健康和利益。

基层的激进主义者（主要由女性领导）和华盛顿的律师们引领着不吸烟的人推进了一个有权利的政治主题：不吸烟者的权利包含了一种批判，不仅包括对在公共场所普遍存在的烟雾的批判，还包括对赋予烟草政治权力的充满烟雾的办公室的批判。

对不吸烟的激进主义者来说，把烟草从政治地位上赶下来，是寻求更广泛政治代表的重要组成部分。美国烟草大企业的政治权力随着新右派的财富增加而增加的时候，烟草业的力量终于开始减弱了。

别篇：他们的香烟旧事

这次会议决定了人类此后至少80年的前途：丘吉尔握着结实的石楠根烟斗，斯大林叼着巨大的枣木烟斗，罗斯福把“骆驼”牌香烟装在一支长长的烟嘴里……抽烟在政治生活中也未缺席,有的甚至让人印象深刻。

“二战”中，斯大林的烟斗、丘吉尔的雪茄都已成为政治家形象的经典。而马克思和恩格斯也都留下了经典的香烟趣事。抽烟在政治生活中也未缺席，有的甚至让人印象深刻。

A/“吸烟者打败不吸烟者”

英国前首相丘吉尔曾经在他的《二战回忆录》里写道：“这是值得纪念的一刻，我右边坐着美国总统，左边是苏俄的主人。我们三人一起，控制了全世界绝大部分的海军和四分之三的空军，可以指挥将近2000万军队，进行人类历史上从未有过的一场最可怕的战争。”

他所说的这个值得纪念的一刻，即1943年11月德黑兰会议期间的一个夜晚，三巨头在一起讨论开辟“欧洲第二战场”。丘吉尔的手里握着一只结实的石楠根烟斗，斯大林那一排浓重胡须下面叼着一只巨大的枣木烟斗，罗斯福把“骆驼”牌香烟装在一支长长的烟嘴里。毫无疑问，这次会议决定了人类此后至少 80 年的前途。

另一个戏说是：吸烟者斯大林、丘吉尔、罗斯福打败了不吸烟者。是的，他们的对手希特勒生活习惯良好，烟酒不沾……不仅如此，希特勒极其厌恶士兵抽烟，其军队的香烟供给非常有限，每名士兵每天只有 6 支香烟或 2 支雪茄，而美军士兵每周可获得 5 到 7 包香烟。当美军士兵抽着烟设想未来美好、找到精神支柱时，德军士兵却在为烟草而急得像热锅上的蚂蚁。说到这里，你还觉得是戏说吗？

而在前方，《华盛顿邮报》战地记者约翰森在“密苏里号”巡洋舰上采访麦克阿瑟，问他：为什么总喜欢嘴里叼着个玉米芯烟斗？

麦克阿瑟从口袋里掏出一张照片，深情地说道：“我感到父亲正在天堂里看着我，好像在对我说，小子，嘴里叼着个玉米芯烟斗，这才像个真正的男子汉！”

老麦克阿瑟曾是美国陆军的一名中将。从小，麦克阿瑟就随父亲在军营里长大。身穿制服，脚蹬长靴，皮鞘锃亮，嘴里常常叼着玉米芯烟斗的父亲，给了他深刻的印象。

父亲还常常让麦克阿瑟将玉米芯烟斗叼在嘴上走来走去，并哈哈大笑说：这才是我的儿子。

麦克阿瑟于是骄傲地挺直了腰杆，感觉自己真的像父亲所说的那样，是个真正的男子汉！

当他自己成为比父亲还伟大的将军，冥冥之中，他常常感受到父亲通过这枚烟斗在天堂里赐予他的一种力量和信心。

B/ 权力与“革命”基因

美国抽烟的总统中，富兰克林·德拉诺·罗斯福（Franklin

Delano Roosevelt）曾经每天要抽 20 支骆驼牌香烟，甚至更多，后来加以控制，逐步压缩到每天 4 支，但始终都没有戒掉。临终前，他一边和女儿露西·拉瑟弗德逗笑，一边把一支烟放进嘴里，并把它点燃，吸了一口，然后举起左手摸了摸太阳穴。突然他那只手垂了下来，他用极其轻微的声音说道：我的头非常痛。随后，他就因严重脑出血溘然长逝了。而这时，他右手里的那支香烟还在燃烧。第 36 任总统林登·约翰逊最为有趣，有趣的不是他抽烟有什么故事，而是支持他的选民中有 40% 抽烟，真是志同道合。20 世纪 50 年代的一则香烟广告主角是当时的影星罗纳德·里根，他后来成为美国总统。再后来的卡特和布什则来自烟草种植区，与香烟有着千丝万缕的联系。

抽烟行为与左翼意识形态似乎有些缘分，与“革命”有着相似浓重的基因。卡尔·海因里希·马克思（Karl Heinrich Marx）和弗里德里希·冯·恩格斯（Friedrich Von Engels），这两位政治思想家所处的时代正是烟草产业蓄势待发的阶段，恩格斯曾经以无比陶醉的语气对朋友说：在春光明媚的早晨，坐在花园里，嘴里叼着烟斗，让太阳晒着脊背，再也没有比在这种情况下读书更舒服的了……而马克思则是大大地“不满”香烟太贵和稿酬太低。

卡斯特罗和格瓦拉抽出了古巴雪茄的最优气质。格瓦拉把一如那闪烁烟头的革命火种烧遍美洲，无论何时，只要点燃那支粗壮的哈瓦那雪茄，一切苦难就随烟雾散了去。它是枪，它是战友，它是理想，它是既不惧现实又不弃理想。这是雪茄带给格瓦拉的最浓重色彩。卡斯特罗从 15 岁开始抽雪茄烟，也成为古巴雪茄的代言人，而 COHIBA 也经过几十年努力成为世界品牌。

甚至当今朝鲜领袖金正恩的抽烟解释都是“想了解我们的前方战士们都抽什么烟”。金正恩的香烟品牌，也成为国际媒体关注的热点：2015 年之前，是某种品牌不明的进口烟；2016 年至 2018 年，是朝鲜国产品牌“727”；2018 年至 2020 年，是朝鲜国产品牌“建设”；

2020 年至 2023 年，是朝鲜国产品牌“松树”。 金正恩点烟只用火柴而不用气体或汽油打火机，大致出于安全考量。

政治人物抽烟还体现在影视作品中。改革开放前的中国电影里，反面形象都抽烟；而 20 世纪 80 年代至 90 年代初，歌颂改革派厂长或基层官员的影视剧中，个性鲜明的这些人物多半眉头紧锁吞云吐雾。

8　烟草财政（上）

烟草是一个特殊的产业，是国家利税的主要来源之一，很多国家都是如此。烟草财政的始作俑者是詹姆斯一世。在各个国家的国防和其他公共预算中，烟草在支撑浩大经费方面起到了举足轻重的作用。

相信许多人都听说过“吸烟有害健康”，但一定没听过后面的那句话“但有利于国家”，相传这句话是爱迪生说的。在各个国家的国防和其他公共预算中，烟草在支撑浩大经费方面起到了举足轻重的作用。

各国税收用途并不完全相同，透明度也不相同。比如 2016 年法国的烟草税收大概在 150 亿—170 亿欧元左右，这笔收入应用于不同的社会机构：约 9% 用于住房的补助、11% 用于农业开发，还有将近 70% 用于社会保险、5% 用于帮助艾滋病患者和烟瘾患者的治疗。

A/ 税收发现

有一个著名的历史命题：美国从弗吉尼亚开始。

1606 年 12 月 20 日，120 名男子离开英国的泰晤士河，驶向大洋彼岸的美洲大陆，英国在北美洲的殖民活动由此开始。而他们的定居地是弗吉尼亚。这些最早的移民们或者殖民者们，找到了烟草——能使弗吉尼亚繁荣的东西。

有利可图的烟草、土地私有制及代议制下的民主政治，使得弗吉尼亚迅速发展起来。美国独立前最早的行政及经济中心里士满也是烟草的一个集散地。

烟草财政的始作俑者是詹姆斯一世。1604 年，詹姆斯一世发动了禁烟运动，把烟草税提高了 40 倍，这是史上首次控烟收税。意外的是，高税收并没有影响到烟草需求，反而促进英国人去新大陆开拓殖民地，建立了一个更加庞大独立的烟草供应系统，这样就能减少进口销售成本，获取更多利润。

1606 年，英国商人组建弗吉尼亚公司，目标就是在美洲建立商业殖民地。1620 年，詹姆斯一世进一步大幅提高烟草进口关税。1624 年，他又将弗吉尼亚公司纳入国王权限，烟草业以皇室垄断的形式重组，弗吉尼亚烟草成为英国财政收入的重要来源。大量英国人以更大规模涌入美洲，到 17 世纪 30 年代，已有 3 万多英国移民种植烟草。

而更重大的后果是，英国北美殖民地的发展加速了日后美国的诞生，支撑美国独立战争的财政来源正是大种植园主们的烟草收入。

B/ 权力游戏

詹姆斯一世一生都在和烟草较劲，强烈反对吸烟，却没有强制民众不吸烟，反而建立了更加专业的烟草经济体系从而刺激市场需求，将烟草产业的权力游戏做得风生水起。从 17 世纪末到 19 世纪初，英国人均税收增长了四倍，而针对烟酒、盐糖和茶叶这类大宗产品征收的关税和消费税占了英国税收收入的八成。

他为国库找到一只金母鸡。烟草税收作为财政收入，税金纳入中央政府一般公共预算，用于提供全国性的公共产品和公共服务，包括军费。

于是十分吊诡地，詹姆斯一世成为一个奇特的合体：既是最大的反吸烟倡议者，同时也是最大的烟草商。他利用了人性的规律，越是禁止越是有人去追随，利益也更大。詹姆斯一世之后，英国创立了“烟草垄断集团”，让国家治理体系中财政收入来源构成更加成熟，这是对人类社会治理极为重要的影响。

当时其他的欧洲君主纷纷仿效，他们未必如詹姆斯一世般讨厌烟草，但都同样想要这笔税收，于是采取了不同的措施干预烟草业。西班牙国王先是于 1606 年规定烟草种植地只限于北美洲特定的西班牙殖民地，而且需要额外的赋税，继而在 1636 年成立由王室掌控的世界首家烟草专营公司，从种植到销售全面垄断烟草产业。其他地方如法国、威尼斯也都先后颁布烟草税法。

结果，欧洲人对烟草上瘾，欧洲诸国政府对烟草的税收上瘾。政体方面，法兰西第一帝国成立国家烟草专卖局，并于 1806 年开始征收烟草税。1810 年至 1895 年间，法国烟草的生产和售卖都由国家垄断，直到 1970 年才放弃种植垄断，1976 年放弃欧盟国家进口与批发垄断，1995 年烟草专营企业塞塔公司转私营。

1902 年（光绪二十八年），清政府修正各国的通商进口税则，第一次正式明确了对外烟征收关税，但税率很低，此后逐渐成熟。中国烟草税收是中国政府长期以来对烟草采取“寓禁于征”政策的体现，也是国家财政收入的重要来源，对国家的经济建设起着十分重要的作用。

C/ 专卖机器

尽管近代欧洲社会反复动荡，但烟草业却呈现平稳向上的发展态势。直到 20 世纪 30 年代，虽然希特勒在国内大力推行戒烟，但与此同时却并没有将烟草贸易列为非法，烟草业的税收在纳粹政权期间的财政总收入中占到了 5%。詹姆斯一世、路易十四、拿破仑、希特勒有一个共同点，都将烟草视为恶魔，但却不去完全禁止，而是对种植、出售、使用以及相关权利进行压制，纳税基础异常庞大。

“二战”后美国对西欧各国进行经济援助、协助重建的“马歇尔计划”中，香烟甚至被作为援助物资免费输入德国。

日本的专卖政策最初实施于 1898 年，明治政府为增加财政收入相继颁布《烟叶专卖法》和《烟草专卖法》，明确规定烟草从制作到贩卖的全部过程均由国家经营管理。在之后的几次战争中，烟草业成为政府的主要财政来源。1984 年，《烟草事业法》《日本烟草产业股份公司法》的颁布废除了专卖制度，实行政企分开，但大藏省依然保留了对公司重大事项进行审批的最后控制权。

清末，中国烟草专卖管理思想萌芽。民国初期，开始制定烟草公卖政策，建立了烟草公卖管理机构，实现了不完全烟草专卖管理体制。中华人民共和国成立以后，烟草发展纳入国家统一计划，从分部门多头管理逐步向集中统一管理过渡。中国烟草总公司、国家烟草专卖局成立后，“统一领导、垂直管理、专卖专营”的国家烟草专卖管理体制得以确立和逐步完善。1991 年 6 月 29 日，《中华人民共和国烟草专卖法》公布，标志着烟草专卖管理制度更为完善，走上了依法治烟的轨道。

近年来，全球性控烟越来越成为压倒性的力量。欧洲顶级经济学家和卫生专家建议，将整个欧盟卷烟和其他烟草产品的最低消费税“至少提高一倍”，“幅度要高于生活成本的提高率”，并且每年都要提高。

他们认为卷烟的成本越高，其消费就越低，这是一项“能增加政府收入，同时也能挽救生命”的政策。

烟草行业高额的税赋为国家提供了财政支持。欧盟国家这一比例普遍达到75%以上，有的甚至达到80%以上。亚洲国家如菲律宾和泰国的这一比重也达到了75%。世界卫生组织推荐的比重是75%。在“烟草财政”方面，世界各国政策基本一致。印尼、德国、泰国等都在推进加税。1960到1982年间，法国烟草税从55%上涨到74%，为国库带来200亿法郎收入。

对外经济贸易大学教授、世界卫生组织烟草控制与经济政策合作中心主任郑榕还认为烟民下降似乎也不会对税收构成影响。一方面是烟草价格在上涨，另一方面部分烟民转移到了电子烟领域继续为税收做贡献。以上中心研究报告显示：为保证国家和地方财政增收，在中国，烟草税负形式的构成如下——由烟民负担的工商流转税占八成，其余包括企业所得税、国有资本收益、专项收益、央企利润上缴几部分。因此，烟的价格跟税最相关。而烟草成本包括烟叶、生产、物流等。有统计表明，一包烟的烟叶成本占总成本的9%。烟农从每一包烟中获得的毛收入为平均0.45元，其户均收入不到11万元。零售端利润大概在10%左右。

9　烟草财政（下）

各国财政转型经历了复杂而艰巨的过程。例如20世纪80年代至90年代初，美国联邦政府174个公共健康立法提案只有2个得以通过，在与吸烟者交手的官司中，烟草业也从未败下阵来。这一切的逆转始自 20 世纪 90 年代中期。

很少有人知道，2008 年汶川大地震实际捐款最多的是烟草总公司，捐赠金额达到 3.4 亿元。然而由于“社会影响”原因，导致他们的捐赠行为悄无声息，更带来此后六家烟草企业在获得 2008 年中华慈善奖提名后被撤出评奖名单的争议事件。当时，多家有影响力的媒体对此事都进行了报道。

一方面来自他们的“钱”受到欢迎，另一方面又不想让“道德不正确”的帽子戴在自己身上，这就是悖论和矛盾。它也导致各国财政在转型过程中经历了复杂而艰巨的过程。

A/“大哥”级产业

中国烟草行业与中国经济社会发展一直以来有着密切的联系。

烟草从日本传入中国东北地区，当地满族人就曾拿烟草与黄金、人参等商品与关内商人做生意，从中赚取丰厚利润，然后用利润支持入主中原的大业。

1854 年，清政府拟定条例，实行厘金制度，敕令各地成立“捐厘公局”，并同时开征烟叶厘金。1858 年，清政府在第二次鸦片战争后被迫签订协定免征外国烟草的关税。嘉庆（1796 年—1820 年）时，国家的禁烟令已基本不存在，出于税收的需求，一定程度上还保护烟草产业，奏请禁烟的官员被认为是“妄言朝政”。

抗战时期，美国烟种“大金元”在玉溪地区引种成功，为当地经济发展打下良好基础。到 20 世纪 90 年代中期，玉溪卷烟厂年创利税达 200 亿元以上，占到云南财政收入的 60%，相当于 400 多个农业县的财政收入总和。近年来，一些省级地方财政中烟草行业也是利税大户，云南烟草占当地税收比一半左右，贵州、江苏、湖南、 河南、山东、安徽也是大省。

有人将官方公布的数据做了一个比对：2021 年至 2023 年中国国防预算为 13795 亿元、14761 亿元、15537 亿元，而烟草税利总额是 13581 亿元、14413 亿元、15217 亿元，也就是说中国烟草的利税几乎能够完全承担军费开销。再以航母来衡量，这个税费相当于十几艘世界最贵最吞金的“福特级”航母的造价。

中国烟草还以其强大利税能力参与了其他行业的发展，无愧“大哥”级产业。中国民用航空 C919 的研发和商飞成功，其关键核心是发动机，是中国的弱项，其研制也是一件很烧钱的事。2016 年，新组建的中国航空发动机集团挂牌成立，上海烟草成为第二大股东，持有 30% 的股份。为了摆脱芯片 / 半导体产业被“卡脖子”的尴尬局面，国家集成电路产业投资基金于 2014 年 9 月成立，中国烟草以 150 亿元的认缴额持股 7.35%，位居财政部和国开金融之后，为第三大股东。

B/ 矛盾和悖论

值得一说的是，所有国家都处于一种悖论中，一方面大力控烟，一方面大力增加烟草收入。“烟草财政”与控烟之间，终究是一对矛盾。

矛盾的根源之一是体制。国际商业与公司治理学者丹尼尔·马兰（Daniel Malan）的最新研究报告《矛盾与冲突》显示，将近 50% 的全球可燃香烟市场都是由世界卫生组织《烟草控制框架公约》（FCTC）签署国政府控制的，而这些签署国政府也在本国经营着烟草公司。FCTC 的目的在于减少烟草供需并改善公共卫生。至今，全球 15 家大型烟草公司中，中国国家烟草局（CNTC）、越南国营烟草公司和泰国烟草管理局均属于100%国有企业。其他公司也包含部分政府股权，如日本烟草产业株式会社（33%）和印度烟草公司（24%）等。至今实行烟草垄断的国家还有：奥地利（1784年起）、西班牙（1730年起）、意大利（1868年起）、葡萄牙、罗马尼亚、匈牙利等。（以上数据来自《烟火撩人：香烟的历史》）

政企合一决定了国家和地方各级烟草专卖机构最大的任务就是发展烟草工业，它们所关注的中心永远是烟草消费额和相关税收的增加。而在一个以内需消费为主的市场上，越是强大的烟草工业越可能会对该国的公共卫生造成损害。最后的结果是，通过烟草工业而获得的巨额税收，终将化为个人和政府巨额的医疗支出单。

矛盾根源另一因素是利益。由于美国联邦政府过去曾与烟草业有过密切合作，并由此获得相当的财政收入，也由于美国许多州的经济来源就是种烟草，因此政府在面临许多复杂的法律难题特别是利益纠葛时，常常左右为难甚至内心暧昧。据美国疾病控制与预防中心（CDC）2003年数据，每年吸烟造成的直接医学花费为750亿美元，劳动力丧失的损失额高达820亿美元。而早在20世纪90年代，CDC报告就显示，在肺癌、肺气肿以及其他由香烟引起的疾病上的医疗费用，已经超过烟农和烟草公司加在一起的总收入。显然这已经威胁到了财政安全。也就是说，相信这样的数据比致死烟民数量不断增加的数据对政府控烟采取积极态度更具有说服力。这也导致联邦政府更加坚定禁烟的立场。

C/ 转型

各国财政在转型过程中，经历了复杂而艰巨的过程。政府与烟草业的较量也由来已久，但鉴于烟草业在国会中拥有颇具影响力的“压力集团”，所以在过去相当长时间内，烟草巨头们一直逃避了严厉监管。20 世纪 80 年代至 90 年代初美国联邦政府的 174 个公共健康立法提案只有 2 个得以通过。在与吸烟者交手的官司中，烟草业也基本能“化险为夷”。

这种情况得以逆转始自 20 世纪 90 年代中期。当时，美国的反烟运动声势浩大。2003 年，美国疾病控制与预防中心（CDC）关于至少有 680 万美国人有慢性支气管炎、肺气肿和其他严重的与吸烟相关性疾病的数据和研究起到了重要的作用。2013 年 11 月，纽约规定不得向未满 21 岁人群出售香烟的法案由纽约市长布隆伯格签署生效。

全球吸烟人数已从 2000 年的约三分之一人口比例减少至 2023 年的约五分之一，但也仍能达到 12.45 亿人。《“健康中国 2030”规划纲要》也要求，到 2030 年要把 27% 的吸烟比例降低到 20%。吸烟人数在降，但中国烟草公司的销售目标与税利却要涨，承载了中国数以百万计的烟草业从业者和种植农民的这个巨大的行业同样面临转型发展。

世界卫生组织在《烟草控制框架公约》中指出，一个国家的控烟要通过“减少烟草需求的价格和税收措施”和“减少烟草需求的非价格措施”来实现，也就是从供需双方来控制禁烟。但各国禁烟往往是从控制需方入手，导致最后执行成本很高，而禁烟也最终难以落实。而如果禁烟能够从供方入手，那么这个局面将可能会有大幅度的改变。

从这个角度讲，我们有必要看看烟草曾是经济核心的弗吉尼亚。为了颂扬弗吉尼亚在 18 世纪 70 年代成为全美经济中心的历史，成千上万张小烟叶被雕刻到州议会大厦的天花板上，并曾每年举行游行、推选烟草皇后。但那已经是往日的辉煌了。自弗吉尼亚与 5 大烟草公司于 1998 年达成“大和解”协议以来，州政府向烟农支付了报酬，要他们不再种植烟草。但烟草仍然是弗吉尼亚最重要的经济作物，2022 年，烟叶创造的收入为 1.24 亿美元。在今后的 25 年时间里，预计弗吉尼亚将从各州与烟草制造商达成的和解协议中获得 40 亿美元，这笔钱的一半被分配给反烟活动以及弗吉尼亚州的普通收入基金，其余的则支付给依赖烟草生存的烟农，他们几代都以种植烟草为生，转型是相当困难的。

10　香烟与战争（上）

士兵与香烟，是一对重要的存在。在生与死的临界，那一口本就缥缈的烟雾带着宿命和挣扎、对生命的眷恋。而在一些悲悯的艺术家看来，香烟就是士兵作为炮灰的一种隐喻——短命、牺牲、灰烬。

这是 2023 年春天乌东草原泥泞的战壕里，被俘士兵慷慨赴死，看得出这是一名老兵，他经历了太多，为国家献出生命他内心是镇定的。刑前他抽完最后一口烟，这是他一生所做的最后一件事。

在雨中，士兵那支烟已经快湿透了，但在他全力吸动下仍然顽强地燃烧着。烟最终还是断了，并从他的嘴上掉了下来。他看着它消失在泥土里。他的全身也都淋湿了，但雨点还在刺痛着他身上的伤口，每一个冰冷的雨点都像一只令人惊骇和厌恶的蠕虫，落在他的背上。烟丝散开来，融入他战靴下面的污泥里，这是一个多么失魂落魄的时刻！

A/ 士兵养成记

年轻士兵充满恐惧，当他打出去第一发子弹，事实上他并不知道自己做了什么。他的紧张让老兵和长官有两种反应。他如果基本只是做了个动作而没有任何收获，他们只会哄笑而已。而他“成功”了，这对于新兵十分不易。有的甚至大哭起来。这时，老兵和长官会点着一支烟，放进年轻士兵的嘴里。这同样是年轻士兵茫然的恐惧中不知不觉的一个过程，只有那呛入喉管的味道才能把他拉回来。在这个过程中，香烟像一个证件，表明他成了一名真正的战士。

当他成为老兵，他的众多进入军营后养成的习惯中，抽烟是最重要的一种。他离不开它。在漫长的等待中，寂静的天空和原野无聊得快要裂开，他点着烟，烟进入他的身体，成为与他唯一的交流。在激战后，他点着烟，首先庆幸自己还活着，烟平复着他刚才杀戮时已经跳出身体的心脏，在一定程度上这支烟是他死里逃生后见到的第一个朋友，想到这里他是感动的。后来他自然就想家了，父母亲或者妻子孩子，这时香烟就有很多的惆怅。

长官走过来，他学着将军的模样叼着烟斗，但很快还是跟士兵们一起抽起了纸烟，并说着粗鲁的话。他喜欢给士兵们发烟，烟是他从将军那里或者被俘敌军军官那里拿到的好烟，他用这种方式表现着他对士兵的关心，也表现着他任何时候都不会忘记他的兄弟们。而他之所以学着将军的模样抽烟斗，则是他内心对自己的激励。

武器在不断更新，士兵的地域千差万别，但对于香烟，对于这战场上的伙伴，士兵们的感受却是多少年延续了下来，成为他们随身带着的除武器之外最重要的东西。

B/ 华盛顿的请求

不，其实不单单只有我们后来人这种空洞的解释。1492 年，哥伦布到达美洲，此后不久西班牙士兵登陆，士兵们无意中发现，抽烟可以缓解焦虑甚至可以止痛。

当他们返回欧洲后，老乡们也接受了这种令人愉快的休闲活动。吸烟逐渐流行起来。

英国人从 1558 年起就和西班牙人交战，交战的地点大多在从欧洲海岸线到新大陆之间的公海上。当时在美洲还没有殖民地的英国人觉得，抢劫装载烟草的西班牙大帆船比种植烟草方便得多。他们利用快船成功地劫获了一船又一船烟草和金锭。

17 世纪，法军的战略后备物资中已有大量烟草，有时甚至跟食品一样重要。国王路易十四并不抽烟，甚至憎恶烟草的味道，但他更懂得烟草对于士兵们的意义。路易十四向所有士兵派发吸烟用具。1734 年，每名战士每月可获取半公斤烟草。

拿破仑三世时期的军队医院院长说："烟草能够有效地分散士兵的注意力，减轻他们所承受的痛苦，给他们以慰藉。"

1776 年，在美国独立战争期间，美军统帅乔治 · 华盛顿（George Washington，1732—1799）呼吁美国人民支持他的军队，他在动员讲话中说："公民们，你们不给钱，就给烟。"

烟草对美国内战有着深远的影响。早期的耕种带来了繁荣，有助于确保殖民地的经济生存。然而，烟草种植系统的发展帮助南方建立了奴隶制度。由于烟草种植很快耗尽了现有土地，种植者不断地开拓新的土地，导致奴隶制度和烟草种植业的扩张。而南北两方不同的产业结构及其带来的需求，以及制度差异，最终导致了美国内战的爆发。那时的美国，烟草与棉花是南方的经济支柱，联邦政府首都里士满就是当时最大的烟草市场和制烟中心。南方政府不断偷越联邦政府的海上封锁线，将烟草和棉花卖到欧洲换回军火和其他商品。

《乱世佳人》里面的白瑞德，就是一个烟草走私者。在联邦军队进入南方作战的时候，根据破坏南方经济的方针，北军士兵们在把自己的背囊装满烟草之后，再将烟草种植园付之一炬。

C/ 短命与灰烬

第一次世界大战时，俾斯麦巡视战场发现一名濒死的普鲁士骑兵，铁血宰相动容了，摸摸自己的口袋试图安慰他，口袋里仅有一个金币和一支几乎要揉烂了的雪茄。无疑，对这名马上要死去的骑兵来说，雪茄更重要。骑兵吸了几口雪茄后，安静地闭上了双眼。

“一战”期间，几乎没有军队能够限制住士兵抽烟的欲望，进而都设法满足前线士兵们的烟草需求——在泥泞的战壕中忍受几个月的炮击和战斗，除了香烟没什么能安慰士兵们的心灵了。这样烟草甚至会被定量包含在日常补给中，成为各交战国士兵的标准配给。在士兵商店里，烟草也是最受欢迎的商品，超过了酒。

至于吸烟对健康的影响，一方面当时的科学研究对各种附带疾病认识不够多，另一方面，在下一秒就可能被子弹、炮弹，甚至是一次愚蠢擦伤的感染带走性命的搏命泥潭里，谁在乎呢？甚至几乎每个欧洲参战国的士兵也都得到了红十字会的烟草配给。

英国医学杂志《柳叶刀》在战争爆发后几个月写道：“当我们看

到烟草对参与紧张战役的水手和士兵来说是多么大的安慰来源时，我们无疑可以抛开对使用烟草的很多偏见 ...... 当他们能找到时间进行这种实在的放松时，烟草应该成为他们真正的安慰和快乐。”

当时有很多人认为，烟草在“一战”期间的广泛使用是应得到极大宽容的事，和容易成瘾的药品和容易失控的酒品相比，在战壕里烟草几乎是一种无害的抗抑郁剂。

美国学者理查德·克莱恩在《香烟：一个人类痼习的文化研究》中写道：“香烟特殊的心理安慰效果，成为士兵的好伙伴。他们依靠香烟，面对难以忍受的压力时仍能保持勇气和毅力。”而在一些悲悯的艺术家看来，香烟就是士兵作为炮灰的一种隐喻——短命、牺牲、灰烬。

《刺刀》是1917年出现的一种战地报纸，这份报纸证实了香烟负有给绝望士兵以精神调节和慰藉的神圣天职：“烟草，士兵们战争中的慰藉，你鼓励所有的梦想，使一切痛苦变得平淡，你知道怎样将忧伤吐出……”

11　香烟与战争（中）

“一战”时期，美军约翰·潘兴将军给战争部长写信：“你问我赢得战争需要什么，我要告诉你，我们需要香烟，更多的香烟——甚至比食物更多。”“二战”时期，美国“好运”香烟，是美国士兵的标配。还有抽雪茄的巴顿、拿大烟斗的麦克阿瑟……

有位历史学家讲“遗忘”的主题时说：“士兵吸烟就像喝酒，为了忘却……人们通过吸烟来抵抗空虚、恐惧、寒冷和炎热；抵抗军队中那些导致可悲的惰性的纪律；抵抗生死的不公正。他们用吸烟来代替爱，代替自由，代替对清洁的渴望，代替对光明正大地在清新自由的空气下行走的渴望。”

A/“一战”致产业暴涨

有历史数据显示：在“一战”前4个月，英国吸烟士兵的人数达到了远征军总人数的96%。“一战”开始后，法国雪茄和香烟产量增加30%，烟草产品的总产量增加50%。

德国人的烟草堪称豪华，有普通的香烟、烟丝、水烟和雪茄，士兵可以根据自己的喜好随意选择，甚至只要仓库里有，可以拿到任何种类的烟草。

俄国人的烟草供应则最为粗犷，军队供应的是一种被称为马霍卡（makhorka）的香烟，大部分时候只供应烟丝。

被德军占领后，在协约国麾下作战的20万比利时士兵，一下子陷入香烟短缺之中，他们说：“可以给我们更糟糕的食物，但请给我们烟草。”国王阿尔贝一世还牵头成立了比利时士兵烟草基金会（Belgian Soldiers' Tobacco Fund），募集了近2.1万英镑，运送了17万个包裹的烟草和1050万根香烟给前线比利时士兵。

1918年，美军约翰·潘兴将军给战争部长写信：“你问我赢得战争需要什么，我要告诉你，我们需要香烟，更多的香烟——甚至比食物更多。”暗示了士兵在枪林弹雨中的勇敢和烟草的刺激是有关联的。

土耳其烟草一直在世界上享有盛名，但“一战”中土耳其人却无法将优质香烟送到前线士兵手上，在西奈半岛与英国人作战的土耳其军队只能饱受烟草短缺之苦。一直难以突破土耳其防线的英军利用了土军的烟草荒，出动飞机向土耳其阵地空投了大量掺有鸦片的香烟，土军士兵们在抽完这些加料香烟后，很快进入“超嗨”状态，英军于是趁机进攻，轻松得手。这也算是一次“鸦片战争”。

在极其恐惧的时刻，香烟帮助士兵们保持镇静，找回保持自我的沉着。它也是一口装满抚慰的深井，一剂良药，治愈枯燥、焦虑、失落、压力、无聊。

B/“吸烟时人人平等”

抽烟是能够为战斗之前和战斗之后疲惫不堪的神经提供放松的手段。烟草尼古丁一旦进入人体，就会让血管收缩，神经也相对舒缓，这一过程中心跳减缓，从而身体通过释放紧张情绪获得轻松，让精神进入相对愉悦的状态，原本的紧张焦虑也会在一定时间内得到极大改善。

因其极大缓解士兵心理压力的功能，作为战前后应激综合征心理治疗的手段，烟草成为不可或缺的必需品。香烟成为军需品还有一个理由是它的止血功效，在紧急情况下，可以直接用烟丝按住伤口。

军队的吸烟需求日益增长，进入军营后，原本不吸烟的人为了融入环境或是为了获得片刻的放松，都会选择吸烟。法国学者迪迪埃·努里松在《烟火撩人：香烟的历史》里说：“在兵营里，吸烟时人人平等。”这是一种特殊的文化。

事实上真正上了战场，则要更加残酷。在灰色烟雾缭绕的那些时间，他们才久违地感受到自己仍然活着并且想要活着。

理查德·克莱恩在《香烟：一个人类痼习的文化研究》中也说道：烟草燃烧的烟雾掩盖了战争残酷的现实，这就是香烟的力量，用一层薄雾将痛苦遮挡，就像是映射着苦难经历的明镜上结了一层模糊的雾气，它甚至湮没了战争的严酷和悲惨。吸烟导致遗忘，而遗忘是士兵的守护神，祈祷者称它为“神圣的慰藉”。

C/“二战”成战略物资

第二次世界大战中，烟草再次成为关键的战略物资。在战斗前配发香烟，用以缓解紧张情绪和凝聚斗志，几乎成了惯例。盟军的配给量是每人每天 20 支香烟。诺曼底登陆前，所有的盟军士兵，不管是登陆兵还是伞兵，香烟随便拿。

这一时期，德国香烟大部分都是进口的，主要来自美国和土耳其。希特勒本人不吸烟，也强烈反对自己的军队吸烟，曾经试图命令德军禁烟，但这遭到了普遍抵制，甚至女秘书也劝元首：“除了吸烟，可怜的男孩们实在没有其他消遣了。”德军士兵每天可以领到 6 支香烟或者两根雪茄。德国香烟与其他国家香烟不太一样，除了使用土耳其烟叶使得味道更加浓郁之外，其横切面还是椭圆形，也更短，《兵临城下》中的德军柯林斯少校抽的就是这种烟。

不过，烟酒不沾的希特勒最终是被斯大林、丘吉尔、巴顿、麦克阿瑟等满身烟味的人击败了。

苏军士兵基本抽不到什么工业卷烟，除非缴获战利品，他们抽的大多是自制香烟。每名士兵每周能领到 20 克（12 支）马合烟原料，也就是中国人所说的莫合烟，这种烟被德军士兵形容为“抽起来像马粪”。至于卷烟的纸，根据苏军士兵的回忆，最好的还是《红星报》和《真理报》。

在斯大林格勒（今伏尔加格勒）被围困期间，食品和武器弹药无疑要优先运输，饱受香烟短缺之苦的苏军士兵把所有的替代品都用上了，例如蛇麻草、干枫叶，甚至有少数士兵会同意用手中的巧克力交换烟草，烟草在他们心中的重要性可见一斑。

战争造成的毁灭与恐惧，使人备感朝不保夕、苟且偷生，香烟的意义就显得无可替代。

D/ 如同士兵的圣物

香烟暂时将士兵所处的残酷的现实掩盖起来，使他获得片刻的自由。它的作用不仅仅是产生麻醉的感觉，更多的是使吸烟者的思想从现实中超脱出来，引发士兵追怀过去或梦想未来，将吸烟者的精神从此时此地的消极提升到某种更高的境界——站在某种更高的角度来看待周遭的恐惧。

在战争期间，人们对香烟充满了感激和爱，在两指和双唇之间，小小紧凑的圆纸筒和烟丝——它的余渣、火和灰烬——就像一串安神念珠、一部圣经或者其他的某种安抚心灵的圣物。它是一个介于神与人之间的精灵，是神灵的化身。它是一个最亲密的朋友，一个在最英勇的时刻、最空虚的时刻和最无聊、最令人烦躁的时刻都可以和孤独的自我倾谈的朋友。

关于香烟和战争，一个参加苏德战争的老兵曾经回忆："经历一场艰巨的战斗后，香烟是灵魂的安慰者。"可谓真切感受。

刚刚脱离了死亡，如同刚刚经历了死亡，以后的生活就是后世美好的生活，重获新生。如同在天堂和煦的阳光下，在烟雾中，战士的灵魂升华了，得到了诸神的护佑，仿佛获得了永恒的生命。这生命，所有的感觉新鲜而强烈。

香烟拥抱着那些走投无路的孤魂。

12　香烟与战争（下）

无论是在紧张的战斗前还是漫长的等待中，一支烟总会让人想起温馨安宁的家，是战场上士兵少有的慰藉。在战争的某个小角落里，你可以用一支烟和你的敌人和解，当烟雾萦绕在两名不同阵营的士兵中间时，是和平短暂降临到人间的一刻。

事实上比战争更可怕的是失去自由。迎接自己的死亡，好过承担完全不受自我控制的生命。

那么香烟在战争中就意味着团结、反抗、冒险与自我实现。

A/ 必备军品

巧克力、可口可乐、口香糖、野战饭盒，曾是“二战”中美国官兵随身携带的几件物品。其中，野战饭盒里，不仅有涂好黄油的面包片、午餐肉、沙拉作料，还有“骆驼”牌香烟和火柴，美军士兵每周可以获取 5 包到 7 包香烟。

在法国被纳粹占领的时候，抵抗战士最期盼的不是弹药，而是盟军空投下来的“黑猫”牌香烟。美军开进法国后，法国人最喜欢的也是美国大兵向他们撒出的香烟。美国香烟大多都是在本地烟草中加入了一点儿土耳其烟叶，味道更加醇厚。在战后的欧洲，美国香烟甚至一度成为硬通货，几包香烟就能同一位德国姑娘度过美妙的一晚。

“二战”中美军是香烟供应最富裕的军队，种植烟草的美国农民甚至可以免服兵役，以生产更多的烟草以供军用。“二战”中美军最常抽的烟是“骆驼”和“好运（LUCKY STRIKE，也译好彩）”。海军除了有大量的普通香烟外，在战舰的储藏室里还有海量雪茄。

在朝鲜战争和越南战争中，美军同样保证了充足的香烟采购量。美军免费给士兵配置香烟一直延续到海湾战争，即使是非战时。仅 1995 年一年，美军就在香烟相关方面花费了 9 亿多美元，包括医疗开销和吸烟导致的工作损失。此外，美国退役军人事务部每年还要花费 60 亿美元用于退伍军人中吸烟导致的疾病。

B/ 以真实对抗虚无

香烟在战场上的激励作用也是显著的。

一幅以法国士兵为主题的版画《哨所》配文：“在哨所的日子里，我点燃了烟斗，我对着明天放声大笑。”另一幅《立定》：“惆怅时，我们用烟雾平复心情，当活力重新被唤醒，我们充满了战无不胜的激情。”

香烟使人思维敏捷，刺激人去行动。在战争文学和影视作品中常常可以看到军官们在制定计划和发布命令的时候点燃香烟。军队的指挥者必须有快速做出决定的能力，在对士兵的性命做出决定前，他必须在很短的时间内集中思想、沉着思考、谨慎决策。

在战场上，向士兵分发香烟就表明又要打仗了，这时不是为了麻醉，而是使他们的意志更加坚定，帮助他们克服焦虑，将生与死的焦虑的不确定转化为对待死亡的宁静的恐惧。而恐惧使得危险更清楚、更确定、更易于把握。

香烟把士兵们从真实的焦虑状态带入一种虚无的恐惧状态。因而抽烟可以给自己添加勇气，掩盖面临危险处境时的恐慌，让自己更沉着。

按照海德格尔理论，焦虑没有确定的原因，恐惧有确定的原因，它来源于世界上确定发生的事件，但恐惧感却是一种虚无的感觉。这也正是驱使士兵们去战斗的动力。

香烟成为一个独立的自我，也是自我的替代品，成为心灵可见的标志。烟蒂上的微光象征着士兵渴望生存和胜利的强烈愿望，如果它熄灭，就象征着他的死亡。

吸下一口烟，加入这个烟雾缭绕的圈子，才标志着你成为一名真正的战士。面对死亡，它成为他刚刚停止的最后一次呼吸的标志。这燃烧的标志让人看到死亡的临近，也象征着战士依然温热的生命。只有当香烟熄灭了，这个身体才变成一具死尸。这是灵魂离开身体的一段时间，燃烧的香烟照亮了活生生的生命走向死亡的灰烬的路程。

C/ 赋能战争动员

“二战”中日本军队的香烟供应也比较充足，香烟与糖果是士兵最喜欢的慰劳品，主要的烟草品牌有“旭日”“金蝙蝠”和“誉”等。日军在抽完配给的香烟后，往往会抽中国烟，不管是抢还是买。但对于口味清淡的日本人来说，中国香烟的味道太过厚重。

在中国北伐战争中，国民公司就推出了“前敌”牌香烟，烟盒上印着孙中山先生的遗嘱：“革命尚未成功，同志仍需努力。”这一时期，中国福新公司将“前敌”牌香烟宣传为国货，是爱国的招牌代表，最终奠定了其国民党军内特供烟的地位。

九一八事变后，上海福昌公司推出了风靡全国的“九一八”牌香烟，由此提醒官兵们勿忘国耻；爱国烟草公司也推出了“三省”“9.18”等品牌香烟，后又出产了“七七”“飞将军”“远征军”和“重九”等品牌，借此激励民众抗日士气。上海卷烟厂出产的“飞马”牌，前身是抗战时期新四军发明和生产的香烟品牌，名字据说还是叶挺起的。当时的王家坊卷烟厂成立于1941年，厂址设于团风县王家坊乡，有4支型和5支型木质手工卷烟机10台。卷烟原料烟叶来源于黄冈、广济等地，烟丝自制，烟纸、香精、酒精等材料就地购买。每日生产卷烟2万多支，专供部队消费。有的士兵每月可领香烟3条。

解放战争和对越边境自卫还击战中也是这样的情况，特别是20世纪80年代与越南对峙时期，守在猫耳洞里的士兵很多人都抽烟。当时在前线最流行的是“大重九”香烟，烟盒上写着：赠新一代最可爱的人。

D/ 士兵的一切

医学杂志《柳叶刀》在“一战”期间表示：“当我们考虑到那些长期投入紧张战斗中的海军和陆军时，我们会想，对他们而言什么才是舒适的源泉。我们也许应该相信，那就是烟草。当一位士兵能为他的嗜好腾出一些时间来，那烟草一定是他真正的慰藉与愉悦。”

在香烟的怪圈中，陌生人也可以变得亲近。

“他决定吸最后一支烟，因为一旦天黑下来，要对敌人保持隐蔽就绝对不能吸烟了。”

“我们读着家信，看着报纸，充满享受地吸着烟……”红色的野花，精美的食物，香烟，还有夏日的微风。

香烟是一种协议，是将士兵们紧密联结在一起的同志情谊的最好象征。

“我们为无休止的战争而焦虑，无法平静下来……我们的手一刻也闲不下来，一支又一支地吸了无数香烟。”

切 · 格瓦拉回忆起打游击的经历时，认为“在游击队战斗生活中，抽一根烟是一种习惯，同时也是一种非常重要的安慰。在休息时间，一根烟就是士兵最好的朋友”。

这是一种强有力的慰藉，一种对焦虑的逃避，一种欢快的心理释放。香烟让饥饿和疲倦消失。它是一种文明的象征，它帮助人做出决定，使人变得机敏；它是一支丘比特之箭，又是对抗上司的武器；香烟就是一个士兵所需要的一切。

别篇：战争小说中的香烟

雷马克描写“一战”的《西线无战事》、海明威创作的西班牙内战题材的《丧钟为谁而鸣》有关香烟部分都是军队生活的真实写照。此外，《裸者与死者》《漫长的征途》《野战排》等，也都通过香烟展示了战争的残暴、人性的光辉……

香烟是士兵最重要的东西，《西线无战事》作者雷马克说，战争粉碎了自由主义教育在他们身上留下的所有印迹，只有香烟为他们保留下这一点点斯文。动物是不吸烟的，所以吸烟让士兵们更加认识到，自己是一个人类。

知名战争小说除了雷马克描写“一战”的《西线无战事》，还有海明威写西班牙内战的《丧钟为谁而鸣》、诺曼·梅勒描写“二战”的《裸者与死者》，还有威廉·斯蒂伦的朝鲜战争小说《漫长的征程》、根据奥利佛·斯通著名电影《野战排》改写的越战小说等。在战争小说中，香烟既充当过残忍的刑具也做过战地救人的手术刀，是友谊的纪念，也是爱情的象征。

A/《西线无战事》

1929年出版的《西线无战事》描述德国普通一兵的战争经历。保罗·博伊默尔和他的战友们——他们大多数都来自同一个城镇同一所学校——回忆起他们的老师：“我已经记不得多少了。不过，在学校里当然不会有人教你如何在风雨交加中将一支烟点燃。”对战士来说，这个技能却是文化的最高形式，如何用身体挡住风雨点燃香烟，是战争中唯一值得接受的教育。这小小的技能代表了所有的教育，士兵在战斗中不得不变成野兽和机器，而并不出于满足自然欲望的香烟就成了“文明”在这些野兽的胸膛里留下的遗迹，甚至不得不冒着危险去吸烟。如果连香烟都无法点燃了，那无异于最残酷地失去了一切。

小说着重描写的八个人物中，先后有五人阵亡，一人截肢后回乡，一人在潜回德国时被宪兵抓获送交军事法庭。

雷马克的伟大小说中最动人心弦的一幕出现在故事的最后。保罗获准休假回家，战争已近末期，许多人已经死了。

“当我回来时会是什么样子呢？他们还会都在这儿吗？哈耶与肯莫里奇已经死了。

“下一个是谁？

“我们喝着酒，我一个一个看着他们的脸，埃尔伯特坐在我旁边，吸着烟，满满的我们全部拥在一起……我们的头上升起一团烟雾。士兵们没有香烟该是多么可怕呀！”

那慷慨的烟雾将一群经历战火而越加团结的战士们拥入它的怀抱，使他们彼此更加亲近。“士兵们没有香烟该是多么可怕呀！”他将只能一个人承受他的忧郁和悲伤。香烟拥抱着那些走投无路的孤魂，就像印度教徒信奉的那样，把那些已经逝去的战友的灵魂带回到这个日渐缩小的队伍，把过去和现在混在一起，仁慈地创造一个幻想，使他们感觉此时此刻将永恒不变，再也不会有人员损失。香烟是可以短暂地解除忧伤的药剂，是对死去的战友最好的怀念。

B/《裸者与死者》

《裸者与死者》是诺曼·梅勒 25 岁时根据他在第二次世界大战中的体验于 1948 年写成的长篇小说。故事讲述了虚构的发生在太平洋一个热带小岛安诺波佩岛上的战斗。美军少将卡明斯率领一支六千多人的特遣部队，攻打控制该岛的日本军队。

书中香烟出现得很频繁，比如：“雷德点燃了一支烟，这是他们的登陆艇下水后他点燃的第五支烟，他开始觉得烟的味道平淡无趣。”“在对中尉的问题发表意见之前，粗鲁的老中士点燃香烟，这个动作表明他已经把握了目前的情况，可以从容不迫地做出决定，而不会像那位紧张的军官一样举棋不定……他点燃一支烟，思绪浮上心头。”点燃一支烟，仿佛打开了一个做出决定的计时器，显示出它的主人已做了足够的思考。小说中点烟的动作通常出现在最危急的时刻，是做出决定命运计划的标志。

C/《丧钟为谁而鸣》

杰出的战争小说无不展示了战争的残暴以及人性的真实……《丧

钟为谁而鸣》是美国作家海明威于1940年创作的长篇小说，以美国人参加西班牙人民反法西斯战争为题材。美国青年罗伯特·乔丹志愿参加西班牙政府军，在敌后搞爆破活动，完成炸桥任务。他和比拉尔收留的被敌人糟蹋过的小姑娘玛丽亚坠入爱河，历经了爱情与职责的冲突和生与死的考验，最终献出了生命。

将军点燃一支烟，手慢慢地挥动一下把火柴熄灭了。"罗伯特，我肯定地告诉你，我心里还想着另外几件事儿。"

以下是乔丹炸桥时候的描写："（守桥的哨兵）给自己卷了一支烟，他用木炭点燃香烟。我再也不要看他了，他（乔丹）在心里说。"

香烟通常被认为是民主的、国际的、世界性的，它超越了战争在人们之间竖起的屏障。远处的敌人卷烟、点烟和整理香烟的动作使他感到如此亲切。透过一只德国产的八倍望远镜，乔丹感觉到敌人近在眼前，仿佛是自己家的一个客人一般。那哨兵的香烟就像一面镜子，因为他要杀死他，乔丹决定再也不要看他一眼了。面对着同胞之间朋友般的共同爱好，他害怕丧失了在这场内战中对敌人的仇恨。那同样的姿势，他点燃和吸着的，是和乔丹这一边的人吸过的不计其数的香烟一样的东西。

D/《野战排》

《野战排》中的士兵正是靠着香烟才获得了游击队员的信任。接受一个人的香烟，就好像是向这个人敬礼，表达信任、忠诚和对等级的承认。甚至有时候香烟成为有效的军中公关品。

当然不仅如此。香烟更是将士兵们密切联系在一起的同志情谊的最好象征，它像经历了一天恶战之后黄昏的阳光，扫除恐惧的阴影，激发慷慨的情怀。它使哪怕是最吝啬贪婪的人也学会和战友们团结一心：

“那是一个温暖的黄昏，夕阳如沙，在这光芒下我们感到少有的安全。它使我们彼此更加亲近，连一向吝啬的亚登都给了我一支烟并且为我点燃了它。我们感觉像兄弟一般，彼此谦让着把最好的给别人。吃过饭之后，我点燃了一支香烟。”“拉尔发现一只缩成一团的蚂蟥吸附在泰勒的嘴唇上，他点燃一支烟用烟头去烫它，迫使蚂蟥松开。”

在香烟的氛围下，陌生人也可以变得亲切。在越南，当士兵进入一个越南人的村庄，并非所有的美国人都准备去屠杀那里的老人、妇女和孩子。一个年老的村民伸出布满老茧的手，把一支自制的香烟送到嘴里，他想要一个火。士兵擦燃一根火柴，但已经无法点燃老人破损的香烟了。

在《野战排》中最残酷的一个场景出现在军队撤退的时候，那是对一个士兵的尸体的匆匆一瞥：“另外一个士兵的下半身被整个地炸飞了，他死在战壕里，脸朝下，那张脸像柠檬一样枯黄。在他黄色的胡须中间，一支烟仍然燃着。它闪烁着微光，直到在他的唇间烧尽。”

13　现代性叙事的烟草视角（上）

烟草最初在欧洲国家是精英阶层吸收新鲜事物的象征，在不同阶段，烟草生活是优越性、先锋性、叛逆性、时尚性的代名词，是不知不觉中现代性社会建设过程中宏大叙事的生动分解。

17 世纪有一个关于英格兰贵族沃尔特·罗利的故事。一次在路上他用烟斗抽着烟，他的仆人以为着了火，突然往他脸上洒啤酒灭火……在那个时代，抽烟被认为是新思想、新潮流——只有精英们才有机会拥有。携带烟管和香烟成为当时英法等欧洲国家中产阶级社交生活的标配之一。彼得大帝把抽烟当作驱使俄国封建国家进入西方的途径和教化的手段。历史往往就需要从这样的细节里找寻。

A/ 突破禁锢

16 世纪欧洲的宗教改革运动，被认为是现代世界的开始，因为伴随它的是 15 世纪资本主义的萌芽。

烟草最早传入欧洲是受到教会阻挠的，被认为是邪恶的巫术。随着欧洲人对女巫的恐惧在 17 世纪渐趋沉寂，认为吸烟可打开与恶魔沟通之门的想法也趋于式微。在宗教改革之前，罗马天主教会不仅控制了普通民众的思想，还高高凌驾于世俗君权之上，也因此滋生出种种触目惊心的腐败堕落行为。所谓“权力导致腐败，绝对的权力导致绝对的腐败”。教会的反烟运动最终是失败了，但为此烟草的传播者们也付出了高昂的代价——哥伦布团队中的船员罗德里戈被判刑，沃尔特·罗利爵士被詹姆斯一世斩首。也就是在这时，如果在判断吸食女子是否与巫术有关时，人们会探究她吸烟的初衷纯粹是因为喜欢吸烟，还是为了施行巫术。

之后的事极具讽刺，教会转而形成烟草垄断，并在其势力范围内禁止反吸烟传播。

宗教改革运动的出现，不仅打破了罗马天主教会的独大局面，也打破了天主教的精神束缚，给欧洲带来了自由、宽容的新气息，从而使近代国家主义得到长足的发展。个人价值获得认可，自由得到维护，反权威意识、自主自由的意识培养了近代西方人的民主思想意识，教会离开国家权力成为现实。

在对待烟草方面，精英将抽烟当作释放天性和自由获得。最终教会也做出了改变：1729 年，伯努瓦十三世颁布教谕，态度变得宽容，废除此前禁令，仅要求神职人员对自己的行为做出检点节制：“吸烟如此普遍，禁止已是徒劳。”

宗教改革使得人吸食烟草的自由得到保障，为烟草在欧洲的传播扫清了障碍，反过来，烟草快速的传播也是人的觉醒的重要依托和象征。

B/ 新阶层

作为引进物种，吸烟从贵族和精英开始，是身份和地位的体现。水手、军人和神父是最早吸烟的欧洲人，后来贵族和其他上层人士才接受并抽起烟来。

欧洲从阿拉伯帝国保存的希腊、罗马古籍中复兴了希腊、罗马文化的科技与产业、体制与文艺等成就，诞生了近现代科技与工业文明——全球化地球文明。

无论文艺复兴、宗教改革、法国大革命，还是自然科学的深入探索，无不说明现代意义上的科学、政治和民主革命相互促进。而这一进程在城市萌芽和发展起来，与 16 至 17 世纪开始兴起的市民群体关联度很高，这一群体后来发展成为拥有深厚经济基础和社会基础的资产阶级。正是在他们的推动下，西欧国家相继爆发了资产阶级革命，走上了民主化的道路。当时的烟民也正是在城市人群中发育的。

最初，香烟是一种“炫耀性消费”。香烟一族是“有闲阶级”，这是一群富有而又无所事事的人，不断通过物质商品消费来展示其社会和经济地位，随之而来的是一系列新标准和价值观。

在欧洲很多国家，人们在咖啡馆里聚众吸烟，“早期欧洲的咖啡馆……会提供烟草”（《伊斯坦布尔三城记》）。从 16 世纪下半叶又是这个问题哈开始，伊斯坦布尔几乎每条街上都有咖啡馆，它们没有门槛限制，任何人都可以进去消费和休息。依托这一空间形成的都市文化和生活方式，不仅深刻影响着市民的文化生活，还起到了开启民智的作用，更多的人则看重了这里获得新闻和交流信息的作用……

但不久，烟草与咖啡在伊斯坦布尔就引起了争议。宗教领袖认为这些物品具有精神麻醉作用，可能会对社会稳定造成威胁。王室认为这会侵蚀社会规范，导致反动和煽动性演讲出现。这样，烟草和咖啡在奥斯曼帝国被视为异端，它们创造了人们聚集和讨论世俗事务的空间，这是不被允许的。1633 年，王室趁着咖啡馆引发火灾的机会，下令禁止营业，并将咖啡与烟草和鸦片等同起来，致使伊斯坦布尔的咖啡馆在接下来的几十年中一直都处在闭门谢客的状态，政府颁布了许多禁令，国家权力强力渗入，干涉和影响着人们的日常生活。直到 17 世纪最后十多年才重新开门营业。

之后，工业革命将财富赐予了一个全新的社会阶层——中产阶级。在工业革命和蒸汽机发明以前，包括香烟在内的很多商品只有真正的富人才买得起，普通民众无力负担。随着机械化和专业化使批量生产变为现实，把这些纯正的消费品分配给不断壮大的中产阶级开始成为可能，更多人开始与精英阶层消费相同的产品。卷烟生产高达 400 倍速度的提升，使得更多中低收入群体通过获得降价的红利而加入抽烟的队伍。

C/ 产业与贸易进步

漂洋过海的烟草对改变世界文明的隔绝做出了重大的贡献。世界上万事万物之间，力的作用是相互的。当欧洲人改变了美洲大陆并带回了烟草等等新文明物种，这些新的物种也在其后的时间里改变了欧洲及世界。

文明是由生产技术革命与以贸易形式输入新的资源这种方式积蓄起来的财富为基础而建造起来的。烟草产业的进步与工业文明的进步特别是三次工业革命的进程是共振的（见第二章《工业革命的侧面》）。

生产力的变革使得现代国家形态具有了跨区域、跨文化的普适性特点。美国的建立起源于靠烟草种植在弗吉尼亚落脚的移民，他们反对征税、争取种植和使用烟草的自由权。

随着全球化经济贸易的开展，国家征服逻辑当中那种纯武力性逐渐演变为现代征服逻辑并蕴涵在市场经济形态中。随着对农业经济的突破，以家庭结构为主的社会放大为非家庭结构。抽烟行为和烟草产业不仅加入甚至加速了国际贸易和联系，或许也与其他更多的人和事一样使世界向现代化发展，其背后是生产方式和生产关系的变革。

17 至 18 世纪，欧美进入了工业文明时代，英国的机械化生产已基本取代手工业生产。卷烟机械化就发生于这一时期。

D/ 对冲现代焦虑

在欧洲国家成为精英阶层吸收新鲜事物的象征，在不同阶段，烟草生活是优越性、先锋性、叛逆性、时尚性的代名词。这些在本书的不同章节都会有所涉及。这里重点谈进入现代和后现代社会后，香烟对人类不健康心理的对冲。

英国社会学家齐格蒙特·鲍曼很有些他的前辈罗素的模样，他对于消费时代人们的群居而孤独、进步却焦虑、工作与不平等、正义同时缺乏安全感……在一个高度现代性的时代里，人们常常被日常禁锢，重复机械，为生存困扰，在遭遇问题时，除了失望、习惯和接受，很少思考这些困境如何突破、是否可以有勇气和定力向更宽阔更高远的地方探索生活。

对未来的各种思索和推测常常让人焦虑，有时还充满恐惧。香烟可以在一定程度上调节人们的焦虑情绪，香烟让人平静下来，放松、慰藉、减轻焦虑、调节社会交往，展示一个比现实更美好的未来。

人类消除焦虑的心理需求使吸烟风行全球。“我”知道一定会在生命的终点与死神相遇，但此时此刻死亡对“我”还没有任何影响，因此可以舒适地享受香烟带来的“死亡房屋的宁静”。

同样作为德国哲学家的康德对现代人精神状态的根本特征进行了概括：现代人不再寻求神的庇护，理性让“人为自己立法”，走出受到蒙蔽的状态。而“这种启蒙所需要的无非是自由，亦即在一切事物中公开地运用自己理性的自由”。

在这一社会形态建设过程中，除非人类文明的结构发生革命性改变，文明病得以根治，否则香烟这种瘾品与文明、权力和金钱共生的关系，在过去、现在以及可见的将来恐怕都难以改变。

14　现代性叙事的烟草视角（下）

烟草在欧洲宗教改革、美国建国、参与工业革命的道路上走过了 5 个世纪，在科技变革、思想进阶、缓解现代社会焦虑的深度社会塑造中抵达了人的内心和广阔的人文边界，因此我们可以到历史的最深处探微。

烟草的故事、其被社会接纳的过程以及它从恶魔的象征到愉悦之物的演化，是人们用禁令和入罪化手段来控制流行物品的尝试中富有教益的一课。摆脱神权桎梏之后，理性建立起来，在一定角度和程度上讲，烟草是人进行理性思考的物化象征。

从烟草产业的发展和香烟消费的发育，我们可以从微观观察到自大航海时代以来世界频繁变革背后的政治逻辑与社会因素，观察到在中西文明的冲突与融合下中国是如何融入和迎接挑战的，也可以观察到欧洲文明、美洲文明是如何崛起的。

A/ 例外的真相

从烟草进入中国的 16 世纪，到鸦片战争的 19 世纪 40 至 60 年代，世界走过了十分重要的三百多年。中国接受了烟草的进入，或者说烟草穿透明朝时期的海禁顽强地进入了中国，它像一个文明进程势不可挡的象征。但在主观上中国也仍然固执地拒绝了开放，大航海和地理大发现没有为中国带来如同欧美那样的影响。海禁制度限制了中外交流，愚民政策使中国人对同时期其他国家的发展趋势一无所知，对先进的思想文化、先进的科学技术、先进的武器装备，都一无所知，导致了国内发展停滞不前。

就在这个时候，英伦三岛蒸汽机技术的发现与运用，让世界进入工业化时代。中国强大农耕文明的抵抗最终演变为一个历史大败局。烟草的融入真相此时也水落石出：种植化的、自给自足式的生产方式，以及局部人群的生活方式的改变并未能撼动固有的文明形态。

也就是说，在世界进入近代、呈现加速度进步的趋势的背景下，中国则是停滞的甚至是倒退的。如果说宋代中国的文明程度相对达到了一个优质状态，那么元明清代则对它进行了第一次拉低，以恢复中华文化自欺欺人，陷入一种呆滞和对世界漠然的状态，没有能够很好地迎接从西方前来试图进行的所有接触，继而以一种病态的“恐惧 + 自大”的心态溃败下来。正如美国历史学家卫周安所讲：当中国人开始参与到更广泛世界交往中时，当权者始终不愿意让任何一种外国的思想自由发展，因为一部分民众的头脑中，外国的意识形态可能会战胜中国的价值观和传统，而统治者担心会失去对这些人的政治和道德控制。

B/ 李约瑟难题

英国学者李约瑟（Joseph Needham，1900—1995）在其编著的 15 卷《中国科学技术史》中提出："尽管中国古代对人类科技发展做出了很多重要贡献，但为什么科学和工业革命没有在近代的中国发生？"1976 年，美国经济学家肯尼思·博尔丁称之为李约瑟难题。

以烟草产业为例。中国很早引进了烟草的使用和种植，时间是明末。但在烟草制作工艺如烤烟、卷烟的创新性发展、机器加工香烟等方面，中国人一无建树，倒是对鸦片做了大幅的、进步性的改造。

李约瑟从科学方法的角度得到的答案的第一条是当时的中国没有具备宜于科学成长的自然观。

在企业层面，美国康奈尔大学历史系主任高家龙（Sherman Cochran）教授的《中国的大企业——烟草工业中的中外竞争（1890—1930）》，讲述了 20 世纪初总部设在伦敦和纽约的英美烟草公司与总部设在香港和上海的南洋兄弟烟草公司之间十几年的故事，也表达了外国投资家到中国面临社会等级制和人际关系网挑战的观点，被认为是西方学者对东方经商特点及其规律探索的重要成果。

C/ 二次窒息

烟草是城市文明的象征，它以其独特的视角让中国漫长的农耕文明裂开了一条缝隙。它的进入与明朝江浙一带产生的资本主义萌芽具有一定的呼应性。回望这一时期，可以清晰感觉到东西文明的对流，中国事实上接纳了西学东渐，让中国的文明结构、知识生产方式发生缓慢调整。当欧洲国家的人们在咖啡馆里聚众吸烟时，在东方社会，“咖啡馆”被代之以茶馆、烟馆、酒馆的形式，也是人们聚集、交流和进行日常生活的公共空间，是城市文化的核心内容，为市民参与社会生活和政治生活提供了舞台。在物质交往方面，中国的瓷器、丝绸、茶叶、大黄等初级农产品更是借全球化的东风所向披靡地占领了世界市场，几乎成为全球别无分店的垄断商品，为中国赢得了巨大的经济效益。明代中晚期开始的白银资本，18 世纪中国社会的繁华，其实都是全球化带给中国的效益。

但由于中国没有前期的思想启蒙运动，再加上国内科学技术没有形成知识体系，这一萌芽终究没有能够持续。

极其有意思的是，与烟草具有很大交集的鸦片出场了。19 世纪 40 至 60 年代，列强通过战争强行进入中国，强行将中国拉入世界一体化的轨道，中国在屈辱中被迫踏上了走向世界之路，主角正是鸦片。经过 1860 年之后长达三十年的向西方学习，应该承认大清王朝正在从先前的衰败中走出。但三十年的洋务运动其实只是将中国推向一个正常国家的方向，并不意味着中国成为一个正常国家。

D/1789—1945

谈现代文明不能不谈美国，谈中国文明与世界文明的关系，不能不谈中美之间的对比。总有人说美国只有二百多年历史，是的，但美洲现代文明不止二百多年。地理大发现之后，以 1620 年“五月花”号出航、欧洲人大批移居美国为标志，17 世纪清教徒们来到美洲大陆，其中很大一部分人是烟草的淘金客。他们几乎带来了所有的欧洲文明，比如学校、医院，还有法律、宗教。在创建殖民地的过程当中，英国的殖民者将本国的政治和法律制度移植到了北美，奠定了殖民地政治和法律体制的基础。

尚未被欧洲旧社会接纳的民主、自由原则，被 17 世纪美洲移民移植到了新大陆，而且在那里，民主、自由原则获得了充分的实验和成长，并影响着民情，最后创造出一套富有美利坚特色的、高度自治的宪政机制。

18 世纪，当英法贵族阶层无法抑制平民吸烟时，“革命者”吸着香烟战斗在巴黎街头完成了法国大革命。托克维尔在《旧制度与大革命》中不吝赞赏：“这就是 1789 年，·它襟怀开阔，热情洋溢，充满雄劲和宏伟。这些，都成为进化的、世俗的、科学的、现代的、民主的道路上的路标。”

数十年后，烟草的“近亲”鸦片却在东方开启另一个难堪的时代。1840 年的中国，断然无法出现像托克维尔对 1789 年那样的描述。

一百年后，1945 年作为史学界观点中第二个纪元“零年”，第二次世界大战结束后世界格局重塑，这一重塑影响至今。那时通过工业文明的推动美国将美国香烟卖到了全世界……而在当时的中国文化中香烟象征着西方城市化对中国农业化的基本价值观的冲击。这一冲击事实上从 20 世纪初开始一直延续到了 40 年代。英美烟草等西方公司带到中国的并不只是香烟以及生产香烟的机器，更有经营管理思想，有现代商业理念，有中国人睁眼看世界的契机，有崭新文明的洗礼。

在当下全球化的阶段，在现代性话语式微、现代化等观念淡出人们视野之际，我们将如何观照历史的镜像？而中国现代化之艰苦卓绝、偶然变异之不确定、世界大势之不可抗拒，凡此种种及其内在因缘逻辑，都值得我们思考并借鉴。而穿过烟雾的缭绕，通过烟草这一独特的视角，具有特别的意义。

02

财富风云

FORTUNES IN FLUX

1 殖民经济“先锋”

欧洲人在美洲大陆上的原始积累始于烟草。它成为早期欧洲殖民经济的重要利润来源，加剧了黑奴贸易，也为欧洲开拓亚洲市场提供了优质杠杆，在特定的历史时期还是一种国家和经济发展模式的发明。

大航海不仅是一场英雄的探险与发现，而且还是一种国家和经济发展模式的发明：西方主要国家从此走上一条殖民和扩张的道路，并以此积累了自己此后数百年领先世界的全方位发展资本。

同时，哥伦布发现烟草并把它带回欧洲，也为欧洲带回了一个独具魅力的金光闪闪的产业。如今，全球烟草市场总规模已突破万亿美元，相当于石油和天然气以及半导体市场的总和。

A/ 弗吉尼亚

由于人们发现烟草是一项利润极其丰厚的大买卖，欧洲人把美洲当成了烟草种植基地，作为英国第一个成功的海外殖民地，弗吉尼亚州首当其冲。

1610 年 5 月，25 岁的英国移民约翰·罗尔夫来到了弗吉尼亚詹姆斯敦。若干年后，他建立了世界最早的烟草种植园。一同建立起来的还有他在北美的家庭，他与印第安“公主——当地的大酋长之女波卡·洪塔斯（又译宝嘉康蒂）相爱并结婚生子。

烟草在弗吉尼亚每英亩能产 500 磅（1 英亩约合 4049 平方米，1 磅约合 454 克），1 磅烟草可以卖到 1 英镑（按现今汇率约合人民币 9.4 元，但实际购买力则远超现价值百倍），这对移民来说是一笔了不起的财富。巨大的利润刺激了弗吉尼亚种植烟草的强劲势头。到了 17 世纪 20 年代，弗吉尼亚每年向英国输送 20 万磅烟草，英国的烟草市场因此非常繁荣，从而开启了一门烟雾笼罩下的大生意。

曾有当时的财富冒险家感叹：“这种商品（即烟叶）带来的巨大利润，将和西班牙人从所有印度群岛中最好、最富饶的银矿中获得的利润一样大。”美洲殖民地成为欧洲巨大的种植基地，让欧洲经济出现了一次突发的、巨大的、持续的增长，大西洋成为欧洲人的大运河。

那时的弗吉尼亚人几乎具有一种烟草崇拜，他们说上帝在造物的时候，先造了女人，然后造了男人，其次是玉米和小麦，再造出了烟草。烟草商业种植产业辉煌一时，催生了 1730 年北美大陆的第一家烟草公司在弗吉尼亚州开业。

B/ “鬼魅土地”

英国低价从殖民地收购农产品、原材料和矿藏，再高价向殖民地出售制造品，维护制造业大国的地位和本国制造商的利益，从而以最低的成本获取最大的经济利益。西班牙的出口商品有纺织品、绸缎、亚麻布、葡萄酒、金银产品、橄榄油、鞋帽等，进口商品有金银、皮革、烟草、糖、可可、咖啡等。这些进出口给英国和欧洲其他列强与美洲殖民地都带来了巨大的变化。同时这种全球化经济模式延续至今，影响深远。

烟草种植会消耗大量土地，这带来了极大的新土地的开垦需求。开垦土地需要大量劳动力，这也为十七至 18 世纪的殖民地扩张和奴隶贸易加了一把火。葡萄牙人建立东印度公司将 1 万多黑人从非洲运往美洲卖给矿主和种植园主。西班牙商人如法炮制，获取暴利。荷兰人还在印度尼西亚和中国东南沿海进行劫掠和贩卖人口活动。

斯坦福大学教授沙伊德尔把美洲殖民地广袤的耕地称为“鬼魅土地”（ghost acreages）。在工业革命所推动的大规模工业化之前，耕地对经济的重要性无可比拟，而欧洲在美洲巨大的殖民地让欧洲可以不再需要依赖本国逼仄的耕地资源就能获得大量的农产品。烟草以及大米、甜菜、咖啡、棉花种植的推广，让大庄园纷纷涌现。

殖民人口的增多和对土地的争夺，引发了原住民印第安部落的强烈不满，印第安人与白人发生了激烈冲突，印第安人死伤惨重。

C/ 全球蔓延

烟草为早期的北美殖民地带来了勃勃生机。此前，殖民地的商业利润小得近乎为零，殖民者们衣衫褴褛，整日辛苦耕种却依旧面黄肌瘦、营养不良，常常忍受着饥饿和疾病的困扰蜷缩在小小的篝火旁入睡。随着 17 世纪 20 年代烟草种植的发展，殖民地经济水平得到了迅速提升。

也是在这一过程中，随着原始资本主义发展，在西欧孕育并出现了对烟草实行垄断、专卖、公司制经营的萌芽和雏形。比如，西班牙的重要经济政策是垄断殖民地的对外贸易。为此，西班牙国王规定，凡是西属殖民地与宗主国之间的对外贸易，一律由政府垄断。

与此同时，作为一种重要的经济作物，烟草也开始向欧美以外的全世界扩张。中国的台湾岛不仅成为葡萄牙人传播烟草的前沿阵地，更成为荷兰人的最早占领地。英国则通过东印度公司在亚洲展开掠夺性、垄断性的鸦片、食盐和烟草贸易，更与1840年前后的中国发生了密切关联。

1902年，英美烟草在上海陆家嘴设立工厂，开始了杜克期盼中的“远东征服”。它在上海、汉口建立大型烟厂，雇工数量迅速在1915年达到1.3万人，成为西方在中国设立的最大工业企业。1917年，为就地获得廉价原料，杜克家族的英美烟草公司在山东潍县建成烤烟收购中心，加工后的烟叶再运往天津、上海、青岛、香港等地制造卷烟。烟草种植蔓延至整个华北平原，达数万英亩，有30万户共约200万农民以此为业。1909年，中国消费卷烟50亿支，其中英美烟草公司包办了其中的40亿支。1934年和1935年，经济学家陈翰笙对山东潍县进行了实地考察，写成《帝国主义工业资本与中国农民》一书：“中国烟农的痛苦和贫困是无穷无尽的，整个的烟草市场和日益流行的卷烟市场正在迅速变得具有殖民剥削的性质。”如今，这个工厂已改建成为“1532文化产业园”，保留了当时大英烟公司的生产厂房、生产流程和产业文化风貌。

D/ 质变积累

烟草成为美洲出口海外最重要的大宗商品之一。北美向英国出口的烟草贸易，催生出美国南方和拉美的“庄园贵族”阶层。美国国父从华盛顿到杰斐逊，都是这样的大庄园主。再后来烟草则成为导致美国独立战争爆发的经济因素之一。

庄园经济虽然可以让庄园主过上富有的生活，但事实上他们对自己的经济命脉难以掌控。单一经济也意味着北美南方和拉美地区成为英国和欧洲列强主导的全球贸易的一个环节。伦敦金融控制了庄园主的资本供给，以及包括烟草在内的大宗商品价格波动。在独立战争之前，美国的庄园主对英国债权人的欠款总额大约是400万英镑。与此同时，英国政府不断向北美各殖民点增加税收，并实行高压政策。

而形势也正在发生矛盾的积累和变化。经过一百多年的发展，英属北美各殖民地的经济来往日益密切，初步形成了统一的市场。同时，在长期的交流、融合过程中，英语成为来自各殖民地的共同语言，逐渐产生了共同的文化。在此基础上，美利坚民族开始形成，民族意识逐渐觉醒。18世纪上半期，启蒙思想在英属北美殖民地得到传播，涌现出一些杰出的思想家，如本杰明·富兰克林和托马斯·杰斐逊。英属北美殖民地的民族和民主意识日趋增强，于1775年至1783年进行的独立战争也就水到渠成了。而殖民地及其制度也开始走向终结。

2　工业革命的侧面

烟草制品发展的这五百余年也是人类工业文明发展最快的一个阶段。烟草产业资本、市场、产品、劳动力等产业要素齐全，既受益于技术革命，也成为技术革命的一部分。同时也保持着一定的独立性，未能与其他行业做出深度融合。

烟草制品发展的五百余年也是人类工业文明发展最快的一个阶段，特别是近200年以来，随着几次工业革命的进行，烟草产业既受益于技术革命，也成为技术革命的一部分，作为非重大民生产业，完美担当了工业发展侧面的角色。

以往的革命，都带有巨大的政治功利性，是一个政权取代另一个政权。全球化时代，取而代之的革命越来越向资源、资本和技术演进。

A/ 第一次工业革命时期

1832年，土耳其士兵无意间用包子弹的薄纸将烟草包起点燃吸，从而发明了纸卷烟。1843年，法国、古巴创办了卷烟厂，香烟商业化开始。

这一时期，正值由英国引领的第一次工业革命爆发，以机器为基础的制造过程转型解放了人。第一次工业革命大约从18世纪60年代开始持续到19世纪40年代，其标志是蒸汽机的广泛应用。1850年前后，英国成为新一代“全球霸主”。

同一时期，1839年在美国弗吉尼亚出现了一种新型烤烟，改变了人体吸收尼古丁的方式，赋予了卷烟新的生命，为现代卷烟的出现与发展提供了原料基础。

这一时期，烟草制成品的种类也越来越多：卷烟、雪茄、烟斗、鼻烟、水烟……烟草制品由诞生之时的先锋生活和奢侈品转化为大众消费品，消费量激增，成为大众生活中随处可见的物品。这时，点燃香烟使用的是火柴。如果说印第安人的烟草还只体现了本民族的超生活追求（信仰工具或闲情逸致），那么现代人的烟草制品则成为生活日常。

中国烟草在这一时期基本与其社会经济形态契合：以种植、自给自足为基本生产、消费形式，因而也谈不上产业，是典型的小农经济。

B/ 第二次工业革命时期

第二次工业革命由美国和德国引领，大约从 19 世纪 60 年代开始持续至第二次世界大战之前，内燃机的发明、铁路的修建、电力的发明应用，还有石油化学工业、家用电器等新产业的出现，使整个社会的生产效率进一步提升。这期间烟草业也完成了机制卷烟的革新、打火机的发明等。1886 年，德国人卡尔・本茨和戈特利布・戴姆勒发明汽车，这一年还诞生了可口可乐；22 年后，美国人亨利・福特用自动组装线生产出了廉价的 T 型车，到 1930 年汽车进入 60% 的美国家庭。1875 年，贝尔发明电话。这一时期，美、法、德完成国家改革。

顺应大工业时代的浪潮，卷烟产业在 19 世纪 60 年代第一台卷烟机发明后迎来鼎盛时代——香烟产量从手工时代的每人每天三四百支，迅速增加 100 倍，生产率快速提升。1880 年，美国人詹姆斯・邦萨克（James Bonsak）发明连续成条然后分切成支的卷烟机，英国威尔斯公司（WD & HO Wills）在购买了邦萨克的机器专利后，成为欧洲机械化的先驱，相当于四五十个工人生产力的机器为现代卷烟工业化生产提供了装备技术条件，大大降低了生产成本和香烟销售价格，从而使工人阶层有能力消费更多的香烟。1885 年，杜克通过新邦萨克自动卷烟机使香烟制造机械化，一台机器每天十小时可生产十二万支香烟，相当于四十个卷烟工人以每分钟卷五根烟的速度卷十个小时。1889 年，杜克的企业销量占全美市场的 38%，名列第一。1890 年，杜克组建美国烟草公司。1901 年至 1902 年，帝国烟草公司和英美烟草公司这样的巨头逐渐成形。1924 年，打火机经过改进投入批量生产。

这一时期的中国在经历了鸦片战争后，于 1861 年至 1895 年开启了洋务运动，是一场引进西方军事装备、机器生产和科学技术以挽救清朝统治的经济和产业革新。

C/ 中美烟草产业的此消彼长

第一次世界大战军队对香烟的需求对烟草产业产生了进一步的催化。战后仅 1924 年一年，美国就销售了超过 700 亿支卷烟。

由于 20 世纪 30 年代经济新政刺激、40 年代“二战”进一步促进，全美卷烟产销量每七八年翻一番，一直到 50 年代增速才开始放缓。与美国综合国力同步，当时美国烟草生产和出口量都是世界第一，几乎全球各地都有美国生产的卷烟。这一时期，以欧美为主体的全球卷烟产销量从 1900 年的约 100 万箱迅速增长到 1950 年的 3300 多万箱。

20 世纪初到“二战”前的中国卷烟市场，中外烟草公司融合竞争，民族卷烟业也大为发展，上海、青岛等地集中了当时中国最好的卷烟公司。

1881 年，自动卷烟机发明之后，杜克打开世界地图，发现当时的中国有 4 亿人口时，他告诉公司管理层：中国将是我们要去销售卷烟的地方。但杜克没想到的是，一个多世纪后的今天，整个中国卷烟市场外烟占比仅为 1% 左右，其余 99% 的市场都是由国内的 19 家中烟公司占据，他的英美烟草公司并未长久地赢得中国市场。

但事实上，从文化意义层面和更广大的经济层面，真正使香烟成为全球普遍性现象的正是杜克以及其对烟草生产力的解放。

到 20 世纪 30 年代中期，资本主义中国已涵盖了这个国家大多数的现代工厂工业，可谓世界大势浩浩荡荡。

D/ 第三次和第四次工业革命

第三次工业革命大约从 20 世纪 50 年代开始直到现在，其标志是计算机的发明、信息化和通信产业的变革。烟草行业的智能化水平随之提升，电子烟横空出世（被称作第四次工业革命的人工智能更像是第三次工业革命的延续）。

伴随着全球制造业的升级，烟草产业也进一步升级。一支烟的制作，包括制丝、卷接以及包装三大制造流程，已经全部自动化，切丝机、超精密自动化卷烟系统、自动化物流堆垛机也不断进步。如今，一台最普通的卷烟机具有每分钟超过 7000 支的生产速度，最快甚至可以达到每分钟约 20000 支，只需 0.3 秒就能卷出 5 包烟。伴随着烟草加工技术的不断提高，庞大的烟草工业体系逐渐建立起来，并且带动上游行业供应烟草制造设备以及纸张、过滤器等材料。

同时，伴随着人类健康威胁下降低尼古丁含量的呼吁，过滤嘴技术大面积使用；伴随着全球性控烟浪潮下卷烟销量的缓慢下降，新型烟草制品市场也快速发展。

先是细支烟，20 世纪 90 年代开始在欧美国家出现。然后在卷烟机械化自动化道路上缓慢前进的烟草产业，在互联网时代迎来了一场轰轰烈烈的“新造烟运动”。

第三次工业革命由美国引领。1945 年，第一台大型数字计算机发明；1969 年，因特网诞生；1974 年，比尔·盖茨成立微软公司；1976 年，斯蒂芬·乔布斯的苹果个人计算机上市；1971 年，因特尔公司发明微处理器。

无论是产业竞争对加工品质的倒逼，还是传感器和大数据技术的突飞猛进，都让烟草制造企业不断求变。工艺的智能化，流程的数据化，并非“工业互联网”或“新基建”“3D 打印”的概念所能简单概括，因而在第四次工业革命即智能化开始澎湃翻涌的时代，烟草产业将会发生怎样的变化尚待观察。

3 烟草种植地理

由于烟草种植对纬度、光照、湿度的特殊要求，造成了美洲、非洲、中国云贵的大格局，古巴和津巴布韦则又是两处神奇的黄金所在。即使同种烟草在不同的地区生长也会各不相同，并具有不同的口味和香气。

16 世纪，北美的印第安人会跟来自欧洲的探险者讲述这样一个神话故事：

在很久以前，土地贫瘠，人们食不果腹。一个女神到人间拯救人类，她所到之处，右手碰过的地方长出土豆，左手碰过的地方长出玉米，而她坐过的地方就会长出烟草。

神奇的场面和奇幻的神话一起赋予了烟草极大的诱惑力。

就植物学分类而言，尽管烟草属有 64 个品种，但只有两种可以吸食——黄花烟草和（红花）烟草——都源自美洲，统称烟草。黄花烟草耐寒能力较强，适宜于在低温地区栽培，大多加工制为斗烟和水烟，产量很低。而能够适应较温暖气候的（红花）烟草成为栽种的主流，广泛用于制成各式各样的烟草制品。烟草加工制作的香烟香飘全球，进而让烟草种植遍布世界各地。

A/ 神秘北回归线

3 月播种，8 月收割。虽然烟草能够适应多种土壤和气候，但烟草品种、种植地点、栽培制作工艺和香料搭配都会对烟草制成品的口味和香气产生重要影响。不同地域口感的烟草制成品逐渐形成了具有强烈地域特征、人文内涵、社会心理特征的烟草制成品品牌。不同地区的人对烟草香型会有不同的偏好，人们通过添加其他香料（如香兰素、薄荷脑等）来改善香烟的香气和口感，甚至有研究人员尝试将中草药加入香烟。

根据制作工艺和用途的不同，烟草又分晾晒烟、烤烟、白肋烟、香料烟四大类。

近年来，全球烟草的平均年产量大约为 630 万吨，美洲地区既是烟草产业的起源地又是规模最大的烟草种植地区，产量首屈一指，此外还有津巴布韦、中国云南等优质烟叶产区。在过去十年中，前三大烟叶生产国是中国、印度和巴西。中国种植了世界上三分之一的烟草，22 个省有烟叶种植。尽管中国烟叶种植地区分布较广，但经过近百年的发展，区域化集中现象已较为明显，即“中国烟叶在云南”。

北回归线是一条充满魔力的神秘之线，北美地区以及中国云南的烟草种植区都分布在它的附近。

B/ 新老实力派

美洲烟草种植的主要地区是：弗吉尼亚、北卡罗来纳、肯塔基和田纳西州等地。阳光充足、雨量充沛、温度适宜、土壤富含微量元素的弗吉尼亚更是久负盛名的世界顶级烟叶之乡，事实上世界各地在选择烟叶种植地时大都参照那里的生态条件。弗吉尼亚烟叶成熟度高，色泽好，油分足，叶片结构疏松。

津巴布韦和马拉维则是烟草种植的新一代“黄金之国”。津巴布韦是非洲东南部的内陆国家，大部分地区属于热带草原气候，年均气温 22℃。所产烟叶颜色橘黄，色泽好，成熟度高，组织疏松，香气协调性好，所以津巴布韦的烟叶是高档中式卷烟必不可少的优质原料。中烟每年都会从津巴布韦进口大量的优质烟叶。

中国是世界烟草大国，烟叶种植面积和产量均居世界第一位。

巴西大河州产区位于巴西的最南端，属于亚热带气候区，夏季平均气温在 22 度以上，适合烟草生长。那里生产的烟叶品质上乘，烟叶色泽好、油分足，叶片组织结构疏松，烟气口感好。

C/ 雪茄

中美洲得天独厚的自然条件，使其成为闻名全球的雪茄产区，该地区有古巴、多米尼加、尼加拉瓜、墨西哥、牙买加等国。除了阿瓦霍（Vuelta Abajo），古巴还有另外三个烟叶产区，分别是位于首都哈瓦那附近的帕蒂多（Partido），主要出产茄衣、茄芯；处于古巴岛中部的雷梅迪奥斯（Remedios），主要出产茄套、茄芯；最东边的奥连特（Oriente）地区的两处种植区，主要出产茄套、茄芯。美国佛罗里达州、马里兰州和肯塔基州也是种植雪茄烟叶的三大区域，那里的工厂拥有独特的方法处理雪茄烟叶，保留烟叶的颜色，让部分雪茄呈现绿色。印度尼西亚、菲律宾是亚洲雪茄烟叶的重要产地。

中国雪茄烟叶主要是什邡烟叶。什邡雪茄烟叶种植的主要地区在距城区十多公里外的大泉坑烟叶基地，主要品种为“毛烟”，这一品种在清光绪年间已被作为贡品，20 世纪 60 年代更是作为首长专供，产量非常有限，因此非常珍贵，在结束特供以后，主要用于长城雪茄的高端产品生产。

D/ 云南及其他

英美烟草进入中国以后，最初中国引进的是弗吉尼亚烟草。为降低成本，1904 年开始，美英烟草在中国各地进行土地酸碱度的化验以及土烟生产历史的调查，调查范围从黑龙江到广东，从山东半岛到黄土高原。1913 年，潍县坊子宁家沟一带土地试种成功。烤烟先后在山东潍坊、河南许昌、安徽凤阳试种成功，逐渐形成鲁豫皖三大烤烟产区。20 世纪 90 年代开始出现“北烟南移”现象，云南、贵州一跃成为产烟大省，南方烟区逐步占据主导地位。目前中国的主要烟草种植区有：西南、东南、长江中上游及黄淮地区。此外，北方的鲁中南低山丘陵地区、河南多地和湘南粤北桂东北丘陵山地也是较好的产区。

云南烟区土地资源丰富，是中国烟草种植面积最大、最重要的烟叶原料基地和烟叶出口基地，也是全球烟草质量最高的地区之一。黄金纬度带上气候条件最优的是北纬 24°附近，这里气候温和，雨量适中，日照充足，土地肥沃，多为红（黄）壤土。云南生产的烟叶颜色大部分在橘黄、浅橘黄域，具有色度强、成熟度高，叶片结构疏松，香气品质好、甜润感强、协调性好等优点。作为全国卷烟工业重要的原料基地，近年来，云南省烟叶产量约占全国的 35%—42%，稳居第一。超半数中国香烟里都少不了来自彩云之南的烟叶。云南种植的部分国外品种品质甚至超过原产地。云南玉溪诞生了音乐家聂耳，诞生在玉溪的红塔集团也融入了一种艺术家般优雅的精神和气质。

优秀的烟叶质量、清甜香润的风格，使得云南烟叶受到国际市场欢迎。烟叶主要出口欧洲、东南亚等国家和地区，占中国烟叶出口总量的 50% 以上，是中国乃至全球优质烟叶重要生产基地和出口基地，出口量占全国一半以上。

与云南相邻的贵州，所出产的烟叶的香气特征彰显，缘于烟叶在田里就已经接受了国酒的“熏陶”。当地有许多在白酒酿造过程中会产生增香作用的微生物，它们在烟叶生长过程中的繁殖和渗透，可改善烟叶的“吃味”，让烟叶的香气更加柔和。

河南、山东、云南、四川、湖南五省是中国重要的烤烟产地。其中河南产量占全国的 1/3，主要种植区分布在许昌、南阳、周口和驻马店等地。南方烟区因移栽季节不同，有春烟、夏烟、秋烟和冬烟。华南地区以春烟为主。在广东、福建等热量充足的地区也有少量的秋烟和冬烟。

别篇：烟叶之美

美丽的生长只为燃烧。烟草作为植物，有着薄而宽大的金黄叶子，它的出生本身就自带神奇，象征着一种华丽的冒险。在大工业文明的洗礼之下，金黄色的叶子已幻化为数以万亿计的金钱，而辽阔之美永不消失。

汪曾祺老先生坦率地赞美过香烟，这种赞美也不吝给予了烟草种植的风水宝地。

如今，更鲜有人能见到成片种植的烟叶了。烟叶的生长期并不长，谷雨前后育苗，到七月就可以开始采收了。满地的绿色、一米五左右的身高与许多农作物并无二致，惊艳的则是它一生的终点蜕变为“黄金叶”的壮观场景。

A/ 华丽的冒险

香烟的美学首先体现于它广袤的种植生长。烟草作为植物，薄而宽大的金黄叶子，它的出生本身就自带神奇，象征了一种华丽的冒险。《阿甘正传》里面，阿甘和珍妮有一段戏就是在一片烟草地里拍摄的。

对作为植物的烟草，《中国植物志》这样记载：“全世界约为 60 种，分布于南美洲、北美洲和大洋洲，中国引进了 4 种。”因为烟草属的植物虽多，实际上用于卷烟的栽培种类只有 2 种，分别是烟草（Nicotiana tabacum）和黄花烟草（Nicotiana rustica）。

也许你作为一个抽烟者，到达过神秘的云南山地或者一望无际的豫东平原，看到大片大片烟叶从田间的绿色到收割后金黄地蹲踞在阳光的角落，你知道，无论是凡尔纳的探险还是哥伦布的发现，都不再可能，你甚至连啸聚山林的绿林响马的感觉都无法找到。至于阿甘奔跑在烟草的“青纱帐”里，无论他追逐的是心爱的人还是执着的理想，都更像是一个久远的梦境，彩色的久远的梦境。

而烟草，在大工业文明的洗礼之下，金黄色的叶子已幻化为数以万亿计的金钱。犹如你把心爱的香烟点着并让它燃烧成灰，再被风吹得什么都没有了，而你却心满意足。

B/ 天地的精华

烟草花美丽芬芳，常于傍晚或阴天开花。花形呈喇叭状，颜色有白色、红色、黄色和紫色。烟草花的茎叶上覆盖有一层很短的黏性茸毛。除了绿色，有些花的叶子呈浅红、浅灰或淡蓝色。烟草高度通常可达 3 至 4 英尺（90 ～ 120 厘米），喜温暖、向阳环境，不耐寒，较耐热，喜肥沃、深厚、排水良好的土壤。

全球 1500 万人参与烟草种植。沧海变桑田的土地积蓄了长久以来天地的精华，这时的烟草柔美华贵而灵动。

好的烟叶颜色橘黄，如果是在云南，在红色土壤的映衬下格外醒目。好的烟叶成熟度好，叶片大小适中，油分足，色度浓，柔韧性好，出丝率高。好的烟叶内在化学成分协调，致香物质丰富，配伍性好，可用性强。好的烟叶是醇化三年的烟叶，要去掉根部和尖部。尖部成熟过早，香气就略差，根部往往养分不足，再加上也有机械的损伤，口感就不好了。

中国云南烟叶外观色泽均匀纯正，叶片结构疏松，色度强，色差小，往往“林在地边生，烟在林中长”，形成典型山地形态和最佳生态优势。而在江西有两万亩（1亩约合666.7平方米）由紫色页岩风化形成的土壤，这种紫色土含有丰富的磷、钾等元素，是种植烤烟的理想土壤。烟叶基地里，一垄垄烟叶勾勒出一幅幅美丽的画卷。春季万亩紫色土烟叶盖膜生长，有的蜿蜒曲折，有的整齐划一，绘出美丽的线条。每年6月，烟叶长势喜人，片片烟叶翠绿欲滴。烟农们享受即将收获的喜悦。

在离云南不远的四川什邡，烟叶种植只限于天府之国新都独桥河两岸200亩油沙地，以猪粪、麻酱、香油作为肥料，同时为保证营养，不能让烟叶长得太快，浇水严格控制。年产1000公斤，烟叶摘下存放三年，一捆25公斤的烟叶再精挑细选其中的5公斤左右，用由甘草、桂皮、四川特曲酒、缅甸香精等材料配制的香料喷洒两次。这就是著名的132号特制雪茄基地的日常。

而在地球那一端广袤的北美，是一望无际的满目自土地生发的生命，荡气回肠得足以缭绕人一生的想念。

烟叶在完成生长期后进入烘烤调制程序。经过烘烤后的烟叶颜色由黄绿色变成黄色，烟叶的含水量由80%～90%的膨胀状态变为凋萎、干枯直到干焦，再经过打叶复烤后将片烟用水压机压缩为密度相当大的烟块。而最终烟叶并不能以叶的姿态呈现，而是“丝”。制“丝”工艺过程包括：烟叶回潮、配比、润叶、贮叶、切丝、烘丝；润梗、压梗、梗膨胀、切梗、烘梗丝；烟草薄片润泽与切丝等。

C/ 忘忧的仙草

陈珑，是一位细腻的清代上海青浦诗人，对烟草尤为钟爱。他吸烟、品烟，而且写出了《烟草赞》：

厥有瑶草，其名曰蔫。
神农未品，仲景失笺。
传自吕宋，移植漳泉。
一呼一吸，非云非烟。
叶如绰菜，花似海棠。
逾麝兰气，胜百和香。
所用伊何？一握修篁。
所贮伊何？佩缀缃囊。
骚人孤馆，绣妇深闺。
茶余酒罢，月夕风时。
除烦解闷，无不宜之。
惟我与尔，允号相思。

大意是：在山林幽谷，有一仙草名为“瑶草”，传说食后可令人忘却一切忧愁且能长生不老。古人为完成这一不可企及的虚幻之梦，便将这种来自异邦吕宋国，植于漳州、泉州的烟草誉为“瑶草”。有“瑶草”之誉的作物，《神农本草经》没有提及，汉代名医张仲景的《伤寒杂病论》也没有记载。

诗人巧妙地慨叹烟草“叶如绰菜，花似海棠”，浅浅一句，形象地描绘出烟草绿叶的繁茂、花开的美丽；“一呼一吸，非云非烟”“逾麝兰气，胜百和香”这两句，不仅仅是在描摹吸食卷烟时如云似雾的感受，而且是在构筑诗人所追求的超然、脱俗的飘逸境界。

“骚人孤馆，绣妇深闺。茶余酒罢，月夕风时。除烦解闷，无不宜之。”也许诗人此时正在思念一位如海棠一样美丽的深闺绣妇。

D/ 自然的洗礼

1991 年，71 岁的汪曾祺借“红塔山笔会”的机缘，到玉溪烟厂做客。这里山峰奇异，河谷幽美，一条河流，连三五湖泊，绕七八彝寨；这里阡陌纵横，一片片生态田园，形成烤烟生长的天赐良区，被专家誉为“东方的津巴布韦”。云南烟叶拥有清甜香润的特质，生长于北回归线区域和植根于火山灰土壤上，香味馥郁醇厚谐调，烟气细腻，高香优雅。饱吸“红塔山”、饱览玉溪美景后，汪曾祺高兴地说“坚定了一个信念，一抽到底，绝不戒烟”并即兴做了一首五言打油诗：“玉溪好风日，滋土偏宜烟。宁减十年寿，不忘红塔山。”

汪老先生所言自不仅在感观，而是作家饱经沧桑后对生活的感悟：在自己城市的书房里，香烟是一种生活、兴趣，当他身临其境，香烟的笼罩就不再是芳香的烟雾，而是人与自然的契合与相互理解。

工业社会制造了数以亿计自然界本没有的东西，这些物质因缺乏自然的孕育过程，而没有生命力。工业文明在让人类远离自然的同时，也切断了人类与自然的神性的沟通。自然界万物皆有灵，越是接近自然之物，越有利于与人的心灵进行沟通。于是，接受自然洗礼越充分的卷烟制品，越有利于与人进行沟通。

4　控烟与科技：蝶变

与所有产业和人类生活一样，香烟也经历了不同时代的科技加持。科技为健康演进，人类所享受的其实正是蝶变后香烟依然在陪伴自己。为符合控烟标准，业内在产业下行的同时进行了卓有成效的努力。

与其他行业一样，科技进步在历次产业革命的过程中为烟草业的升级发展起到了重要而关键的作用：种植时代的烤烟的试验成功、19世纪的卷烟机、20世纪的自动化系统、从减害出发的过滤嘴技术和低焦油技术、互联网时代的电子烟，以及数据化、智能化浪潮（详见《工业革命的侧面》）。

A/ 控烟之下产业下行

在20世纪80年代抵达峰值后，烟草产业在欧美等经济发达国家开始发生方向性转变，烟草发展的社会环境开始与以往呈现出巨大不同。人们对烟草危害性的研究和认识不断深化，反烟控烟呼声不断加大，对广告宣传、包装警示、制品成分、吸烟场所等方面限制与控制措施越来越多，越来越严格，反烟控烟的社会文化逐渐形成。特别是2003年《烟草控制框架公约》通过后，传统烟草产业的生存和发展环境日趋严峻，人们的消费行为和社会文化也发生了根本性变化。

欧美卷烟市场掉头向下，进入趋势性萎缩和下降状态。20世纪50年代至60年代初，欧美成年人吸烟率一直处于44%—47%的高位。控烟运动开始后，每年有成百万烟民尝试戒烟，成年吸烟率开始出现下降——70 年代为 40% 左右，80 年代降为 30% 多，90 年代降到了 20% 多，2015 年再降至 20% 以下。

美国卷烟消费量从 1981 年 1309 万箱的峰值下降到了 2016 年的 516 万箱，减少 60%；日本从 1992 年 680 万箱峰值下降到了 2016 年的 347 万箱，减少近一半；新兴经济体如中国、俄罗斯、巴西、印尼等国市场也已饱和，处在稳定或逐渐下降状态；部分发展中国家或地区，如印度、非洲，虽还有增长潜力，但体量不大，全球总体上已是增不抵减。

烟草行业从各方面积极寻求突破，科技承担了重要角色。而适应消费者健康诉求成为最重要的推动力之一，科技开始为控烟及香烟的健康演进助力。

20 世纪 60 年代以后，烟草产业转向低焦油发展方向，大力研发降焦减害技术，不断降低卷烟焦油量。欧美卷烟平均焦油量从 60 年代的 40 多毫克，迅速下降到 70 年代的 30 多毫克、80 年代的 10 多毫克。2011 年，中国烟草总公司郑州烟草研究院副院长谢剑平当选院士，其研究方向就是降低香烟中的焦油含量。“中南海”是中国国内第一个混合型低焦油的代表品牌。

控烟不仅倒逼产生低焦油主导的烟草产业进阶，过滤嘴也“拜控烟所赐”。曾经在 1925 年由匈牙利人艾瓦兹（Aivaz）发明的用皱纸或皱纸与纤维素软填料制造的过滤嘴开始大行其道。1952 年，美国劳里拉德（Laurillard）公司生产出加石棉过滤嘴的香烟，以减少焦油和尼古丁的吸入量。1980 年，过滤嘴卷烟畅销，中国也第一次进口了卷烟过滤嘴。

B/ 电子烟及生态创新

近几年，电子烟、加热不燃烧烟草制品等新型烟草制品兴起，全球烟草产业进入了寻求变革、寻求突围的新时期。

电子香烟是一个电池装置，利用雾化器，将烟液雾化为可吸入人体的烟雾，使得电子香烟工作过程没有发生燃烧，却同样可以让吸烟者吞云吐雾，满足烟瘾，神清气爽，放松心情。作为香烟的新兴替代品，电子烟经过不断的发展、更新、换代，从尚不成熟的一代电子烟、可重复添加烟油的二代电子烟，发展为电池功率提高、吸烟口感改善的三代电子烟，在短短十几年内就经历了好几次更迭。电子烟始于中国，最早由中国工程师发明，目前全世界电子烟生产基地是中国的深圳，全球 90% 以上的电子烟来自这里。电子烟起于因健康原因对传统香烟的颠覆，但电子烟是否对身体完全没有危害也仍然具有巨大的争议。（详见下一节《新造烟运动》）

尽管面临全球性控烟运动的巨大压力，烟草产业还是在新时期各类规范的框架内以科技进步完善着自身发展，围绕烟草育种、卷烟调香、特色工艺、减害降焦、绿色生态等几大研究领域积极推进，进行产业升级。例如，云南玉溪的庄园式生产将烟草行业推进到生态领域而不仅仅是原有的制造业属性，“中南海”香烟里添加有中草药技术、自由基清除技术、纳米 1+1 技术、纳米过滤，等等。

此外，还有一些微创新。比如装置在烟嘴里边的爆珠，其实是一个小香丸，包裹了不同类型香料的液体，其挤破爆开的瞬间令人很有体验感。比如，“有机烟”概念。再比如，贵州中烟将酒香引入到烟叶中。

C/ 疫苗及其他可能性

烟草并非只能用于吸食，随着生物技术的发展，烟草资源的多用途开发逐渐深化。2008 年，菲莫国际投资加拿大疫苗研发公司

“Medicago”，开始利用烟草野生种之一的本氏烟草研发疫苗，并陆续实现了烟草源流感疫苗、禽流感疫苗的生产上市。2014 年，英美烟草子公司雷诺美国收购了肯塔基生物加工公司，并基于烟草研制出首个抗埃博拉病毒药物“ZMapp”。2020 年，英美烟草研发的新冠病毒疫苗获得 FDA 人体试验批准。2022 年，Medicago 基于烟草研制的新冠病毒疫苗“Covifenz”获得加拿大卫生部的上市批准，成为世界上首款获批供人体使用的运用植物蛋白技术的新冠病毒疫苗。另外，一些跨国烟草公司近年来并购了多家医药公司和医疗器械设备制造商，用于未来烟草产品的研发，比如菲莫国际收购全球最大的尼古丁口香糖制造商“Fertin Pharma”和美国药企“OtiTopic”，致力于获取高新技术用于新型烟草产品的研发。

跨国烟草公司逐渐深入医药领域引起了公共卫生界尤其是控烟组织的关注并引发争议。世界卫生组织因为 Medicago 与菲莫国际的关联而拒绝批准 Covifenz 疫苗的紧急使用许可，为此菲莫国际不得不全面退出 Medicago。英国医学界对菲莫国际 2021 年收购吸入式给药器械（主要用于慢性肺病治疗）生产商 Vectura 提出广泛批评。

香烟生产如此，控烟也借助了高科技手段。位于北京市中心的王府井步行街上，曾经有一个酷似露天咖啡座的开放式吸烟区，占地 70 余平方米，2019 年诞生时本原与初衷是一处高科技的控烟场所，但由于引发争议，不久便被关闭并拆除了。

烟草，这个古老的人类生活伴生品，在历经卷烟、烤烟、机制卷烟、自动化、电子化、智能化等一系列技术更新以及实验室信息管理系统渗入后，被人类所享受的其实正是蝶变后香烟依然的本原。

5　新造烟运动

在控烟浪潮下，烟草产业也在进行着转型。近年来，电子烟——一个在投资领域堪比新能源和智能汽车的项目成为一时的热点，人称“新造烟运动”。它将烟草产业从烟叶种植到卷烟生产的产业链进行了一次颠覆。

1963 年，一个叫赫伯特 · 吉尔伯特的美国人出于想要戒烟的目的发明了第一支电子烟。但投资人认为没有市场需求，吉尔伯特的发明于是被搁置起来。

2003 年，一位叫韩力的中国药剂工程师、烟民，同样出于戒烟的目的，开发了一种电子烟，取名“如烟”，利用高浓度的尼古丁溶液作为烟油、发热电阻丝作为热源，使烟油蒸发形成烟雾供人吸用。

不同于吉尔伯特的电子烟，“如烟”一出生便引人关注，第一年销售即过亿。

A/ 现代产业气质

此后，电子烟的发展历经争议中野蛮生长、期待中资本追逐、发展中规则完善的阶段，成为烟草业转型最具现代产业气质的一部分。

世界卫生组织于 2014 年这样为电子烟定义：电子烟又称为电子尼古丁传送系统，其原理是通过加热一种溶液传送起雾供使用者吸用。这种溶液的主要成分是尼古丁、丙二醇、甘油和添加剂。

电子烟分为两种：一是加热但不燃烧烟草，二是电子雾化器（Vape）。后者是目前市场主流，通过加热合成尼古丁盐来让使用者摄取尼古丁产生满足感的同时，体会烟雾产生的“击喉感”和个性化口味带来的口感。

在海外，抽电子烟被叫作“vaping”，意在与抽烟“smoking”做出区别。

电子烟的关键点在于：既摄取了“无害”的尼古丁，又不用吸收因为香烟燃烧时产生的其他有害物质。2015 年，英国公共卫生部发布报告认为，电子烟的危害性比传统香烟低 95%。这可能吗？

在这种质疑声中，在控烟浪潮下，电子烟从一出生就陷入一种争议，反对者认为是以一种瘾和毒害代替另一种瘾和毒害。

但争议归争议，无论如何，“新造烟运动”汹涌到来了；无论如何，它将烟草产业从烟叶种植到卷烟生产的产业链再一次向前推进了一大步。进而，传统烟草向新型烟草转型取得了质的飞跃。

电子烟产业链分为“原材料 - 设计制造 - 销售”上中下游三个环节。其中，雾化器、电池等生产难度不大，最关键的是烟弹生产，国内能人工合成尼古丁盐且具有研发能力的企业不超过 10 家，烟弹的定价权和盈利基本掌握在这些研发工厂手中。最主要的盈利点是雾化器，其成本一般在 30 至 50 元，但售价往往在 300 元以上。

B/ 谁在抽电子烟？

2004 年全球首支电子烟上市，2010 年以后，电子烟进入快速发展期。2010 年，全球电子烟市场规模为 4.16 亿美元，自 2019 年起复合增长率达到 65.9%，CIC 曾预测，到 2023 年仅中国市场规模即可达 113 亿美元。数据显示，自 2010 年至 2018 年，电子烟销售额增加了近 30 倍，其中国内消费仅 6%，出口至欧美市场占据出口份额的 83.7%；中国电子烟消费者占烟民总数 2%，而美国为 13%。

到底是哪些人在抽电子烟？2023 年 3 月，中国疾控中心在国际权威医学杂志《柳叶刀·公共卫生》（The Lancet Public Health）上发表的最新论文称：通过对 40 万成年人的调研表明，近年中国电子烟用户主要特点为男性、烟民、烟瘾大、想戒烟等；中国成人电子烟用户主要为传统烟烟民，占 96.2%，非烟民转为电子烟用户的人数仅有 83 名；此外，收入高的烟民更可能用电子烟；与瑞典和美国的调查结果相反，受过高等教育或收入最高的中国烟民更可能用电子烟。中国疾控中心前主任高福是本次调查研究的主要参与者。

C/ 行业布局

与新型烟草公司的创新性相比，“大佬”公司则显得气势更足。以菲莫国际、英美烟草、帝国烟草、美国雷诺、日烟国际为代表的跨国烟草公司明确将发展重心向新型减害制品转移，通过加大研发投入、加快产品布局与产业升级进程，先后介入或接管以电子烟为主的新型烟草制品产业。跨国烟草公司普遍将新型烟草制品视作促进其烟草事业未来发展的重大战略机会并予以重点而坚定的投入，新型烟草制品市场逐渐被跨国烟草公司接管，少数强势品牌占据主要市场份额。

电加热型产品的开发和技术研究最为广泛。菲莫烟草公司的第四代电加热产品“IQOS”是世界上销售范围最广的加热不燃烧烟草制品，目前已在 28 个国家和地区销售。IQOS 主要通过发热芯加热，能将温度控制在 300℃，口感与普通香烟相似。菲莫国际在意大利建成年产能达 300 亿支的加热不燃烧烟草制品配套卷烟工厂，建立了涵盖三大类新型烟草制品、四大产品开发平台（Platform 1-4）的产业化体系。如加热不燃烧烟草制品 iQOS、电子烟“MarkTen”等。

此外，英美烟草的“Glo”和“IFuse”、日本烟草的“Ploom Tech”也已经投入市场。

与传统烟草甚至其他行业不同的是，中国不是最大的电子烟市场，却是最大的代工厂，全球 90% 以上的电子烟设备产自深圳，中国的抽烟器械、烟弹、烟油产量都在世界上首屈一指。据中国电子商会电子烟行业委员会统计，目前中国有电子烟制造及品牌企业超 1500 家，电子烟供应链及周边服务企业 10 万余家。后起创业公司的代表是“RELX悦刻”。面对市场，中国国有公司也被要求“密切关注烟草市场新动向，积极研发电子烟、口含烟、加热不燃烧烟草制品等新型产品，鼓励在境外市场大胆试水、谋求突破”。中烟公司研制多款产品，开始销往境外市场。

D/ 监管加速

政策是电子烟赛道的最大变量。

也就是说这个领域的背后，电子烟的监管曾经处于空白状态。电子烟这门生意过去最让创业者兴奋的一点是，做的是烟草的生意，但享受的是普通消费品的税率。如果监管落地，电子烟比照卷烟纳税，那整个电子烟产业链的利益分配机制都要改变。

2019 年，中央电视台“3・15”晚会集中揭开“电子烟市场乱象”，指电子烟甲醛超标、诱导小学生购买、危害吸烟者和被动吸烟人群健康。之后，当年 11 月国内互联网禁售政策出台，电子烟法治化监管开始加速。杭州、南宁、深圳、香港等地其后推出程度各异的“电子烟禁令”。比如香港是全面禁止销售，杭州则是对公共场所有所限制，特别是线上禁售导致资本撤离，行业一度十分消沉。

《电子烟管理办法》于 2022 年 5 月 1 日开始实施，同时，国家市场监管总局（标准委）也发布了电子烟强制性国家标准，可谓两箭齐发。

美国对电子烟的管理则主要是从青少年健康的角度出发。2018 年以来，电子烟公司“JUUL”就在美国引起了多宗法律诉讼。2019 年，美国 FDA 目录清除了未经授权的电子烟。2022 年 6 月 23 日，美国食品和药物监督管理局下令 JUUL 停止销售并下架其电子烟产品，理由是缺乏数据和证据来评估其潜在的健康风险。

而那个曾经红火但后来连年亏损的如烟被帝国烟草以 7500 万美金收购后雪藏。电子烟市场竞争格局也出现重大变化，按销售额计算，英美烟草“Vuse”成为全球第一大电子烟品牌。

6 公司的故事

烟草或许是最具稳定性的行业。四大跨国烟草公司菲莫国际、英美烟草、日本烟草、帝国烟草一直主导着全球市场。而无论是民国时期的南洋兄弟还是现当代的巨型央企、新型电子烟创业公司，都有着他们的故事和传奇。

烟草或许是最具稳定性的行业之一。四大跨国烟草公司菲莫国际、英美烟草、日本烟草、帝国烟草一直主导着全球市场，垄断了全球除中国以外约 60% 的卷烟市场。2023 年，菲莫国际、英美烟草、日本烟草、帝国烟草全年在营收、净利润方面均实现增长，但增长幅度均为个位数。

A/ 超级稳定的行业

1730 年，经营烟草商业种植产业的第一家烟草公司在美国弗吉尼亚州开业。此后有关企业在欧美相继诞生。如今，全球最大的烟草种植商是被称为“烟草之子”的普拉森西亚。

1847 年，菲利普 · 莫里斯在英国伦敦开设了第一家店销售卷烟，这家店最终发展成为菲利普 · 莫里斯国际公司（Philip Morris International, PMI）。

1902 年，美国烟草公司和英国的帝国烟草公司（Imperial Brands PLC，原名 Imperial Tobacco Group PLC, IMB）联合成立了英美烟草公司（British American Tobacco, BAT），从而结束了两大巨头之间由来已久的销售大战。好彩（Lucky Strike）、555 和健牌（Kent）是公司招牌产品。公司列 2023 年度《财富》世界 500 强第 445 名。

日本烟草（Japan Tobacco International, JTI）成立于 1904 年，拥有 MILD SEVEN（七星）等知名品牌，2021 福布斯全球企业排名位列第 267 名，为世界第三大烟企。除烟草外，它还从事医药和食品行业。

帝国烟草相对后起，1996 年从汉森集团独立出来，福布斯排名第 361。

获得 1997 年普利策奖的《烟草的命运》描述了三大烟草公司——英美烟草、菲莫公司和雷诺烟草的发展历史，作者是理查德 · 克鲁格。

一百多年来，经历了两次世界大战、几番经济危机，经历了产业巨变和强大技术更新，世界经济发生了沧海桑田的变化，而几大烟草公司与他们的品牌屹立不衰。同时他们也并没有落后于行业内新经济的探索，发明了过滤嘴、创新了细支烟、实现了低焦油，但行业真正变革的到来足够缓慢，直到电子烟的出现。

B/ 菲利普 · 莫里斯

1919 年，菲利普 · 莫里斯公司在美国纽约成立，20 世纪 60 年代推出的"万宝路"获得巨大成功，公司旗下产业除了主营烟草，还有食品、啤酒、金融房地产等。公司上市以来股价涨了 6800 倍，平均年化收益率 20%。20 世纪 80 年代初期菲莫开始超过英美烟草公司，成为行业老大。截至 2022 年 12 月 31 日，公司在全球拥有 69600 名员工，39 个生产基地，产品销往 180 个市场，拥有世界前 15 名香烟品牌中的 5 个，包括万宝路等。2023 年《财富》世界 500 强列第 480 名。

2003 年 1 月，为了确立一种多元化的经营结构，菲莫更名为奥驰亚集团。集团业务领域被清晰地划分为烟草、食品和金融服务三大块。其中，烟草方面分为菲利普·莫里斯美国公司（Philip Morris U.S.A），及菲利普·莫里斯国际公司（Philip Morris International），另有卡夫食品公司（Kraft Foods Inc.）、米勒啤酒公司（Miller Brewing company）及菲利普·莫里斯金融服务公司。其最核心的发展驱动力仍然是烟草业务。比如 2004 年，占集团总资产 60% 的食品业务，只带来了 30% 的营业利润；而只占总资产 27% 的烟草业务，却贡献了 69% 的营业利润。

C/ 杜克帝国

农夫老杜克来自北卡罗来纳州。1861 年，美国内战爆发。1865 年春天，战争结束，杜克一贫如洗，全身只有 50 美分。战争前别人欠他的钱，商定以烟草抵债。

没过多久，他们所在的达勒姆小镇兴起了广种烟草的风气，大大小小的卷烟厂遍布整座小镇。他不再种植农作物，全部改种烟草，同时开始经营小本烟草生意。

1871 年，他经营的烟草产值已经达到上百万美元。

1905 年，老杜克去世，终年 85 岁。小儿子巴克·杜克继承了他的产业。小杜克积极提高作坊效率，买下了可以用于制作香烟的机器专利——卷烟机，效率提高13倍，占据着全美烟草市场40%的份额，一跃成为美国烟草行业的绝对霸主。他新组建了美国烟草公司。

1902年，杜克进军英国，成立英美烟草公司，开发更加优质的产品，尽量降低产品价格，实行机械化生产并进行产品推广。他来到有4亿人口的中国，创办了“哈德门”等品牌。香烟成为世界上最早实现全球化的商品之一，靠的正是小杜克的推动。

杜克父子积极支持教育事业，经过一百多年的努力，将位于北卡罗来纳州兰道夫郡的布朗学校改造为以“知识与虔诚”为校训的杜克大学，并享誉世界。目前在学校的教堂矗立着一尊铜像：小杜克左手夹着雪茄，右手拄着拐杖，双目炯炯有神，眺望前方。杜克大学走出了一代一代的名人：美国第37任总统尼克松、苹果公司的蒂姆·库克，以及第一位外籍学生：来自中国的“宋氏三姐妹”的父亲宋嘉树。

D/ 全行业的新制造

2018年末，总部在加州的电子烟品牌“Juul”因为自己的年终奖登上了全球社交媒体的热搜。在以380亿美元的估值（超过了“SpaceX”和“Airbnb”），与万宝路香烟生产商奥驰亚集团达成128亿美元投资35%股份的协议后，Juul管理层决定发放20亿美元年终奖，1500名员工平均每人130万美元。2021年起，公司发展开始受困于政策监管。

奥驰亚集团事实上早已进入电子烟领域，持续推动实现其“无烟气未来”愿景。成熟品牌“IQOS”同样来自美国，是加热不燃烧电子烟，由旗下菲莫国际前后投入几十亿美元、动用四五百人技术科研团队打造，目前全球市场占有率约75%，性能优势和市场地位难以匹敌，在加热卷烟领域继续保持绝对优势，致力于打造“科学”“减害”“健康”的新产品体系。

英美烟草提出“更美好的明天”新战略，2014 年起每年用于“下一代烟草制品”研发的投入就达 5000 万英镑，并陆续推出烟油、烟草混合产品“Glo ifuse”和加热不燃烧烟草制品“Glo”、电子烟品牌“Vuse”、新型口含烟品牌“Velo”，基本覆盖整个新型烟草制品品类。

日烟国际推出了包括无烟气烟草制品“Zero Style Mint”、电子烟“E-Lites”、电加热不燃烧烟草制品“Ploom”乃至烟油、烟草混合产品“Ploom TECH”，几乎涵盖了全品类的新型烟草制品。

2022 年，建立在战略转型基础上，各大跨国烟草公司新型烟草制品推动增长，传统卷烟业务略有下降。

E/ 中国公司

中国的企业则首推巨无霸——中国烟草总公司，它在国内拥有十余家分公司，拥有上百个卷烟工业企业和烟机制造企业、数十家烟叶复烤企业，还有数百家多元化企业、其他单位和企业。自 2000 年以来，中国烟草还加快了国际化的步伐。1989 年，中国烟草仅在中国香港设有一家分支机构。到了 2015 年，其分支机构超过 30 个，遍布世界五大洲，还在罗马尼亚、印尼等地建有生产厂。

相对于整个行业，中国在电子烟领域则是世界的先行者，这与中国互联网公司突进时间表一致。2008 年，“如烟”已经售出超过 30 万支，并且在香港以“叁龙国际”为名上市。由于以央视为代表的社会舆论对如烟戒烟效果造假、负面影响青少年、甲醛超标等方面的突然曝光对它产生了深远并致命的影响，从此一蹶不振。在如烟被收购后的第二年，电子烟以欧美潮流文化和亚文化这样的身份在中国复兴，代表品牌是“Relx 悦刻”。只是这些电子烟创业公司并未产生如同中国互联网大厂那样的巨头。

说到中国的烟企，就无法避开拥有“红塔山”等知名品牌的云南玉溪。汪曾祺在《烟赋》中曾经这样写玉溪卷烟厂：“玉溪好风日，兹土偏宜烟。”

玉溪本是老厂，第一次企业发展始于1958年初。上海解放后，原私营华美卷烟厂老板外逃，厂房留下改成了上海第三机床厂，原来的卷烟设备拆除后放在仓库里。经上海、云南两地协商调拨给昆明卷烟厂，玉溪地委书记刘世杰得到消息，全力申请把它改调到了玉溪。

20世纪80年代是玉溪发展的黄金年代，到90年代“红塔山”成为中国销量最大、世界销量第二的卷烟品牌；玉溪卷烟厂也稳坐中国烟草业第一把交椅，并跃升为世界第五大烟草企业。但其中的重要插曲是：1995年，云南红塔集团和玉溪红塔烟草公司董事长褚时健被举报贪污受贿700多万元，1999年被判处无期徒刑，2011年获判减刑释放。期间女儿在狱中自杀，儿子远走国外。

在褚时健任内玉溪卷烟厂为国家贡献的利税超1400亿的大背景下，社会对褚判决的争议与讨论直接推进了整个中国企业产权化的改革。

2002年，褚时健保外就医期间二次创业，种植出优质“褚橙”；2012年开始通过电商售卖。2019年3月5日，“一代烟王”去世。

别篇：南洋兄弟杠赢英美烟草往事

夹在外国资本与买办资产阶级之间的民族资产阶级找到了自己的生存空间，他们利用民族情绪来进行营销。民族主义情绪鼓噪起来的抵货运动像一个雪球，裹挟着许多中国人，但使用它的人却体现出难得的清醒。

20 世纪二三十年代，中国民族工业曾经有过一个相对好的发展时期。烟草行业出现了南洋兄弟、华成等优秀企业，特别是南洋兄弟，立足中国市场，与英美烟草展开竞争，成为最重要的民族工业代表性企业之一。

这是 20 世纪初中外烟草企业竞争时的广告，你能看出什么？

——“不使用美货，不吸美烟”的黑字红底的大字广告在街头随处可见。

——一幅画上有一只狗在抽烟，旁边小字写着：“那些抽美国烟的人，是我的同类。”

——另一幅画上，一名劳工从年轻人嘴上夺走西方香烟，给他一支中国香烟，说：“先生，你应该更有自尊！”

那个时候中国的反美民族情绪就高涨，就有抵制外货运动。而这也成为夹在外国资本主义与买办资产阶级之间的民族资产阶级的生存空间。

A/ 英美烟草捷足先登

1902 年，英美烟草公司销往中国的香烟是 12.5 亿支，到 1916 年涨了十倍。从北卡罗来纳和弗吉尼亚来的销售代理人，十分勤奋，他们走遍中国推销香烟，经常寄宿在乡村的小旅馆里。有一名推销员回忆，

“中国大大小小城市，可能都设有英美烟草公司的货栈”。配合推销员的还有广告轰炸，如今喷涂着拼多多广告的地方，当年正是英美烟草的广告。

英美烟草在华公司还与中国本土买办建立了良好关系，利用他们的关系网来为英美烟草进行销售。后来做了国民政府财政部长的孔祥熙，早年就是英美烟草的经销商之一。

凭借着对中国市场的清醒认知，1915 年以前，英美烟草击败所有对手，在中国市场处于垄断地位。

B/ 南洋兄弟打出爱国牌

1905 年，简照南兄弟在香港创办了广东南洋烟草公司，厂址设在香港东区罗素街。辛亥革命前，南洋的产品主要销往东南亚，还未打进中国市场。辛亥革命中，简照南捐了大量现款给孙中山，将自身品牌与革命捆绑。

1912 年，南洋进军中国，将分厂开在革命热情高涨的广州，与英美烟草的较量正式开始。辛亥革命后，国货畅销。兄弟二人抓住时机，乘势而上，生产“双喜”、“白鸽”等品牌卷烟，通过国内历次国货运动得到社会各界的大力支持，得以生存和发展，并与英美烟草公司相抗衡，打破了英美烟草对中国烟草业的独占局面。

1915 年 3 月, 20 家主要行业工会举行抵制日货行动, 提醒国人:“中国人要用中国货。”南洋烟也被纳入国货之列，南洋将自身品牌与“中国人应抽中国烟”深度联系起来。

1926 年北伐开始后，南洋又与国民党亲近，口号是：“轻烟缭绕青天白日旗，但请看那是国产香烟。” 简氏兄弟还捐助修建了复旦大学新校舍、精武会中央大会堂等公共设施以博取社会好感。

C/ 南洋商战不落下风

两家公司多次商战，不仅打价格战，还用了些其他手段：英美烟草囤积南洋烟，待其霉变后低价卖出，破坏南洋商誉；南洋则散发英美香烟给抬棺人，利用民众的文化习惯，拉低品牌档次。

英美烟草借口“南洋”所产的“白鹤”牌香烟与其出品的“玫瑰”牌包装纸颜色相同，由香港巡理府出面，强行烧毁了“南洋”二千多元成品。1908 年初，20 枝圆装“双喜”牌再次遭到“仿冒商标”指控。同时，不准香港各烟贩售卖“南洋”香烟。

1914 年，英美烟草拟以 100 万元收购当时资产仅 50 万元的南洋，但简氏兄弟不为所动。简照南反过来决定向社会公开招股，吸引了张謇、虞洽卿、朱葆三等知名企业家。之后，南洋兄弟烟草公司将总部移至上海，在今东大名路 871 号立足。

五四运动时期，南洋公司指责英美烟草每年要从中国榨取七八千万元利润，剥夺中国人民的经济利权，而南洋要为国家争回这些经济利权。

五卅运动时期，南洋向上海劳工运动提供了 10 万元资助，并刊登广告号召拒吸英美烟，还雇人打入学生领袖群体中，为摧毁英美烟的对方货栈引路。

1926 年，南洋较上一年利润翻番，获利 230 万。

抵制运动打击了英美烟草，刺激了中国商人的进入。1905—1906 年抵制美货运动的初期，全国只有 4 家小型华人烟草公司，1925 年增加至 52 家。南洋兄弟的产品销售量激增，仅 1925 年 6 月销量就达 400 万—500 万元，是上一年同期两倍还多。7 月，资金充裕的南洋在汉口、天津、青岛建立新工厂。

D/ 民族主义成双刃剑

民族主义作为商战武器，也是双刃剑。创始人简照南早年在日本发家，当时中国护照不好使，为方便做生意，入了日本国籍，因此英美烟草就利用这一点攻击南洋。华人小烟草公司也趁机攻击南洋，以扩展自己的市场。1919 年 5 月，简照南不得不宣布放弃日本国籍。

“在一个高度竞争性的消费品行业中，当相互竞争的中国商人发生冲突时，谁能在商战中更有效地表现其爱国主义或更有效地揭露对手的虚伪，谁就有可能以对手的牺牲为代价，增强自己的地位。”美国史学家高家龙这样评价。

民族主义情绪鼓噪起来的抵货运动像一个雪球，裹挟着许多中国人，越滚越大。就在简家人和部分消费者陷入一种企业行为高尚化的幻觉时，简照南是清醒的：出了华南和东南亚，南洋的民族主义宣传并没有什么用，产品的民族属性并非影响消费者的关键因素——“若货不佳，任尔如何号召呼求，国人亦不闻尔”。他认为，民族主义可以利用，但不可成为一家公司的战略根本。

英美烟草经历了十多年与南洋的较量后，为了抵消这种不利因素，也着力淡化外企色彩，建立了永泰公司作为销售公司抢占市场。

E/ 南洋从鼎盛到衰落

正当事业的鼎盛时期，简照南积劳成疾，不幸于 1922 年 10 月在上海病逝，终年 52 岁。之后，南洋兄弟经营日渐下滑，成为由盛转衰的转折点。家族成员无视权威、任性胡为，继承人简玉阶在经营上也出现失误，公司前景一片黯淡。

火上浇油的是，1927 年南京国民政府将烟草税大幅上调至 50%，英美烟草十分强硬地拒绝了这一税收政策，国内烟企却受到了毁灭性的打击，超过 50% 的烟草工厂应声倒闭。南洋所受到的冲击也是空前的，英美烟草又趁机大幅降价抢夺市场，倍感雪上加霜之痛的南洋无力还手。

这时，英美烟草和南洋兄弟同时遇到了都无力抗拒的时期：中日开战后，地缘政治格局使得经营越来越困难，销量下降迅速。日本烟草覆盖了东三省和华北市场。1936 年，南洋兄弟陷于财务泥沼，简玉阶向政府求援，要求将南洋变为国有企业。为了躲避官方和黑恶势力的勒索，他聘请杜月笙和宋子文之弟宋子良为董事。1937 年，宋子文集团借机取得半数股权，控制了南洋兄弟烟草公司，成为公司董事长，简玉阶成第四股东，简氏家族失去对公司的控制。此举被普遍认为是官僚资本主义对民族工业的掠夺和控制。之后的十二年，公司一直为官僚资本集团把持和控制。

1941 年太平洋战争爆发，英美烟草在中国的运销陷入完全停顿。二战结束后英美烟草又迅速重新杀回，这时，南洋兄弟年产量已不及英美烟草的 1/10，丧失了与其较量的能力。

F/ 败退公私合营

英美烟草与南洋兄弟较量最后的结局是这样的：中华人民共和国成立后，在政府的干预下，外企、私企进行改造。陈云指示上海市有关方面：“现在有些资本家有这样的想法，政府搞重工业，他们搞轻工业，政府搞原料工业，他们搞制造工业，包袱都要你背，他们赚钱，我们当然不能这么办。”1952 年，英美烟草退出中国，业务被收归国营；

1951年，南洋实行公私合营，汪道涵出任董事长，简玉阶出任副董事长。1957年，简玉阶去世。生前，他于1949年加入中国民主建国会，出席了全国政协第一届全体会议，曾任政务院财经委员会委员，是第一届全国人大代表。去世前一年他曾回忆说："看见洋商的纸烟在中国市场上被彻底打垮，是我一生最大的幸福。"

1980年，上海市政府在香港注册设立了上海实业有限公司。1996年，南洋兄弟烟草股份有限公司在香港重新注册，"南洋"成为"上实"旗下的成员企业。

别篇："中华"传奇及"特供"光环

生产中国"最好的卷烟"，作为一个政治任务，被国家郑重交给由上海市军管会接管的中华烟草公司。烟盖上印有金色飞鹰的英国加莱赫有限公司的"Sobranie"（寿百年）是英国皇室的专供烟。

其实更早的时候，烟草还真不是一般人能享用的。在当时这是属于巫师和神灵沟通、治病疗伤的特权。在中国独特的香烟文化中，香烟档次象征身份，因而也就衍生出"特供"现象。品牌价值最高至3350亿元人民币的"中华"香烟就是这一现象的产物。

A/ 代号“132”

1964 年夏，在地方官员的提议下，中共中央办公厅决定由四川什邡烟厂为中央首长生产特供雪茄烟。经过一段时间的研究和试验，厂技术科搞出了 35 个配方，制成样品后送北京审定。

1971 年，中共中央办公厅向北京卷烟厂下发了一个特殊的任务：在中南海对面南长街 80 号一座四合院内成立“132”车间，并抽调了什邡卷烟厂几年前就已经成立的特制香烟小组，专为国家领导人生产特供烟。“13”和“2”分别是两种雪茄的型号。“132”小组的工作由中共中央办公厅直接领导，由中央警卫团的危德纯负责小组的思想政治工作，北京市公安局负责小组的安全保卫工作。

1976 年以后，特供烟的生产目标转为满足外事需求。在此后，这个被称作“长城雪茄”的特殊产品除了特供，更是一种神秘的存在。1976 年底，“132”小组停止生产。1984 年 10 月，小组正式宣布解散。特供取消后，长城雪茄成为中国最重要和高端的烟草制品之一。2023 年新品每盒售价达 500 多元。

特供中的卷烟部分，于 20 世纪 80 年代初由北京卷烟厂起名为“中南海”并进行了商标注册。2006 年 4 月，北京南长街 80 号（原“132”旧址）拆迁。旧址门楼及石狮等物件现存放于上海中国烟草博物馆。

这不是中国烟草的第一次政治任务，也不是中国唯一的特供烟。比“长城”和“中南海”更知名的无疑是“中华”。

B/ 向中央汇报

“中华”牌香烟诞生于 1951 年，堪称“国烟”。当时，“生产中国最好的卷烟”作为一个政治任务，被国家郑重交给由上海市军管会接管的中华烟草公司。面对这厚重的信任，中华烟草公司用一年半时间生产出了优质的“中华”牌香烟样品，并专程送到北京，得到了一致的高度评价。

1952 年，中华烟草公司并入上海烟草公司。1954 年，食品工业部曾派工作组专门赴上海检查“中华”牌卷烟质量，规定“中华”牌卷烟配方如有较大的变动，必须经部里批准。

从此，政策提供给了“中华”牌卷烟研发过程中所有的“最好”：中国最好的烟叶原料、最好的技术人员。“中华”云集津巴布韦、美国、巴西、云南四大著名产区的优质烟叶资源，手工选出顶级原料。最终，它成就了当时中国口感最佳的卷烟配方，从而成为中国第一个高档卷烟，是中国唯一获质量金质奖的卷烟品牌。

上烟公司和生产厂一直把“中华”当作政治任务来完成，调拨计划的完成情况向中央有关部门汇报，甚至被转呈国务院。紧缺物资可以凭国务院介绍信去产区督促调运。

1980 年，烟叶减产，特别是上等烟叶紧张，山东临沂地区有 7 包上等烟叶运到开封烟厂，省公司知道后，责成必须追回，调给上海，否则停止对开封一切调运。其严肃性可见一斑。

就连“中华”烟标的设计也非常讲究。当时相关部门在《解放日报》上征稿，轰动一时，其中陈烟桥的设计脱颖而出，快速中标，众望所归。陈烟桥是中国绘画版画木刻先驱，是鲁迅最得意的弟子。

C/“中华”也可不“特供”

“中华”烟从 20 世纪 50 年代到 80 年代一直作为特供烟，主要供应对象是中央领导人、外国使领馆人员和来华外宾。它的产量一直很低，以至于无法上市销售。比如 1966 年，过滤嘴型的中华烟年产量仅 110

箱（每箱 250 条）。1968 年起，中国民航总局向上海卷烟厂定制硬盒十支装与硬盒五支装中华烟作为乘坐中国民航航班的纪念品，赠送给中外宾客，持续了十一年。中华香烟还长期作为特供商品进入外轮供应公司、友谊商店和华侨商店，并需用外币或外汇才能购买……

20 世纪 60 年代，各种物资相对匮乏，凭票供应是那个时代的符号特征之一。烟草制品特别是甲级卷烟当然也不例外，北京的特需供应针对行政 13 级以上（含 13 级）的高级领导干部以及高级知识分子，其卷烟供应标准为每人每月不超过两条。副部长级及以上级别干部，每人每月供应甲级卷烟两条。

20 世纪 80 年代以后，上海卷烟厂中华烟的产量迅速上升。到 1988 年，中华烟终于第一次与普通消费者见面。上市第一天，一条“中华”烟从 40 元涨到 65 元，价格超过了“万宝路”和“健”牌，仍然被抢购一空。第二天价格定在 72 元／条，市场开始平稳。这时中华烟的年产量是 1 万箱。

20 世纪 90 年代以后，在国家经济升级、居民消费升级的前提下，“中华香烟”提价至 30 元 / 包、40 元 / 包左右，推动了“中华”牌卷烟市场的进一步发展。

此后，国产高档烟的产能开始扩张，品牌也开始多样化，但那些仅仅刷新了的价格纪录，并不意味着就有了对等的身份地位。在白壳特供烟面前，花花绿绿的高档烟多半都会黯然失色。

D/ 其他特供

中国最神秘的特供烟不是中华，而是“另有其烟”。

1986 年 9 月 2 日，在中南海紫光阁，美国哥伦比亚广播公司记者迈克·华莱士电视采访时，看到“过滤嘴比烟还要长”的香烟——上海卷烟厂出于健康考虑特制的加长过滤嘴“熊猫”烟。这款烟被誉为“完美演绎始终如一的品质，每一个微小的细节，都彰显着伟大的工艺，每一毫米处，都散发着至臻的完美气息”，每年只生产几百盒。

烟盖上印有金色飞鹰的英国加莱赫有限公司的Sobranie（寿百年）是英国皇室的专供烟。好彩香烟是英美合资的烟草公司旗下的香烟品牌，它有一款镶钻的白金特制烟盒的特供烟，66万元一盒，是世界最贵香烟。

剥离掉“中华”等香烟“特供”与“政治任务”的种种光环，事实上它们展现了香烟的一种文化属性：身份象征。

7　资本剧本

1929年美国股市崩盘后，《华尔街日报》老板买入三支股票：通用汽车、派拉蒙电影和美国烟草公司。2009年，有人问过巴菲特：你怎么看烟草生意。巴菲特回答：我当然知道它赚钱，但是我不投。

1929年美国股市崩盘后，《华尔街日报》老板仅购买三支股票：通用汽车、派拉蒙电影和美国烟草公司。“美国人即便负担不起车子也要开车，不该看电影的时候也照样上电影院，为了买香烟几乎可以什么都不要。”这是他给出的理由。

当资本遇上香烟，或者说当香烟成为资本，那的确是一件让人激动的事。

A/ 好投资，烟草造

国外大的烟草企业或跨国公司都是资本市场追逐的热门标的。菲·莫拥有 24 亿股股权，市场价值 1 千亿美元；伦敦证券交易所的英美烟草大部分股东为财务公司或资金管理公司，并且股权分散；根据《日本烟草产业株式会社法》和《烟草事业法》，日本烟草公司于 1994 年成为上市公司，日本政府目前持有股份为 66%，约 134 万股，即实行国家控股，公司大型事宜应取得大藏省批准。

中烟国际和香溢融通是中国资本市场中与中国烟草总公司有关联的上市公司。前者作为中烟的分公司于 2019 年初在香港交易所上市。而在上海证券交易所上市的香溢融通属浙江烟草，浙江烟草是中烟旗下最有实力的地方性烟草集团之一，因而香溢融通让市场充满了想象空间。而为人所少知的是香溢融通拥有大量非银行金融牌照，这可以看作中国烟草注入金融股权资产的平台。其他知名小型上市烟企还有陕西金叶、大红鹰等。

中国烟草的非烟资产也很强大，高达 500 亿以上，还于 2008 年专门成立了一个“双维投资”负责管理这部分主要为金融股权和房地产的非烟资产的重大战略性投资任务。中国烟草总公司联袂子公司福建烟草、广东烟草投资了兴业银行。红塔集团投资了云南白药、大族激光、沃森生物等上市公司，更成立了红塔银行。

香烟是“年头不好”时人们的乐子，或者说是很少会被戒掉的坏习惯。英国失业率从 2% 上升到 10% 的那 40 年，烟草消耗量只减少了 1% 左右。所以烟草对于投资来说是一个不错的选择。

B/ 货币替代

其实烟草的投资价值，早在烟草作为经济作物为各国贡献巨大的税收开始就获得了全面的认同。

这样的情况下，如果说 17 世纪中叶烟草还曾作为主要流通货币计量单位存在，这样重要的烟草地位也就可以想象了。其实不只 17 世纪，在许多极端经济情况下，香烟确实能起到货币等价物的作用从而具有货币属性。在监狱里，香烟的流通就很普遍，即使不是烟民，也离不开香烟。原因很简单，有人群的地方就有市场和交易往来，监狱经济和其他地方的经济一样是需求导向的，犯人希望能通过交换获得更多的东西。但监狱里一般不允许金钱的流通，所以监狱里需要货币的替代品。最常见的替代品就是香烟，因为它有符合在极端经济中担任等价物的三个特点：可以满足烟民的实际需求，所以允许在监狱里流通；一包烟里有 20 根香烟，所以可拆分，适合作为小额交易的定价物品；此外香烟可以放很久，如果不受潮或者发霉，放上几个月或半年仍然能抽。

在供应紧张的战争期间，香烟往往成为公认的流通货币，而真正的货币有时竟被用来点烟。

1940 年，法国遭到入侵，烟草成为一种金币、硬通货。在法国一个集中营，一盒香烟在 200—500 法郎间波动。那是呼吸自由和梦想的空气的代价。不止法国，在整个欧洲，一盒烟可以买到任何想要的东西。“KENT”烟在“二战”期间甚至在罗马尼亚代替了该国货币。

C/“最刺激赛道”

进入当代社会，资本更是起到促进行业发展的作用。2022 年 11 月，菲利普·莫里斯以每股 116 瑞典克朗的收购价成功并购全球领先的无烟气产品制造商——瑞典火柴，持续推进公司无烟气战略转型；此前，英美烟草以 492 亿美元收购主要为新型烟草制品业务的雷诺美国 57.8% 的股份，从而成为其全资股东，也通过这一并购大幅度加速了公司业务转型。

由于中国烟草的垄断性，中国民营资本歪打正着，绕道投资开拓了另一条路径——电子烟。2017 年，曾经担任 Uber 中国区负责人的汪莹创建深圳雾芯科技，“悦刻（RELX）”出发了。红杉、源码资本和 IDG 为其做资本护航，团队成员中有电子消费、快消、互联网从业者，注定了它发展的快速。2021 年 1 月 23 日，悦刻登陆纽交所，暴涨 146%，“80 后”汪莹身价超 1700 亿元，成为中国当年仅次于碧桂园大股东杨惠妍的第二女富豪。另外，经纬中国投资了福禄、真格基金投资魔笛。

顺理成章，明星创业者和资本扎堆入局这个“最刺激赛道”，空白市场、全新品类以及成功案例“Juul”的带动效应加上足够大的利润空间让创投界无比兴奋。盈趣科技占位 IQOS 精密件二级供应商，劲嘉股份布局新型烟草业务，集友股份抢滩新型烟草研发及产业化，顺灏股份领先电子烟销售业务，麦克韦尔则领先电子烟设备加工制造。

D/ 巴菲特的回答

曾经有人问过巴菲特这个问题，烟草生意这么赚钱，你怎么看烟草生意。巴菲特回答：我们当然知道它赚钱，但是我们不投。

既然 All cash is equal（每一块钱都一样），一根香烟的售价是制造成本的 100 倍，而且上瘾的同时会对产品和品牌同时产生忠诚度。那为什么？

其实真实的答案是，巴菲特要赚的是能长期一直赚的钱。巴菲特知道烟草能赚钱，但是当他意识到烟草会威胁人类健康时，就果断放弃了投资，一个会长期威胁健康的生意，很难成为长期持续盈利的伟大企业。他不去投烟草，自己也不抽烟。

这当然耐人寻味。如果不好理解，让我们试着理解一下中国的另一家明星公司。

朱林瑶旗下有两家上市公司，一个是在港股的华宝国际，一个是在 A 股的华宝股份。公司做香精香料生意，这是用于烟草制品的重要添加剂。2006 年，朱林瑶以 86.6 亿的身家杀入福布斯中国富豪榜。十年后，华宝成为香精香料行业的王者。2019 年，她凭借与大烟厂的深度合作，将自己的身价提升到了 210 亿。但 2022 年以来两家公司市值均大跌，她旗下两家公司市值一度大量蒸发。

另一位更加知名的女富豪汪莹则是败于产业政策的变更。2022 年 10 月 1 日，电子烟强制性国家标准实行，严格限制了电子烟的营销行为和口味多样性。“电子烟第一股”因而彻底崩塌。一年后，雾芯科技美股股价报 1.50 美元左右，相比上市之初的最高价 35 美元，累计跌幅已高达 95.8%。

或许这还不能说是风水轮流转，在另一种意义上讲：坏投资，烟草造。

8 香烟品牌地理 · 世界篇

作为特殊工业，烟草产业的品牌分布独具魅力。美国和英国占据了几乎全部的欧美市场，万宝路、骆驼不仅享誉世界而且占据了巨大的份额。在亚洲，以“七星（SEVEN）”为代表作的日本领先；中国具有独立的市场，品牌也具有独立的文化。

时间来到1902年，菲利普·莫里斯开的小店55年后由他的继承者在美国纽约开办了一个代理店。1919年，各地的代理店主迁居美国弗吉尼亚，他们联合成立了菲利普·莫里斯公司，自创多种品牌香烟。1954年，改造后的万宝路崛起，并成为世界最重要的香烟品牌。

A/ 品牌榜

作为特殊工业，烟草产业的品牌分布独具魅力。美国和英国品牌占据了几乎全部的欧美市场，在亚洲以七星为代表作的日本领先。

四大跨国烟草公司菲莫国际、英美烟草、日本烟草、帝国烟草垄断了品牌竞争，万宝路（莫菲国际，品牌价值362.78亿美元）、云斯顿（日本烟草）、长红（英美烟草）、乐福门（英美烟草）、蓝星（莫菲国际）、健牌（英美烟草）、骆驼（雷诺兹）、切斯特菲尔德（菲莫国际）、乐迪（日本烟草）和柔和七星（日本烟草）位居2022年前十。2021年，万宝路（336.7亿）、555（英美烟草）、七星、骆驼、健牌、大卫杜夫（帝国烟草）、云斯顿、登喜路（英美烟草）、沙龙（雷诺兹烟草）、希尔顿（英美烟草）位居前十。（以上数据综合英国《品牌金融》等知名品牌评估机构报告。）

B/ 群英

万宝路（Marlboro）被称作世界第一大烟草品牌，最高峰时全球平均每分钟消费的万宝路香烟达100万支。1954年，一个粗犷豪放、野性不羁的强有力形象诞生了——富有男子汉气概的万宝路香烟，从此以美国牛仔为基本形象……20 世纪的美国经历了工业化与城市化的沧桑巨变，人们失去了农牧时代的自由与自主。田园诗般自由自在的“万宝路国度”所要安抚和填补的，恰好是这种失去自由与自主后怅然若失的无助的社会心态。

骆驼（CAMEL）一直都象征着敢闯敢做的美国精神。事实上，品牌的灵感来自雷诺兹创始人 R.J. 雷诺兹在土耳其沙漠中的一次旅行。1907 年，土耳其海滨。雷诺兹因为生意不顺陷入困境。正在愁苦失意的时候，不远处有一支骆驼队经过，巨大的骆驼高昂着头，一副傲视不驯的样子，显得威武高贵。“沙漠之舟”的独特形象给雷诺兹留下了极深的印象。于是，象征面对困难勇往直前的 CAMEL 品牌卷烟就应运而生，并借助着马戏团在美国的巡演，成功打出名声。第一次世界大战的爆发也给“骆驼”带来了一个重要的品牌营销机会，并成为大萧条时期烟民们的普遍选择。第二次世界大战期间，“骆驼”牌香烟又跟着美国士兵走向世界各地的战场。

555 品牌全称为 State Express 555，始于 1895 年，创始人李伟（Albert Levy）爵士以当时陆上最快列车 Empire State Express 999 为灵感在伦敦正式注册系列品牌。555 与万宝路香烟分庭抗礼数十年而不落下风。市场上常见的 555 香烟有四种规格，分别是 555 环尊（SPHERE）、555 环尊蓝尚（BLUE）、555 国际（INTERNATION）和 555 国际蓝尚 （INTERNATIONAL BLUE）。555 香烟是英美烟草公司最著名的产品。

健牌（KENT）由罗瑞拉德公司于 1952 年创立，以公司前执行官肯特（Herbert Kent）的名字命名。香烟口感清冽，焦油含量相对较低，且造型优雅，一直被视为女士香烟的第一品牌。其著名广告语是 :“Kiss ever never teach（接吻无师自通）”，是后期收购方英美烟草公司的代表作品。

沙龙（SALEM）香烟是美国出产的第一支过滤嘴香烟，是世界上第一个混合型薄荷烟品牌，口味辛辣，另有薄荷型比较温和。1999 年，日本烟草并购雷诺士以后，沙龙品牌就归到了日本烟草的品牌阵营当中。

从英国奢侈品牌登喜路发轫的登喜路（DUNHILL）烟草创立于 1893 年。最开始制作代表男士身份象征的烟斗，后开始制作香烟，品牌设计复古，被称“烟中伯爵”。1893 年，Alfred Dunhill 先生接管了他父亲的马鞍生意，出产“除汽车外的一切”。该品牌隶属于英美烟草公司。

云斯顿（Winston）1954 年开发，2000 年在全球的销售总量达到 104 万箱，隶属于雷诺兹烟草集团，为正宗美国混合型香烟。“吸美国云斯顿，领略美国精神”为其经典广告语。在 1983 年之前，云斯顿在美国的销量高于现今世界第一的烟草万宝路，是美国烟民的不二之选。

七星（MILD SEVEN）是日本国际烟草株式会社的“扛鼎之作”。“7”在日本文化生活中是一个吉祥的数字，“七星”可理解为七福之星，是生活平安幸福的象征。很多叛逆女作家笔下总有 MILD SEVEN 的影子：“我很 Mild，但我不 Seven。”Mild 是一种生活状态，一种柔和品味的状态。

希尔顿（HILOTON）为英美烟草公司旗下品牌，全球销量居前，在 20 世纪 80 年代更是风靡中国，“积攒烟盒能换游戏卡”“第 × 排第 × 根是烟头加了特殊原料的王烟”等江湖传言，均来自希尔顿最初的市场营销。该品牌产品普遍比较浓烈，即使是女式的蓝色包装香烟还是很冲。

好彩（Lucky Strike）在“二战”时期是美国军队的特供烟，电视剧《兄弟连》里面的美国大兵全都抽这个。“Lucky Strike”的中文意思就是“幸运的发现”。它有金、银、绿三种包装。截至 2012 年，美国好彩香烟在全球超过 60 个国家销售，主要市场包括日本、西班牙、德国、法国、智利及印度尼西亚。

在历史上还有一些重要的香烟品牌，比如法国的“高卢”等。高卢牌香烟第一次出现是在 1910 年。1925 年，成熟期包装为蓝色，有头盔图案，1984 年，为适应美国人的口味改为混合口味，并重新命名为“Gauloises Blondes”。

另外，古巴的高斯巴（Cohiba）和多米尼加的大卫杜夫（Davidoff）是世界上最大的雪茄品牌。香烟本是最流行、最平民化的消费品，但品牌却总是贵族化的，1967 年由古巴烟草局和大卫杜夫合作出品的这款自有品牌雪茄便是。

“Juul”是由美国电子烟公司“PAX Labs”于 2015 年 6 月推出的一款电子烟产品，之后以独立公司的形态运营，占美国电子烟市场 68% 的份额。电子烟主要国际品牌还有菲莫国际的“IQOS”、韩国的“lil”、日本的“GLO”等。

C/ 罗伯特·诺里斯

万宝路品牌的成功，得益于一次改变——将商业定位于女性改为男性；万宝路品牌的成功，又不止得益于这一次改变，其粗犷豪放的西部牛仔式男性形象的广告外在塑造厥功至伟。不错，正是那个纯正美国西部牛仔罗伯特·诺里斯。

但他有一个惊人的习惯，他本人是不抽烟的。这不知道是一个尴尬，还是一个无须讨论的话题。他有很多的子女，一如他拥有广阔的牧场。他也教育他的下一代和下下一代保持健康。但有一天子女问他为什么要代言时，他无语，随即结束了 12 年的代言。

9　香烟品牌地理 · 中国篇

中国香烟品牌分布带有明显的历史地域性和现实文化内涵，同时不具备国际品牌的历史厚重和传承，至今活跃在市场的品牌除沿袭自南洋烟草的“双喜”“中华”已是历史较长的知名品牌，其余大多是近二三十年来所创立。

中国烟草品牌自然是“中华”领衔。“中华”诞生于1951年，作为“国烟”，是中国高档烟市场的绝对领导者。其他如云南、湖南、河南等地也可以上榜中国烟草品牌地理榜。综合多个烟草行业品牌排行榜，“中华”为最具价值烟草品牌，品牌价值3000亿—5000亿元，其他如“云烟”“利群”“红塔山”“娇子”“黄鹤楼”“苏烟”“双喜”“南京”“黄山”“玉溪”“黄金叶”等均长期上榜。

A/ 云产烟

最初，云产烟并没有如今的地位。

褚时健上任玉溪卷烟厂的厂长后，背着香烟走在云南街头请人试吸，并引进先进技术和设备、收购大量优质烟田。

1988年7月，国家宣布对13种名烟放开价格，褚时健的玉溪卷烟厂争取到了4种，这直接开启了云产烟的黄金时代。

1958年7月，“云烟”在云南纸烟厂正式投入生产，包装盒上的“云”“烟”二字来自王羲之真迹。云烟的发展改变了中国烟草的格局，此后数十年发展创出了“红塔山”“阿诗玛”“红河”“玉溪”“红梅”

等品牌。

云烟口味浓郁、细腻、厚重，入口刚烈，其中“玉溪”最具代表性。七彩云南，山水玉溪，这里拥有震惊世界古生物化石群和景色迷人的旅游胜地高原湖泊。这里也有中国最重要的烟草产区之一玉溪，成就了“天下烟叶在云南，云烟之乡在玉溪”的美誉。玉溪卷烟也带动了相关产业的发展，增加了人员就业，所辖区县没有一个贫困的。

通常较少被提及的老品牌“大重九”也以复兴的方式提振品牌价值和形象。“两把交椅 + 茶几 + 茶杯”的宣传画面令人印象深刻，且加之挖掘启用“大重九”品牌历史中“抗战爱国”元素，或意在为云烟品牌注入“政界文化”的属性。

2001 年开始，中国高端烟市场持续膨胀，除了云南，卷烟高端格局向上海、江苏、浙江、湖南、湖北等地进行着实质性的集中。其中，处于边远贫困县城的小烟厂——云南会泽卷烟厂是个例外，2001 年其“小熊猫”品牌，利税超过 6 亿元。

B/“上青天时代”

1902 年，英美烟草公司以海盗（PIRTE）牌（1919 年改称“老刀”牌）敲开了中国烟草的大门。此后“白锡包”“红锡包”“三炮台”“哈德门”“老刀”“大前门”等品牌卷烟，逐渐占据了中国烟草 2/3 的市场。

而香烟品牌的话题自然需要从民国时期“上青天（上海、青岛、天津）时代”开始。

“大前门”是英美烟草公司于 1916 年推出的，由于当时中国人对洋人的抵触心理非常强烈，所以英美公司为了争取更大的销量，于 1934 年 11 月以华商之名在天津、青岛、上海等地建立了颐中公司。“大前门”品质高，深受消费者喜爱，广告语“大人物吸‘大前门’，落落大方”家喻户晓。1952 年，“大前门”被收归国有，其商标仍为上海、青岛、天津的三大烟厂所拥有。

“哈德门”于1919年注册生产，20世纪初在中国几乎无人不知无人不晓。1963年被突然叫停，1992年重新生产。1994年销量达到了26万箱，实现了4.7亿元的税收，相当于青岛市财政收入的1/8左右。

“仙女”香烟主要面向中高端女性群体。烟卷直径较小，味道清新，包装上通常会绘制一些高贵典雅的女性形象。

“老刀”牌香烟的主要客户群体是军人，气味浓郁、浓烈粗犷。“老刀”于1912年进入中国，英文名“海盗”，由于包装纸上的那把刀十分显眼，民间俗称“老刀”。

“三炮台”是青壮年男性最爱买的香烟。

除了我们在前文提及的南洋烟草诸多爱国题材品牌，曾经知名的还有“大喜”“双喜”“三喜”“四喜”，如今只剩下“双喜”。

C/ 当代一线品牌

20世纪80年代以来，中国烟草品牌经历了一轮大的整顿，从分散于各地的2000多种减少和集中到目前的几十种主流品种，基本解决了地方保护、品牌原料保障等问题。

“中华”分别在2022和2023年名列“胡润中国品牌榜”第三和第四。

湖南中烟工业公司常德卷烟厂出品的“芙蓉王”，则连续两年位列“中华”之后，上榜2019烟草品牌价值全国排名第二以及总榜单第十四名。湖南中烟另有知名品牌“白沙”“一支笔”等。

“南京”卷烟是江苏中烟南京卷烟厂的代表品牌，拥有“南京九五”“南京五星”“南京特醇”“南京红”“南京喜庆”“南京佳品”“南京绿”“南京精品”“南京珍品”等品种和系列，最早诞生于民国时期的南京光明兄弟烟厂。江苏中烟另有知名品牌“苏烟”，宣传语为“中国苏烟，尊贵经典”，消费群体是政界、商界高层以及社会名人等事业成功人士，2001年正式面世。

“黄鹤楼”品牌始创于20世纪30年代，湖北中烟2004年推出“黄鹤楼1916”，从此迅速崛起，成为与“中华”“玉溪”“芙蓉王”等齐名的中国高档卷烟品牌之一，劲头适中、口味甘甜，烟气饱满。

“黄金叶”于1951年创牌投产。20世纪五六十年代，畅销20多个省份，是叱咤一时的河南名片，更成为中国民族卷烟工业的代表性品牌。河南种植烟叶历史悠久，是中国三大烤烟发源地之一。河南香烟劲头大、香气浓郁，地域消费文化奠定了“黄金叶”开启“浓香一派”的市场基础。“金的品质、叶的奉献”品牌理念，提炼了“黄金时代——黄金叶”等品牌传播理念。河南还有一个香烟名品是“红旗渠”。

D/ 习惯和文化认同

各个省份的香烟主要品牌还以下这些。

“一品黄山，天高云淡”，“黄山”是安徽中烟工业公司蚌埠卷烟厂于1958年推出的代表作品，有“黄山1993”“黄山50”“黄山新概念”“黄山迎客松”等系列，中式烤烟型，口味清雅。

“上海”“红双喜”“牡丹”“熊猫”是上海卷烟厂生产的著名香烟品牌，系烤烟型甲级卷烟。“双喜”系列创立于1906年，具有独特“喜文化”。

“利群”是杭州卷烟厂的老品牌，始创于1960年，是烟草行业唯一通过认定的“中华老字号”品牌。“利群·富春山居”创下一条20000元的中国最贵香烟纪录。

“娇子”，诞生于1995年，隶属于四川中烟，定位于中高端市场。四川中烟另有知名品牌“熊猫”。

此外，还有贵州的“贵烟”“黄果树”，在结束“上青天”时代后，曾有“一云二贵三中华”的说法，可见“贵烟”的地位。陕西的“公主”“猴王”“长安”，河北的“荷花”“钻石”“山海关”，重庆的“山城”“龙凤吉祥”，辽宁的“营口”，福建的“石狮”“七匹狼”，广东“红双喜”“好日子”，广西的“真龙”“甲天下”“刘三姐”，山东的“泰山”“将军”，山西的“大光”，甘肃的“兰州”，江西的“金圣”，北京的“中南海”，吉林的“长白山”……各霸一方。

各大卷烟品牌的口感差异较大，消费者在习惯本地烟味口感后，其他的口感就觉得难抽了。这种本地情结，更多的还是体现为本地消费者的消费习惯和当地文化认同。

10　烟标的魅力（上）

在纸制品收藏中，香烟包装仅次于邮票与货币。国外烟标设计大都简洁朴素，较少附加任何额外信息，多强调某种气质，譬如万宝路曾营造男子气的品牌形象。中国香烟的包装设计曾长期承担意识形态功能，至今权力系仍最为高大上。

由于历史和文化的积淀，香烟品牌包装设计被赋予了很多特殊的意义，比如社交功能和礼品功能。烟民们往往把对于“品牌”的追求蜕变为对于“品位”和“格调”的向往和欣赏。

A/ 同一种香烟，同一个梦想

香烟包装的本意自然是商业化的——彰显品牌个性，打造品牌号召力。一个品牌的产品定位、品类构建、文化理念等，可以统称为品牌个性。

卷烟包装作为品牌的“有意味的形式”，是品牌的艺术表达，是消费者对品牌的第一印象。万宝路香烟包装是当今最成功的商品包装之一。它的红色“V”形设计，表达了硬朗与冒险、征服的品牌形象，彰显了男性力量、独立自由的品牌个性。于是，不用文字或名称，人们一看到红色“V”形设计，就会自然地想到万宝路香烟，这便是成功包装对于品牌个性的表达，已经深深地进入了消费者的心智。

从品牌文化方面来说，烟民消费的不只是卷烟本身，更重要的是卷烟品牌文化赋予烟民的心灵体验和精神享受，这也是消费者明知吸烟有害健康而依依不舍的根源之一。

所有的消费者在对同一目标的追求中联合起来，这个目标被定义为“每个人都需要的”。因此，通过抽相同品牌的烟，烟民的所有希望便聚集在一起得以统一，也因此而简单化。商标的形象不是用来定义烟草产品，而是用来定义抽烟本身，定义抽烟的人。何勇在《钟鼓楼》里也是白描一般唱出了北京人的日常生活：“他们正在看着你掏出什么牌子的烟。”

消费者被某产品的包装吸引而选择该产品，对该产品的品牌产生了感情，就会在潜意识里对该品牌的产品产生好感。这种好感一旦形成，就会让消费者发生重复购买，对品牌信赖、忠诚等一系列的连锁行为和情感反应，这也是营销的一种目标。贵烟（国酒香）跨界借用了国酒茅台的地位，通过国酒的正统地位，表明了其文化内涵与品位。

B/ 独特艺术品渐行渐远

世界上最早的烟标一说是芬兰 1860 年的“小加衣”，一说是 1880 年奥匈帝国的“尼尔”。而最早传入中国的烟标是“品海”牌 10 支装烟标，1889 年由美国人菲里斯克带到上海试销。

较早形成品牌效应的烟标是法国的高卢香烟，于“一战”前进入市场，使用富有爱国意味的蓝色包装，蓝色也是法国的军服色彩。高卢烟标的构图上，四周是连续的链子，象征国家的团结，与爱国主义有极大联系。

其后，“骆驼”等烟标深入人心，大多与其营销密切相关，成就一代传奇性的香烟故事。而这一时代已很难回归。

世界上最大的系列烟标是日本的“七星”牌，已有二千多个品种。“七星”象征平安幸福，设计上以大面积白色作为主体视觉语言，兼以欧美设计用抽象的点、线、面及色形构成风格相融合，体现了设计的现代感、时代感。

在纸制品收藏中，香烟包装仅次于邮票与货币。大方的设计、鲜明的时代感构成这一类收藏的魅力。世界上最值钱的烟标是曾畅销 30 年不衰的名为“甜蜜的卡波罗”的棒球系列香烟，1985 年，一位不吸烟的收藏家在美国纽约以 2.55 万美元的高价卖出。

中国最早的烟标是 1902 年由天津北洋烟草股份有限公司生产的“龙珠”牌商标。中国还是世界上烟标品种最多的国家，生产和使用过的烟标达一万多种，新品还在不断产生。中国最大的烟标是四川什邡光明雪茄烟厂生产的“国宝”牌雪茄，烟盒长 28 厘米，宽 10 厘米，内装 25 支烟。

中国第一个用真人肖像作商标图案的烟标，是华成烟草公司用海名伶吕美玉头像设计的“美丽”牌香烟。当年不仅香烟一时热销，吕美玉也名声大振。但双方也大打官司，最终烟草公司除了支付她所要求的重金赔偿外，每生产一箱“美丽”牌香烟，必须支付五角大洋给吕美玉。这一当年甚为轰动的官司，成了中国近代商业史上第一例“肖像使用权”的侵权案例。

C/ 超越“设计”的文化产品

不同的香烟文化，造就了中外香烟截然不同的品牌文化和视觉文化。国外香烟的设计大都简洁朴素，商标品牌几乎不附加任何额外信息，形象多为抽象符号，多强调某种气质，譬如万宝路营造男子气的品牌形象。中国香烟的包装设计就复杂绚丽得多。中国烟标在设计上很注意装饰性，等级和层次更加鲜明。

香烟商标主要由文字、图形、符号、色块等组成。烟标设计不仅是一种图案设计，而且是一项集美学、消费心理学、商品学、市场营销学、经济学、企划、印刷技术等为一体的综合科学，它还是哲学、社会学、心理学、语言学、历史学，以及宗教、风俗等知识的综合反映。烟标设计建立在对多学科认识、理解的高度上和对未来市场的预测上，是一项思维创造活动。香烟品牌包装针对消费对象做出的清晰定位的依据不仅仅是收入和人口的统计资料，更是消费者的生活形态和特征。它既反映出消费者的需求，又给消费者带来美好的感受。

陈烟桥在设计“中华”的时候，完美地有意识和无意识体现了这些要素：书法之美，用笔以方为主，笔画舒展而方硬、结字欹侧外拓，楷中带行，遒劲峻拔，如精雕细刻一般，力度和大气兼备；制作之精，深红底色 + 金色天安门主体图案 + 白色主题文字，适合大规模印制；市场心理之精准和舒适，既满足了中国传统审美，也迎合了现当代人们理想生活的状态。

因而包装设计成为烟草工业设计的一个重要组成部分。包装分软包装、硬包装（又分横包装和直包装）、铁盒、塑盒、铁听、扁听等，曾出现角质、骨质、玉石、金属、陶瓷、塑料等制品，进一步发展到镶金嵌银、脱胎漆、景泰蓝等工艺品。

随着科技进步，香烟包装也增添了很多科技含量。比如，555 香烟的防伪标记，在常光下侧边的 555 标识在视角不同情况可以看到颜色由淡黄到淡蓝间变色，在包装底部刻有八位的英文字母与数字混合的字条，每个字母（数字）分别代表产地、生产日期、班次等不同的信息。近年来，中国香烟印刷包装使用了仅次于现钞和有价证券的尖端技术。

前几年，英国等国企业曾使用过金卡银卡纸来制作烟盒，芬兰公司曾应用过丝网印刷中的压砂技术，但人们很快意识到金卡银卡纸不易为自然所分解，压砂磨砂等对环境有害，因此，国外现在已不使用这些新技术和新材料。卷烟包装仍然以白卡为主，而竞争则体现在设计和印刷质量上。

11　烟标的魅力（下）

香烟包装的设计与时代的精神紧紧结合在一起，融汇了丰富的社会文化内涵。中国的烟标设计已基本摆脱了单一的意识形态化，但在命名上仍体现出鲜明的时代特色，香烟的命名方式和包装非常清晰地指明了谁是它的消费者。

受传统儒家文化的影响，中国人在很多时候尤其是公共场合，会特别地关注自己的“面子”。所以，大多时候，中国人抽烟，抽的不仅仅是烟，更多时候抽的是“面子”。香烟的命名方式和包装非常清晰地指明了谁是它的消费者。

A/ 时代精神载体

香烟包装的设计与时代的精神紧紧契合在一起，各个时期的卷烟包装设计都深深地打上了时代的烙印，融汇了丰富的社会文化内涵，见证着历史前行的足迹。

烟标设计在中国曾长期承担意识形态功能。1949 年之前，中国香烟一直主打民族牌，典型如“王狮”牌香烟，直接把爱国主义的广告印在包装上：“狮为百兽之王且一鸣足以惊人，本公司所制王狮牌香烟本以促进同胞爱国为主旨，愿爱国诸君日日吸本牌香烟，即可时时动爱国观念。”1949 年后，红色成为中国香烟包装的主色调，齿轮、麦穗、工厂、火炬、拖拉机是最基本组合要素。

“文化大革命”时期，卷烟品牌很多都加上了相应题材，“一片红”标相继出现，很多都成为当今人们追求的珍品，特别是成套的“语录”标更加珍贵。

当下，中国的烟标设计已基本摆脱了单一的意识形态化，但在命名上仍体现出鲜明的时代特色。它们的命名方式大致可分四类：红色主旋律系、权力系、民族风系、高大上系。

红色主旋律系主要围绕“盛世”“好日子”“和谐江山”“井冈山”“流金岁月”之类概念发挥。权力系特别青睐“龙天下”“德容天下”“传奇天子”“至尊”“江山”“九五”之类词。民族风系会喜欢“花开富贵”“喜上眉梢”“金玉满堂”“好运”这类喜庆词儿。而“臻品”“尚品”“品道”“儒风”“春秋”则属于高大上系。

B/“贵”与“雅”的追求

传统文化深刻影响了中国人对于香烟包装“贵”的追求。“贵”起来的梦想，促使人们去追求在社会整体中与自身存在相适应的位置，于是，在手拿香烟时便有了更强烈的社会意识。

这一文化心理结构，体现在高端卷烟包装上，便是通过象征尊贵的色彩（如黄色）、图案（如皇家专用）、场景（如庄园）等来彰显“贵”的特点。如娇子“传奇天子”，在包装上，采用黄色为主色，借鉴了乾隆年代的皇家御用的名为“海水江崖云龙”的器盒样图，展现了堂皇庄重、尊贵典雅的气派；南京“九五”，在卷烟包装上，巧妙地引入龙袍图案，彰显皇家尊贵的气质；玉溪“庄园”，借用了庄园的场景，表现了其贵族“身份”，体现了其贵族气质和低调的奢华……这些高端品的包装设计，便是很好地运用了高端人群对于“贵”的审美情趣。

在追求“贵”的过程中，一部分“新贵”也追求“雅”，当然其中有的也不过是附庸风雅。

这些包装设计，强调回归自然、回归生活，主张返璞归真、回归本我，倡导材料的安全、绿色、环保、有机。如：玉溪“庄园”，展现烟草庄园美丽质朴的田园风光，这是对繁华过后追求平和的美好向往；真龙“巴马天成”，用水墨绿这种简洁、质朴的设计语言，将巴马山水表现在图案上，体现了绿色环保的时尚理念，适应了“高雅”人群的审美取向；双喜“珍藏”，使用特种环保仿古纸，以淡雅的仿古黄色，衬以低调的玫瑰金，体现出典雅的古朴风韵和清新高雅……

中国香烟包装设计对中国传统艺术元素的运用很多，通过融入中国传统书法和山水画等艺术元素，承载和传达中国古典艺术气息。这些“镶嵌在烟标里的国画”处处流露着自然、人文、精神的和谐共生。

黄山“天都”，一方玉版宣纸，五大名家诗画，成就了从自然奇观到艺术瑰宝的蝶变。方寸之间，云雾缥缈的天都奇峰在雪白宣纸上润开，中国气派跃然纸上。

玉溪“庄园”在包装上，借鉴民间版画艺术，以一幅手绘的庄园实景版画，展现了庄园的质朴高雅和诗情画意。

利群“富春山居”和“长白山”更是直接使传世名画跃然于包装之上。后者以明末清初画家王时敏的山水名画《长白山图卷》为核心元素，以沉香木雕刻的形式制作成意境疏简的木雕画卷，长白山画卷与顶盖木雕“沉香”复古标志相衬托，刚柔相济、和谐共生；

《清明上河图》更是为多幅烟标所采用，河南开封卷烟厂、赣南卷烟厂采用了画作的虹桥段，黄金叶“上河图”、开封卷烟厂的“宋城”、天津卷烟厂的“宝地”、黑龙江海林卷烟厂的“京都”都或以主图或以背景图呈现了清明上河的盛景。

20世纪80年代，成都卷烟厂出产了“五牛”香烟，将名画《五牛图》搬到了烟标上。《五牛图》为中国十大传世名画之一，画家是唐朝韩滉。五牛形象鲜活生动，形态各异，或俯首吃草，或缓步前行，寓意了美好生活和勤劳的愿景。

但烟标的题材并不局限于中国传统美术作品，20世纪80年代，四川中江烟厂曾出产过一套西方名画烟标，全套十枚，以经典肖像画为图案，设计典雅，制作精美，包括《蒙娜丽莎》《加拉的玻林娜·埃莲诺尔》（安格尔1853年）、《彼埃尔·摄里其亚夫人和她的儿子》（雅克·路易·大卫1795年）、《在女帽店》（爱德华·马奈，约1881年）等。

C/ 警示标识之辩

“吸烟有害健康”的警示标识类的文字，最早在1971年出现于英国。至今在大多数国家，这些文字已成为烟标上不可缺少的组成部分。部分国家如加拿大、澳大利亚等还以黑框镶边，以示重要。在控烟措施比较激进的欧盟，巨大的黑白健康警告目前几乎覆盖了包装将近一半的面积。

中国香烟包装的警示意义，跟国外那些出现了骷髅头、黑色的肺部、溃烂的牙齿等警示图片的包装相比，柔和得多。

相关部门解释说，烟盒上没有增加图标的打算，理由有两个，首先，中国是按照《世界卫生组织烟草控制框架公约》履约的，没有违约；其次，在烟盒上印警示图标不符合中国文化传统。公约对香烟包装的警语和信息的规定是：占据主要可见部分的 30% 或以上，可采取或包括图片或象形图的形式。公约未强制要求各缔约方必须采用图片警示。中国的香烟包装上只有警示的文字，且警示语所占的面积，刚好不少于 30%。

除了健康警示，为了提醒吸烟者注意保护环境，一些国家还在烟盒上加印了“投烟废弃物于垃圾箱”的简易图案。

12　香烟广告

随着烟草工业的发展，香烟广告开始大行其道。最知名的是万宝路牛仔形象系列广告，长盛不衰70年。这一切随着禁烟法令的推行成为过去，从而一个独特的文化现象也定格了。许多年以后人们或许会问：当时发生了什么？

1984 年中国春节联欢晚会上，相声《一个推销员》成功推销了一款“宇宙”牌香烟。相声讽刺了社会上一些商家以假乱真做广告推销劣质产品的行为。有趣的是，节目播出以后，“宇宙”牌香烟受到欢迎，并有厂家借势进行了真实生产。这也成为一个经典的广告营销话题。

A/ 不只促销

香烟销售催生出一个全新的产业——塑造品牌、创造新消费需求、推销大众消费品的烟草广告业。

19 世纪 80 年代，运输的改进、产量和包装质量的提高，使厂家能够将同一品牌的产品销往世界各地。第一条香烟广告出现于 1877 年，是 COPE 牌香烟的广告。1889 年，美国企业家詹姆斯·杜克认识到广告和产品本身同等重要，他花了 80 万美元（相当于现在 8 亿美元的购买力）向全球行销香烟，推动了人们对香烟的狂热。

每次购买香烟时，消费者都被提供了一种强烈但模糊、不可思议却又重复的保证：自己也可以和广告中的抽烟者一样。这些意向的感悟不再是有关抽烟的温暖和个人的快感，而是塑造当前和未来的能力。

现代广告的诞生促进了烟草销售的激增，更成为人与香烟文化、人与有着相同行为和趣味的人交融的桥梁。在喧闹的资本时代，广告成为现代文化的一种生命和梦想。

正如白沙的“鹤舞白沙，我心飞翔”和七匹狼的“思想有多远，我们就能走多远”，已故知名广告人叶茂中提出，烟草从商品形态上满足了用户对于品吸的需求，而更为深层次的是从精神世界上满足了人们对“思想”和“情感”的探求和表达、交流。在这一过程中，每个人都可能成为“思想者”和“同情人”。

香烟广告也是一种时代主题的忠实记录。中国抗战时期，福昌烟草推出了以马占山将军的形象和事迹为主要题材的香烟品牌。民国新女性浪潮中，1925 年上海华成烟草股份公司开始生产“美丽”牌香烟，以当时正当红的女演员吕美玉剧照为图案，女性形象广告、女性形象香烟品牌一时风行。

B/ 主题变迁

18 和 19 世纪的时候，广告关注的焦点是事物本身，设计主题总是烟草或抽烟的动作。之后，广告的主题转到了抽烟的人，以及与这一香烟品牌看似没有直接关系的文化表达。

但这种延伸不是漫无边际的。比如，万宝路的广告都指向其品牌核心价值以及目标人群的喜好，常常进入万宝路广告载体的体育竞技刺激、惊险、豪放，正是其品牌个性的体现，也是万宝路目标人群感兴趣的活动。

“骆驼”和“万宝路”，同为伟大的烟草品牌，其广告营销也同样充满传奇。

1913 年，一个马戏团表演的广告出现在北卡罗纳州云斯顿市中心广场：一望无际的沙海、埃及金字塔、青翠的棕榈树林，最引人注目的是一头昂首天外、傲视世间的大骆驼。广告牌上有一行大字：“神秘的骆驼要来了。”马戏团的演出非常成功，特别是骆驼的精彩表演征服了所有的观众。而更成功的是商家不失时机地向观众免费赠送“骆驼”香烟。“骆驼”的名声从此不胫而走。1930 年，骆驼广告再次完善和丰富：“为了骆驼，我愿跋涉千里。”并且在整个 20 世纪，“骆驼”成为世界名牌香烟中的常青树。

2019 年 11 月 3 日，一位名叫罗伯特·诺里斯的美国西部牛仔在科罗拉多州去世，享年 90 岁。他显然不是一名普通的牛仔，他是万宝路香烟广告长达 12 年的形象代言人。万宝路牛仔形象系列广告是最知名的香烟广告，长盛不衰七十年。

万宝路（Marlboro）曾经主打女性市场，其广告词就来自其名称的组合字母：“Man Always Remember Love Because Of Romance Only（男人只因浪漫而牢记爱情）。”当菲利普·莫里斯决定将女性市场定位转向男性时，广告立意同样带来了的巨变：狂野而俊朗的罗伯特·诺里斯出现了——一名真实的牛仔，不是演员——从而不加任何注解地生动展示了一个与自然抗衡的男人的形象，一种来源于边疆开拓者的、伤感的英雄主义，拥有面对一切困难的勇气。这一选择也为菲莫和万宝路赢得了巨大、稳定和持久的市场。而另一方面，女性形象的万宝路香烟广告被淘汰了，却随处可以看到吸万宝路香烟的女人。

C/ 辐射与被抑制

香烟广告也助推了众多行业的发展。

自然首推广告业。美剧《广告狂人》回溯了 20 世纪 60 年代广告业的黄金时代，也是大众消费普及的时代，而香烟广告显然是最具代表性的。

烟草产品成为全球销售新媒介的主要目标之一。现代广告的力量扎根于心理学和社会学理论的基础之上。它利用廉价报纸和杂志的激增，以及公众对广告牌和广告形象的迷恋来传达信息。早期最引人注目的烟草广告载体之一是《库珀的烟草植物》，它是 1870 年至 1884 年间由库珀烟草公司在伦敦出版的一本期刊。

烟草广告在强化主题方面的努力不遗余力。2003 年，拍摄万宝路广告的导演被七匹狼请到中国来拍摄七匹狼的“共舞”系列广告：“与狼共舞，尽显英雄本色。”120 多人拍了七天。狼是美国电影《与狼共舞》里的那几匹狼，从美国先空运到北京，再从北京坐两天火车到敦煌，拍摄地是张艺谋刚拍完《英雄》的敦煌戈壁滩上雅丹国家地质公园。十年后，七匹狼再出佳作，精致的微电影《一支烟的穿越》讲述爱情故事，也成为香烟广告被禁后的品牌传播探索。

在 2007 年 F1 禁止赛车涂装烟草品牌之前，代表速度与激情的顶级赛事 F1 大奖赛，首席赞助商都是大烟草公司。20 世纪七八十年代 F1 赛事烟草广告赞助盛行，以迈凯伦和法拉利赛车上的万宝路标识最为醒目。赛车运动带给广大消费者的印象就是“男性、现代、时尚、速度以及激情”。

反烟运动开始后，反烟人士指出，一些发展中国家的医疗健康事业接受的是烟草赞助，而南美防止学生吸烟计划的合作方竟然是烟草集团。1971 年的 1 月 1 日起，美国国会禁止香烟电视广告。1976 年 7 月 9 日，法国开始限制烟草广告。

1995 年 2 月，“烟草大王”褚时健被举报贪污受贿，人生跌至谷底。同年同月，《中华人民共和国广告法》施行，将烟草广告送上了亡命之路。其中第十八条（后来修订为第二十二条）的表述是：“禁止在大众传播媒介或者公共场所、公共交通工具、户外发布烟草广告。禁止向未成年人发送任何形式的烟草广告。禁止利用其他商品或者服务的广告、公益广告，宣传烟草制品名称、商标、包装、装潢以及类似内容。烟草制品生产者或者销售者发布的迁址、更名、招聘等启事中，不得含有烟草制品名称、商标、包装、装潢以及类似内容。”

2003 年，世界卫生大会通过《世界卫生组织烟草控制框架公约》。其中第十三条与“烟草广告、促销和赞助”有关：各缔约方认识到广泛禁止广告、促销和赞助将减少烟草制品的消费。该公约于 2006 年开始在中国实施。

随着禁烟法令的推行，香烟广告成为一个过去的时代产物，从而一个独特的文化现象也定格了。许多年以后人们或许会问：当时发生了什么？

别篇：《广告狂人》与“公关之父”

广告被叫停之前，每年美国烟草公司花在广告上的钱高达90亿美元。“It's toasted”，这是香烟广告史上最著名的广告词。而伟达公关，则面对无比被动的“焦油实验”借势做出了优质广告。

随着广告这把钥匙优雅而恰到好处地转动，一个特别的香烟广告时代开启了，它比其他行业的广告承载了更多时代与人性的轮番表演。

电影《感谢你抽烟》刻画了一个擅长诡辩的说客，把公关行业的内部小秘密和真面目表现出来，从而对整个美国公关和广告行业进行了讽刺。而行业本身也在不断进步的监管下做出了改变：1965 年，美国立法规定烟盒包装必须打出警告语；1971 年，禁止广播播出烟草广告；2009 年，美国出台《家庭预防吸烟和烟草控烟法》，禁止烟草公司使用其商标赞助体育活动。广告被叫停之前，每年美国烟草公司花在广告上的钱高达 90 亿美元。

关于广告与社会管理的嬗变，我们在此展示三个精彩片段。

A/ 以科学论战瞒天过海

1947 年，纽约贝尔维尤医院实习医生恩斯特·温德和他的导师格雷厄姆进行了人类历史上最重要的焦油实验，以证明尼古丁的危害。

焦油实验让烟草巨头们感受到了危机。巨头们也建立统一战线，他们秘密聘请了赫赫有名的伟达公关，进行了一场历史性的烟草辩护，这也是有史以来最成功的一次危机公关。

第一步，烟草商们联合发表了《对吸烟者的坦率声明》。声明中提到，最近用老鼠做的实验报告，使吸烟在某种程度上与人类肺癌有关的理论被广泛地报道，虽然不能作为结论性的结果，但不应该被忽视。

第二步，他们聘请了世界上最顶尖的癌症专家，成立烟草研究委员会，加深对烟草的研究。

伟达采取了“以退为进”的策略，既表达了对科学的尊重，又强调了老鼠实验的结果存在争议。他们不说“吸烟不会引起疾病”，也不提焦油的危害，而是抓住实验的局限性，重点放到吸烟和肺癌的验证关系，用科学对抗科学，极力模糊焦油实验的结果。

这个由伟达公关开创的堪称经典的策略，不仅为烟草公司塑造了一个积极负责的形象，还为他们握住了烟草研究的主动权。

当时政府在干什么？需要烟草财政的他们“不识时务”地授权组建了烟草协会，用于提高海外销售额。

这样的话，香烟和肺癌的关系不会有结论，而医学研究也不会有任何进展，因为永远不会出现一种合乎伦理的方法，允许在活人的身体上进行诱导癌症的实验。

在公关公司的刻意引导下，舆论风向已经偏移，人们开始对肺癌产生的原因进行猜想，大众的炮火部分被转到了空气污染和柏油马路上的沥青上。

有关香烟的其他话题，开始占据人们的视野，比如各国领导人的抽烟习惯是怎么样的、历史上人们曾经把哪些疾病错误地归咎于烟草。

就这样，这场烟草公司的危机通过科学论战的方式反而成了香烟最好的广告。

B/ 一个词拉动 11% 增长

20 世纪 60 年代的纽约，美国广告业处于黄金时代，也存在残酷的商业竞争。美剧《广告狂人》中的故事就发生在这一阶段。故事取材于发生在 1917 年的好彩香烟真实案例。广告业天才唐・德雷柏是位于麦迪逊大道（Madison Avenue）的斯特灵库柏广告公司的策划主管。公司接手一笔生意，为好彩香烟做广告，这一广告策划十分棘手，因为“吸烟有害健康”的观念已开始在社会上产生影响。广告公司创意总监眉头紧锁：FTC（联邦贸易委员会）驳回了所有香烟的健康证明，他所在的广告公司没法再用之前的套路来说服消费者了。

烟草作为瘾品，在经历了近 500 年的推广、迭代、被抨击后，终于以细小的香烟样貌被最多人接受，并被好莱坞美化，体育明星为其代言，甚至医生宣扬抽烟能治咳嗽，“骆驼”牌香烟曾打出的广告语就是“多数医生的选择”。

“It’s toasted ”，这是剧里男主角最后征服广告主的口号。toasted 是双关语，“它是被烘焙过的”，同时意为“它是被祝福的”，这句话在人们举杯庆祝时候常说。烟草是有害的，但是我们的烟草是被烘焙过的，是带有好运（好彩）的。

德雷柏想出的广告语“It's toasted”，让老板罗杰・斯特灵和烟草公司的人十分满意。

观众在为《广告狂人》中演员的出色表演与精彩的广告案例鼓掌叫好的同时，也为片中频繁出现的吸烟镜头而疯狂。20 世纪五六十年代的美国，在公众场合吸烟是很常见的。主要因为那时吸烟的危害还没有被普遍意识到。片中无论男女，几乎所有场合都是指夹香烟吞云吐雾，甚至吸烟的镜头已经成为这个剧集的主要形象之一。

广告的效果对于利益关联方好得不能再好：广告给这个品牌增加了 11% 市场份额。

C/ 站上价值观顶峰

广告商还通过广告传播着价值观：男性手里的阳刚与权力，女性手里的自由与火炬。

女性主义，作为一种在现代媒介环境中快速成长起来的意识形态，其建构在相当程度上受到媒介以及寄生于媒介的广告影响。

在 20 世纪前，香烟被定论为“男人的事情”，代表他们的特权。那时的整个世界都认为女人吸烟尤其是在公开场合吸烟的想法是不能被接受、令人反感的。妇女吸烟意味着道德上的越界和出轨。当时的社会风俗里，烟草被视为“堕落女性”的标配。1908 年，纽约市议会甚至通过了一项禁止女性在公共场合吸烟的法令。

19 世纪后期，随着女权运动的兴起，很多女权主义者视可吸烟为女性争取平等地位的一部分。无论在她们的小说还是画作中，吸烟女性代表着女人的独立、思考和自由。20 世纪以来，各个阶层的女性都重新开始吸烟。1915 年，吸烟成为美国新女性运动的一个标志，踩着爵士舞步、香烟在手，是她们时髦生活的典型特征。

为进一步扩大女性吸烟者的数量，被誉为“公关之父”的爱德华·伯纳斯再次通过好彩香烟的公关活动彻底打破了限制妇女在公共场合吸烟的高墙。这就是 1929 年著名的纽约第五大道“自由火炬”游行。1923 年，女性的香烟消费只占了全美香烟消费的 5% ，而到了 1929 年，这一比例攀升到 12% 。

从“男人的事情”到“女人的事情”，是场性别之间的角力。一则女士香烟广告语不无骄傲地标榜着：“这是女人的事情！”当然，夸张的广告词一定程度上是香烟生产商和广告商们向女性消费者牟取暴利的手段，但从“男人的事情”过渡到“女人的事情”，若抛却健康的问题不论，女人与香烟之间的交缠，的确是一段争取自由和平等的历程。

禁烟成为新的价值观后，2000 年至 2001 年世界卫生组织曾举办过一场名为“艺术能让你放弃吸烟吗”的展览，试图以积极的态度展现艺术与香烟的关系，旨在提高人们对抽烟的危害、传播戒烟的好处以及关于成功戒烟的困难的认识。这可以被理解为一种新型的公益广告。

03

文明的反光

THE REFLECTION OF CIVILIZATION

1　香烟的奥秘

人类对于香烟的迷恋在地球上所有生物中尚属唯一。香烟之于人类，到底是一种生理刺激还是一种精神依赖？到底它在暴躁时让人镇静？还是在混沌中帮助人提神？抑或是漫漫长夜的陪伴者？

点燃一支烟的时候，世界呈现出难以名状之美。每一个抽烟者对于这种美或者美好感受的描述会有很大的不同。

人类对于香烟的迷恋，在地球上所有生物中尚属唯一。香烟之于人类，到底是一种生理刺激还是一种精神依赖？到底它在暴躁时让人镇静？还是在混沌中帮助人提神？抑或是漫漫长夜的陪伴者？

A/ 既兴奋又安然

可以明确的是，香烟是人类的一种情绪辅助，甚至是情绪伴侣。

情绪的陪伴和转化，是工业文明所无法给予人类的，香烟可以，它可以缓解压力、抚平创伤、激发灵感，称得上是一种万能情绪转化剂。它能使清醒者沉醉，能使迷醉者醒悟；激动时抽烟可以带来舒缓，疲倦时抽烟可以解困；紧张时抽烟可让人放松，懈怠时抽烟能帮助人集中注意力；忙时点起一支烟是偷闲，闲时点起一支烟是找了件事、找了个百无聊赖中的寄托；开始工作前抽支烟是热身，工作完成后抽支烟是告别；甚至冷时抽烟能添热——好歹是个火，热时抽烟能解凉——心静自然凉。

就是这样，你同香烟一同生活、工作，彼此相依为命，甚至你更依赖于它。瘾？你没有想过。你只是知道它可以让你专心致志工作从而提高了效率，你还知道那是漫长劳作中的休憩，疲惫的身体被香烟融化了。

服用兴奋剂可以使人兴奋，服用安眠药可以使人安眠。你不能用兴奋剂使人安眠，正如你不能用安眠药使人兴奋。但香烟不同，香烟既能使人兴奋，又能使人安眠，也是奇妙而有趣的事。

在香烟的刺激下，人的血管扩张、心跳减缓，产生一种放松的感觉。那是一种心理释放，一种慰藉，一种对焦虑和烦躁的逃避。它驱除了疲倦，它是人进行思考的助手，它使人有时变得机敏而坚定和沉着。梦露曾表达过：在浮华易逝的好莱坞名利场，香烟能够让她忘却烦扰，获得片刻安宁。

烟瘾和爱情一样，都可以增加多巴胺的分泌，使上瘾者感到兴奋。所不同的是，爱情给人的幸福是真实的；烟瘾只是让人误以为获得了幸福。

既让人兴奋又让人安然。你其实并没有去想究竟是什么原因造成了香烟独特的诱惑。但事实却早已在一旁无数次提醒过你。最根本的可能是烟草中含有的尼古丁具有使人兴奋与镇静这两种截然不同的特殊效用，它们互相配合产生作用。

刚开始融入血液的时候，尼古丁突然地、通常也是戏剧性地使脉搏加快、使血压升高。这很矛盾，因为这种生理反应似乎只会使人更紧张、更烦躁。许多吸烟者喜欢猛吸一口——彼时彼刻，盘桓在他脑海中的问题就夹在他的手指中间——以一种确切的痛苦替代模糊的痛苦，是消除焦虑和它所带来的不适的第一步。同时，香烟的独特让他似乎已经忘记了他不是香烟的唯一。

B/ 无意义的价值

烟草在 500 多年的传播历史中，扮演过多种角色：与神灵沟通的媒介、包治百病的神药、自娱自乐的嗜好品、现代人社交的必备品、成熟风度和品位的象征、摧毁健康的瘾品、暴利的产业等等。作为一种嗜好品，烟草的影响已遍及几乎全世界所有族群。

当哥伦布第一次踏上美洲，当地的印第安人同他们交换的货物里面有这种金黄色的叶子，散发出淡淡的芳香，那就是烟叶。当地人甚至教会这些远道而来的客人如何吸烟。科幻大师凡尔纳在《神秘岛》中，为满足探险勇士的期望，描写了一个位于北美洲和大洋洲之间的“林肯岛”，并且烟草成为探险家们的重要冒险经历。谁也不曾料到，这种金黄的叶子最终能够风靡世界。

在这一过程中，吸烟的魔力和围绕着它的意象被持续塑造着，并随着我们不断变化着的对世界的理解而发生改变。而耐人寻味的是它并不是生活必需品，甚至对于物质生活来说它毫无价值，却又意义重大。关于这一点，加缪的概括就更加深刻：人生毫无意义，但也更值得。

C/ 被抛弃的忠诚

工业文明将商品生产标准化的同时，也将人们的生活标准化了，导致产生了现代人的孤独、寂寞和焦虑。人们异口同声地说香烟不好，但是说完以后，香烟作为社交道具仍然被陌生人见面时递来递去。作为一种必要补偿，烟草可以说是某一时代性的造物发明——烟草制品的社交价值或“社会瘾”。

缭绕不已，光线射入，腾雾妖娆，光与影的艺术在此完美呈现。用打火机点燃已被现代工业加工得精致的烟草，吸入喷出穿透鼻子的奇特烟雾，之后风靡世界，这是穿越每个时期、横跨每种文化背景的力量。在它所创造的神话、梦想、慰藉与振奋中，在颓唐与自救中，在人的直觉与形象魅力中，烟草以其强大的慰藉，强悍的、冒险与美丽的魅力以及肢体式仪式性魅力征服了整个世界。

多年以前，汽车制造商安德烈·雪铁龙曾描述一种叫做卡泊拉的香烟：“它燃烧时发出细碎的声音，振奋我们的精神；它散发着健康和阳刚之美。”以下则来自波德莱尔《巴黎的忧郁》：“如烟一般沉醉，也如烟变得模糊，更如烟一般自由。

曾拒绝领取诺贝尔文学奖的萨特指出了抽烟的审美本质：虚幻、精神性和超凡。这种审美本质可以外化为一种形态，那就是：燃烧及其物品。而这个所谓可燃物不是我们一般物理学、化学意义上讲的可燃物，指的是某种会让人上瘾的东西。他注意到他们的特点，都是会燃烧的，比如说酒精，比如说烟草，比如说鸦片，都是可燃烧的东西。

午夜的街头，你再一次遇到难以排解的事，你一次一次点燃、大口大口地吸烟，你在烟雾中思前想后，烟雾穿透了绑缚着你的种种烦扰，于是一场自我解救完成了，你心境渐开，你又完成了一次重大抉择，你身心得以放松。你把烟头、把不再有用的烟盒扔掉，像扔掉过去的生活。至于曾经陪伴你、帮助你的香烟，你却头也不回地把他抛弃了，那是一个多么忠诚的朋友啊。西奥多 · 巴瑞特于 1840 年在《吸烟者的生理学》中写道：“香烟是令人愉悦的、充满活力的、富有朝气的。她是吸烟者调皮的、让人兴奋的朋友，她的魔力里隐藏着某种辛辣的东西。”

2 “虚幻”与“存在”

“香烟有一种特定的哲学尊严”，这使得哲学家和思想家们不断地对香烟有精辟的论述。萨特将香烟的“虚幻”与烟斗的“存在”作为一个论题，并隐喻了人对世界的毁灭性占有欲望。

萨特（Jean-Paul Sartre，1905—1980）总是闷闷不乐而恃才孤傲的样子，从不歇斯底里，很安静地保持着自己对自己所处空间的占有。他的这副“酷”即使在100年后仍然能够俘获大批“文青”和叛逆者。

萨特对抽烟的强烈喜好非常人所及，他每天要抽两包烟和好几斗烟叶。他总是抽着“高卢gauloises”和“波尔雅”，味道浓烈、过瘾，也抽“骆驼”。

A/ 萨特与罗素

在萨特的哲学著作里，到处都有香烟和火柴盒的身影。他把它们作为存在物与人的存在做比较。

“香烟是虚无，烟斗是存在。”在《存在与虚无》里，萨特把烟斗作为一个哲学例证。他认为香烟是“虚无”的象征，是抽象的、没有固有的特性、容易消失的物体，而烟斗则是“存在”的象征，他写道：“烟斗就放在那儿，在桌子上，独立存在着，平平常常。我把它拿到手上，我抚摸着它，注视着它，以使自己获得拥有感。但恰恰因为它似乎注定就是专门要给我带来快感的，这会儿它反而不奏效了。我感觉手里捏着的不过是一块毫无生气的木头罢了。”

“当我数着这个烟盒里的香烟时，我感觉我是在提示这些香烟的客观存在的特征：它们一共十二支。这一特征便成为我的意识感知中一个在世界上存在的属性。”

比萨特年长二十几岁、在海峡那一边的罗素（William Russell）从22岁起开始抽烟斗，一直到去世都没有想过戒掉。他曾回忆：“在1894年的一天，我像往常一样走在三一学院的小路上，突然，我脑海闪现了一个关于上帝存在的本体论有效证据。欢欣之余我兴冲冲地跑去买了一罐烟草。”从此，烟斗再也没有离过身。罗素对于烟斗的喜爱用他的一句话可以形容：“除了吃饭和睡觉基本烟斗不离口。”他的夹克里经常装满了烟斗和烟草，他最爱的烟草品牌是“Golden Mixture”。罗素的学生回忆说，罗素教授经常随身携带两个烟斗，以便在吸其中一个的时候让另一个烟斗充分冷却，可见他对烟斗的迷恋。

B/ 毁灭性占有

以下是《存在与虚无》节选《论对香烟的毁灭性占有》。

每一件被人拥有的物品，都是以整个物质世界为背景的，拥有它就仿佛拥有了它所代表的整个世界。就像司汤达所说：当你爱上一个女子，你也会爱上她所出现的地方的天空、沙滩和海洋。所以，占有一件物品实际上是为了象征性地占有这个世界。每个人都可以从自己的经验中验证这一点，在这里我要讲一个我自己的个人经历，不是为了证明什么，而是和读者一起来解开一个疑问。

几年以前，有人建议我下决心戒烟。开始的时候是很困难的，实际上，相对于吸烟这一行为对于我的“意义”来说，我并不怎么在乎失去烟草的什么美味。它的意义已经在我的生活中完全根深蒂固了，如同已经结晶。我已经习惯了在做每件事的时候吸烟，在清晨工作的时候，在晚餐之后，戒烟意味着我将在所有的活动中都要失去一部分乐趣，晚餐将不再那么有滋有味，早晨工作时也将不再那么新鲜。一旦我不能再吸烟的时候，香烟不论以什么样的形式出现在我的眼前都不再有任何意义。当我吸烟的时候，香烟是那么迷人，那么让人喜爱，这本来是已经不可更改的香烟所固有的本性。而现在我却要使其强行失去这一性质。在香烟被迫失去意义的同时，我的生活也失去了一部分意义。当然，吸烟是一种破坏性的占有行为。烟草是一种只能象征性拥有的东西，伴随着我呼吸的节奏，它被不断地毁灭；它从固体变成烟雾，并且穿过我的身体，似乎也象征性地将它自己变成了我的一部分。吸烟时的美妙景象，实际上就是香烟火葬式的典礼。对香烟的毁灭式的占有，其实象征性地满足了我毁灭性地占有整个世界的幻想。吸烟的时候，仿佛整个世界被点燃了，变成了烟雾，并被我吸入体内。为了维持我戒烟的决心，我必须改变某些根深蒂固的思想，不再去细想它，将烟草还原成其本来面目：它不过是一些燃烧的叶子。我摒弃所有象征性的联想，努力说服自己：我看到的戏剧、风景，我所读的书都仅仅就是它们本身而已，如果没有我的烟斗作祟，它们什么也不代表。这样一来，我意识到除了毁灭以外，还有其他占有的方式。一旦我有了新的认识，我的遗憾就变得毫无意义了——我本来觉得闻不到烟草的气味、感觉不到指间的微热是一个莫大的遗憾，但突然之间我没有了遗憾的感觉，完全能够忍受戒烟的损失了。

C/ 超自然激情

比罗素和萨特都更年长的弗洛伊德（1856—1939）在他的心理分析学说刚兴起时就曾指出性行为与吸烟行为的相似性。他们都将香烟纳入哲学心理学研究的范畴。弗洛伊德在《火的精神分析》中指出：热度的变化、身体的升温、情爱的快感是相辅相成的——摩擦生热的冲动和分享身体热量的需求。火柴的原理也是如此：硬木棍与带有凹槽的木板摩擦起火。心理分析学说对新的哲学和文学都具有重要的基础性意义。弗洛伊德拿雪茄提出过他的心理分析理论：雪茄是顽强和自制的标志，将雪茄上升到如此精神层面，是一种纯粹个人的体验：雪茄时刻，独具某种心灵的沉浸和反响。

美国康奈尔大学教授理查德·克莱恩在《香烟：一个人类痼习的文化研究》中对香烟的哲学意义有过一段概括：香烟有一种特定的哲学尊严，这是因为它被视为一种象征性的工具，也使它因此笼罩了一层对物或激情的诗意品质，具有了神奇的特点和诱人的魅力，周身环绕着禁忌与一丝危险的气息，简直像一间违法愉悦品的储存库，一条通往超自然领域的道路，以及一种对压迫的反抗激情。

这种概括显然是很适合萨特，那种自带的自由与反叛气质曾折服了很多女性，包括西蒙·波伏娃。

马克·吐温对雪茄的品评也有哲学性的一面，他认为人类与雪茄很相似："出生时会以茄衣/布包裹着，跟着是燃烧（生命），最后都会化为飞灰。"马克·吐温于1910年与世长辞，也与雪茄的终局一样化为飞灰，对于天堂与雪茄，他另有幽默金句："如果天堂里不能抽雪茄，那么我是不会去的。"

黑格尔说：消失，可能恰是最坚定的存在。

而时间就如同连续不断的烟圈，一个接一个地消失。

3　"超凡"之验

香烟的哲学体现于它一系列的矛盾共生和"超凡"：以其最没有个性

的构成，带给人类最具个人化的愉悦和口味。而法国人立法禁烟也一直伴随着对香烟思想内涵的不舍。香烟是人在无助时证明灵魂存在的一种方式。

萨特每天吸两包香烟。他在那个日常总待在那里的小餐馆于 1964 年写下了拒绝领取诺贝尔奖的“拒领辞”：保持自由和独立，不接受任何机构的奖励。

这件事做得如同他抽烟一样固执。

“它从固体变成烟雾，并且穿过我的身体，似乎也象征性地将它变成了我的一部分。”常年的吸烟史导致他的健康每况愈下，医生劝告他戒烟以保证活得更久，但是萨特拒绝了，最终死于癌症。

A/ 矛盾体与悖论

正如本章第一节所述，香烟是一个矛盾体：兴奋与安然皆可，放松与提神共振；孤独时抽烟是慰藉，喧闹时抽烟则使你能抽身事外冷眼旁观。这些香烟，有时是燃烧的，有时是熄灭的，有时被扔掉，有时在深夜不曾点燃，有时与人分享，有时独自收藏，有人憎恨它，有人爱戴它，既是残忍的刑具，也是救人的手术刀，是友谊的纪念，也是爱情的象征。

它并且以其最没有个性的外形构成，带给人类最具个人化的愉悦和口味。

每一支香烟是独立的，但每支香烟又是连续的，每一支香烟都可以有继承者，每一支香烟也都有它的来源。

香烟又充满悖论：在杀害你的同时，给你生存的活力；“最后一支烟”

总是变成“另一支”，再“另一支”。

《芝诺的告白》告诉我们：抽烟和芝诺悖论一样，都内含着理性二难，如果想对它进行理性分析的话，往往会不自觉地走向其反面。究其原因，在于我们忘记意义是如何生成以及缺乏实践的维度。以抽烟为例，初看起来，其内中充满理性不能分析的矛盾，但正因如此，事物的本质及其意义才在最广大的视域中被展现出来，这就是抽烟以其全部的悖论告诉我们的实践必然性。（详述见第四章）

胡塞尔曾经尝试过戒烟，但毫无疑问地失败了。在《成为海德格尔》这本书中，他在给海德格尔的信里曾经说过“戒烟对我身体的好处不言而喻，但是我却因此无法真正地工作。”

理查德·克莱恩本是一个几十年的吸烟者，忽发奇想，为香烟写了一本皇皇巨著——《香烟：一个人类痼习的文化研究》（另译《香烟是超凡的》），既是一本出色的文化专著，也是一名瘾者的心理描述：让身体说话。

与他们天性浪漫自由相匹配，抽烟最自由的国度法国竟是世界上较早在现代意义上通过禁烟法令的国家，时间是 1976 年 7 月 9 日。这不能不说也是一个悖论。

B/ 区分人与动物

既是矛盾的，又是包含悖论的，所以香烟是超凡的。

克莱恩教授是个非常有趣的人，他将从一丝不苟的哲学家康德那里借来的“超凡”（Sublime）一词，戴在香烟头上。Sublime 是一个很难翻译的词，指的是一种美学上的满足感，却又有点儿消极的意味。吸烟是一种生活方式，吸烟体验是一种审美体验。他甚至引用了这样一句惊世骇俗的话作为书中的题记：只有吸烟才把人类和其他动物区分开来！

海德格尔的“无聊”其实也在说超凡。他认为“无聊”有两种形式：一种是我们日常意义上的认为某个特定事情无聊；另一种“无聊”则不是因为特定事情，这种“无聊”渗透进生活中的点点滴滴，而我们却没有办法说出感到“无聊”的具体原因。在这种情况下，我们不会像第一种情况一样采用特定的方式去对抗无聊；在这种情况下，我们做的任何事情都成为对抗无聊行动的一部分而不是全部。海德格尔认为抽雪茄是我们在对抗第二种无聊时很典型的例子：在一个莫名无聊的夜晚，我们会点燃一支雪茄缓解无聊，然而吸烟并不是我们刻意而为之的孤立行为，它是作为我们那晚整体活动中的一部分而存在的。

C/ 烟是形而上

东方特别是中国古代哲学中对于“烟火”的描述也是“超凡”。

点燃一支烟，烟先要燃烧，此时，烟于五行之中属火，即阳性；但是，点燃之后，烟便是以阴燃的形式开始着自己的生命，此时，烟又属阴性。在抽吸的过程，抽时烟又复现于火，属于阳性；不抽时，又复归于阴燃，属阴性。如此，阴阳进行交替便形成了一支烟的生命历程。

吃饭喝水是求生存，烟才是形而上。

不只是悠闲时的享受，吸烟是孤独与寂寞中自己与自己的对话，自己对自己的抚慰，自己对自己的欣赏。反观自身，咀嚼自身，怜爱自身，叹惜自身，厌恶自身。

在无事中找到一些事，在无可思考中找到思考，在光阴冻结时找到过程，感觉麻木时找到感觉。无事之事，无物之物，无情之情，无趣之趣。如生如死，如悲如喜，如爱如恨，如醒如痴。是麻木中的冷漠，是冷漠中的悲凉，是悲凉中的疲倦，是疲倦中的温暖。

D/ 有形态的时间

萨特坐在圣日耳曼林荫大道旁的弗洛里咖啡馆，喝着小杯的咖啡，用不计其数的烟蒂作为代价将存在主义哲学——一种冲突性很强的学说——以缓慢燃烧的方式呈现给世界，表面是和谐的，内心是激烈的。香烟就是时间的样子，是时间流动的形态。关于时间的烟和烟的时间，这是只有哲学家才拥有的思考方式。海德格尔貌似不抽烟，但是他认为抽烟是对时间的体验，是对抗“无聊”的方式。

还是一种爱情。波伏娃第一次在大学城见到牛哄哄的萨特的时候，萨特正与朋友在宿舍抽烟，烟雾腾腾中，波伏娃和萨特见面并此后再也没有分开。在他们这里任何的虚无缥缈都转化为了真实的存在。此后波伏娃也成为一个抽烟者。但极其确定的是尽管他们永远在一起，波伏娃却并不是萨特所点燃，她保持了自己“第二性”的完整人生。

而萨特手中划着的火焰，那是变革即将到来的时代所爆发出的激情。萨特用戒烟这个行为来说明人的绝对自由及自欺的本质。他以存在主义解释人戒除恶习的心理：这种心理机制和行为准则与人对于自由的渴望有关。是的，抽烟表达一种态度，一种在合法的条件下反抗强权的行为。法国有吸烟的风潮，跟革命尤其是法国大革命有关：抽烟代表了一种对自由平等，甚至博爱的渴望。

点燃一支烟，人就完成了一个对世界从接触到认识、从认识到融入的过程，其表现就是吸入并把烟雾吐出到周围的空间里。我们将世界“简化”为单纯的火 + 烟 + 灰烬，甚至简化为可以完全被我们掌控的空气。

别篇：香烟神秘主义

无数人探寻过香烟得以迅速全球风靡的原因。就此，法国幻觉派艺术家考克托说：香烟的神秘征服了整个世界。香烟神秘，正是这样一种有关消失与死亡意义以及消失即存在的思想主张，至今它们仍在神秘地与人周旋。

无数人探寻过香烟得以迅速全球风靡的原因。就此，法国幻觉派艺术家考克托说：香烟的神秘征服了整个世界。能与这种神秘相匹敌的力量或许还有：枪炮，面对面杀戮的力量；互联网，人类对无限沟通的渴望；足球，豪赌的智慧和体力……

A/ 致幻通灵

好在哥伦布留下了这样的记录：在印第安人冬节的祭祀仪式上，他们大量地焚烧烟草。可见印第安人吸烟的原因：一是烟草具有超自然的能力，能让人达到灵魂出窍的效果；二是烟草具有超越时间的力量，召唤着过去和未来，让印第安人看到祖先，并从祖先那里看到自己。

玛雅部落、加勒比人以及其他无数生活在这里的人，沉迷于香烟烟雾，认为这是一种神奇的云彩，能将他们带离地球，因此他们让神像他们一样吸烟，这样有助于引来幽灵的注意，因为幽灵喜欢烟草燃烧的气味。他们借助烟草游移于自然世界与超自然世界之间，和幽灵对话，并使通灵者进入正确的心智状态。

现在的香烟几经改革，致幻作用已不是很强，但当时尼古丁含量要高得多，致幻效果也强得多。烟草从而成为栖息在巫师身上的幽灵，吸烟作为南美洲宗教仪式的一部分，巫师常常使用它试图达到一种脱离自然世界、与精神世界交流的恍惚状态，从而进行占卜，看幽灵们在做什么以窥知未来。

萨满教是古老的信仰，从史前时代就开始流传于亚欧大陆北部。萨满教信仰万物有灵，本质是早期人类的自然神论。从西伯利亚到蒙古，从中国北部到欧洲，都受到萨满教的影响。萨满教甚至随着早期跨过白令大陆架的先民流传到美洲。尽管烟草可用来咀嚼，可研成粉末吸取，但只有作为烟来抽，燃烧药草产生烟雾，才使其迅速驱除被认为引起疾病的邪恶灵魂。

直到19世纪，美国人类学家路易斯·亨利·摩尔根（Lewis Henry Morgan，1818—1881）到北美印第安人易洛魁原始部落考察，发现部落里主持重大会议的重要人物，将烟放在星火上点燃，然后连续三次喷烟。第一次表达对天神的感恩，感恩天神保护了他的生命，第二次表达他对地神的感恩，感谢地神以种种物产维持了他的生活，第三次表达对太阳神的感恩，感谢太阳不灭，普照万物。

B/ 改变心智

烟草如此难以言喻而又可以感知，如此真实而又虚幻，掠获了欧洲人的想象力。烟草的超自然力并没有在文明人类发现它们以后终结，但文明人类在发现并享用它后却对它做了改变。

事实上在古希腊，吸入气体作为一种“神可治愈”的手段受到推崇，而且也被用在仪式上。关于古希腊人预言传统的近代读物说，特尔斐的神使吸入自然的气体后，就会变得很陶醉，以致他们能在一种朦胧中说出他们的预言。

理查德·克莱恩告诉我们：牧师们从一开始就明白，他们面对的是一种改变心灵的药物，一种潜在的麻醉人的灵丹妙药，是某种具有竞争性的慰藉和快乐的来源。虽然对于印第安人而言烟草是神，但对于基督教信仰来说，它立刻成为另一种邪恶的万物有灵说。他们认为吸烟令人麻醉与沉迷，又能神奇地减轻疼痛和工作疲劳，那么它是邪恶的。

烟草的医疗作用其实是延续了它的宗教功能，直接利用其超自然能力。在 17 世纪的药理学里，医疗和宗教是彼此重叠的。生病表示人界与灵界的正常关系割裂开了，不管割裂是因为幽灵入侵人界，还是因为病人的灵魂迷失于灵界。他们认为，烟草能减缓各种不适，因此也能疏解自然界与超自然界之间治病的种种问题。

不只考克托，很多艺术家对此也有过思考和想象。

马拉美说：灵魂被召集起来 / 我们缓缓呼出的几个烟圈 / 在另一些烟圈中消失。/ 召集灵魂的香烟就像鬼魅 / 飘忽不定又依稀可见 / 它置身于生与死、吸与呼之间的神秘地带。/ 脱离躯体的灵魂被它召集在一起。

某些时刻，香烟有着如祷词一样的作用。1856 年，一种名叫《巴黎之香》的杂志致力于介绍吸烟的快乐，格言是“吸烟即祈祷”。安妮·莱克拉克在《今日之火》这本以烟为主题的书中写道：“香烟是我们这个时代的祈祷者。”书中展示了香烟“制造梦想”的能力——它突破了时间与空间的限制，使得白日梦能够延长。

C/ 消失即存在

烟雾使吸烟者“接受并超脱他的苦难，并将这苦难呈现给上帝”，或者其他超凡的神灵。事实上无论自然科学和哲学如何发展，人类关于神和超自然力的思考从未停歇，这是因为人对死亡的恐惧始终存在以及并未穷尽对它的研究。

意大利意识流作家伊塔洛·斯韦沃借助所塑造的芝诺形象说：戒烟是人的一种死亡方式。每一口烟都是一次对死亡的品尝。香烟的崇高在于它能创造一种幻象：在个人英雄主义的时光里，人可以看到自己的死亡，他站在自我之外，那一刻他活在死后的时间里。

战场上士兵在死亡之前吐出的一口烟往往会铭刻在生命中，在他的头顶散作一团浅灰色的迷雾，仿佛划定了一个美丽的梦想空间，在那里，他暂时逃脱了现实无情的束缚和死亡残酷的威胁：每吸一口都可能是最后一次呼吸自由与梦想，每一个吞吐的刹那都是焦虑的释放，是短短的冥想和沉思。把现实暂放一边，感觉自我永远和宇宙同在，那是一种短暂的、不朽的感觉。这时，吸烟者的思想从现实中超脱出来，引发濒死者的追怀或者梦想未来。

神秘即无用，正是无用性确保了香烟的美学价值，它是高贵、阴沉而美丽的愉悦。波德莱尔写道：它们在最朦胧、最放荡的想象中体验最残酷、最集中的美学束缚。

它是介于神和人之间的精灵，是最亲密的朋友，一个在最英勇时刻、最空虚时刻、最无聊烦躁时刻都可以和孤独的自我倾谈的朋友。

面对死亡，人类重铸生命的梦想烟消云散。某些生命转化成其他形式，成为一个痕迹被别人阅读。不到生命终结时，没有人能了解生命的意义，只有死亡，在生命的终点，告知我们生命的定数与意义。

香烟神秘主义，正是这样一种有关消失与死亡意义表现的思想主张，仍在神秘地与人周旋。而烟草的灵异早已入侵了人类的灵魂和躯体。

4　情感与成长

香烟曾在男人的成长过程中有着别样的意义，它代表了两个重要的情绪表达：冒险和爱情。而爱情就像吸烟者对尼古丁的感觉，一旦深陷，就永远融入。

多年来，寻找男性气质和女性魅力在两性文化上一直是一个重要的主题。香烟在其中也隐隐成为一个象征。也就是说，在众多男性的精神世界里，一直就存在着抽着雪茄的切·格瓦拉和干净得发腻的“花美男”两种极端。在男性成长的道路上，香烟代表了两个情绪表达：冒险和爱情。而女性吸烟则比吸烟本身更具有争议性和话题性。

A/ 冒险

一支香烟所讲述的故事，也许与吸烟者的故事非常一致。

一位少年在渴望着长大。也许他希望早日有一副有力的臂膀，甚至成为一个英雄；也许希望可以看到更远的地方、去更远的地方。他对于慢慢长大多有不甘，他觉得如果一夜之间一个强大的自己和第二天的太阳一同升起，那才是最好的成长。他知道那是一个冒险的幻想，但他觉得值得。

这时候，一包香烟成为他这一幻想的寄托，他学着生活中或者影视中大人的样子点燃了香烟，除了咳，还有被辣出的眼泪。但这第一次却是他人生中最重要的一次冒险，因为他必须时刻提防着被人发现。

后来——很久以后的后来——作为成熟的男人，他在任何一个场合点燃一支烟，并且抽得顺理成章、理直气壮、趾高气扬、天经地义，却没有忘记年少时的那次冒险：偷偷地躲在角落里，抽进去的烟又苦又呛，但是心中却因“冒险精神”而激动着。

美国年代剧《广告狂人》中就有这样的台词：“香烟危险又怎样？你是个男人，世界就是这么危险。”

香烟成了一种具有冒险意义的符号。偷偷抽烟，排解成长过程中的郁闷，满足反叛的心理——香烟带来的不适感和冒险感，诱惑力在这个时期是轰然而至的。

后来，香烟开始寄托了青春叛逆的盛开和怒放。这时候，香烟成为你思考和与人辩论时的伴侣。那些香烟像是火把，照亮了思考的道路，哪怕是在最困窘的时候。你喜欢在天比较黑的时候，趴在窗台上点燃一支香烟，然后在那里看着外边发呆或者沉思，对生活、对学习、对爱情有些迷茫和烦躁。那时真有一种黑夜里抽烟的魔力在掌控着自己。

后来参加工作，工间休息一起站在楼道里抽烟成了拉近和同事距离的最好途径，也成为在上级面前掩盖慌乱的行为。

而你的性情已内敛和沉稳许多，体现在抽烟上则是更加自然而然。同时，抽什么样的烟，代表着你想成为什么样的人。而不管多大牌的烟，你都能从容不迫地从包里掏出来，又从容不迫地点燃，永远没有了年轻时的炫耀和对于品牌的在意。

B/ 媚影

女性为什么抽烟？可以有无数的解读。

是因为寂寞。青烟袅袅上升，开成了一朵寂寞的花。抽烟本就厉害的三毛，在丈夫去世以后只能抽得更凶猛了。她说抽烟其实是在找一种感觉。她后来患上了严重的抑郁症，1991 年 1 月 4 日在台湾自家的浴室里用一双丝袜自缢身亡。

是一种优雅。张爱玲穿着旗袍，手执香烟，烟雾袅袅，姿态优雅，瞬间上升为一种莫可言说的美。曾有一款香水——调香师一筹莫展的时候张爱玲抽烟场景给了他灵感，调香师于是使用了烟熏木香型元素——以“在阳台上抽烟的女作家”这样的一个意象诞生了。

是一种叛逆。英国作家诺埃尔·科沃德于1924年写的喜剧《水性杨花》，女主角拉里塔就是那种在沙龙里抽烟的“香烟美人”，饱含奢靡、华丽、叛逆的气息，这股女性解放的风浪，迅速从西方刮到东方，深深影响了东方世界的最大都市——民国上海。

是一种魅惑与惊艳。不抽烟的卡门反而更具有抽烟女人的气质，这个漂亮的吉卜赛女郎，正是以其魅惑与惊艳吸引着男人。这个烟草女工奔放、无拘无束，半是天使，半是魔鬼，她靠近军人何塞，向其销售雪茄烟，还不时随歌起舞，从而演绎出自由、反抗、希望、堕落、光明、黑暗、激情、欲望、天堂、地狱、忠诚、背叛的爱恨情仇。

是时尚的品位和雍容的姿态，本质上是性感的表达。烟火闪烁，正是无声的召唤。抽细支烟女人的刚毅，手持雪茄时女人的娇小，形态各异烟斗的装饰，都恰到好处。

法国画家和摄影家雅克·亨利·拉第格于1980年创作的摄影集《手执香烟的女人》表现了女性和香烟特殊的气质和系统。照片用女性的肢体语言，与香烟末尾的火焰进行着交流和对话。小小的火光仿佛是另一个灵魂，形成了与人所对应的生命关系，是一种暗示、一种深入的理解和交流。

在电影《西西里的美丽传说》里，梅琳娜举着香烟，周围几十个男人蜂拥着为她点烟。拍摄时导演问莫尼卡·贝鲁奇：“你觉得这时梅琳娜应该是快乐的还是悲凉的？”莫尼卡·贝鲁奇理解了导演的表达，所以我们才看到孤单无依却又风华绝代的梅琳娜一边接受着男人的追捧，一边眼里全是泪水。

C/ 爱情

从人生的第一支烟走出来，来到了青春期，男人抽烟的动作仍然不够纯熟，但已经有了另一种需要。电影《阳光灿烂的日子》中，夏雨抽烟的镜头就真实而浪漫地体现了这种青春期梦幻。

他将单车卡在路边，拿出一支烟点燃，在夕阳下等着女孩的出现。这其实是男孩面对世界的一个关于长大的稚嫩的告白。香烟这时在男人的成长过程中有着别样的意义：爱情。

他其实并不知道，他抽烟是为取悦于女孩还是为了掩饰自己的不成熟。但有一点，当苦辣的烟顺着喉咙进入他体内的时候，他真的在瞬间觉得浑身充满了力量，那真的是一个男性的力量。

后来成为自己妻子的女孩曾经跟他说起过，其实当时并没有在意他是不是抽烟了。这让他有些悠远的怅然。

香烟的迷雾太适合传播爱情，特别是当这爱情还没长熟说不清，或者这爱情一塌糊涂说不清，再或者无法说清的时候。爱情就像吸烟者对尼古丁的感觉，一旦深陷，就永远融入对方找不回自己。

歌曲《恋上香烟的女人》这样表达一个女人对于香烟的感情寄托：又到了午夜时分 / 伪装的快乐已经隐身 / 卸下疲惫的妆粉 / 裸露出眼角沧桑细纹 / 关上了厚重房门 / 隔绝了外界喧嚣红尘 / 不求谁给予温存 / 一支烟点燃寂寞灵魂 / 恋上香烟的女人 / 还想着昨日遗留那份温存 / 那唇边飘散的烟云 / 轻抚着心底的伤痕 / 恋上香烟的女人 / 在内心深处保留一份纯真 / 一个人漂泊在风尘 / 静静地等待她的有情人。

青烟升腾起来，袭裹了女人。香烟是男人常抽的牌子，女人从熟悉的气息中，感觉男人又在她身边了。

给我烟。女人说着，从男人指间拔走燃了半截的香烟。抽了两口，女人又把有着自己味道的香烟递给了男人。

她和他的烟交融在一起。青烟袅袅地升起，女人和男人就依偎在了对方浓浓的气息中。

5 认同与证明

在人类吸食烟草的早期，女性是不参与或者隐蔽的。20 世纪 20 年代，欧美女权运动推动女性吸烟率一路攀升。女性开始公开和大面积吸烟，吸烟成为一种自由和独立的象征。尽管其中不乏将女性吸烟与品行联系起来的……

苏姗娜 · 瓦拉东最终将房间画成了蓝色，那是自由的代表，慵懒的是人的身体，但画面右上部很小的白色香烟却提醒着人们这个女人的真实存在，她的目光坚定地看向窗外，那是她半小时后即将走出去将自己置身于世界的地方。

“一战后，战争的苦难退去，人们开始寻求彻底的放松和解脱。女性觉醒、女性渴望挣脱传统的禁锢也成为这一时代的精神，并体现在香烟的风行上”（法国学者迪迪埃·努里松《烟火撩人：香烟的历史》）。20 世纪 20 年代，欧美女权运动推动女性吸烟率一路攀升。吸烟成为一种自由和独立的象征。

A/ 吸烟权成公平标志

尽管如此，但至少直至 19 世纪早期，整个世界都认为女人在公众场合抽烟的想法是不能接受、令人反感的。人们通常会以伤风败俗、道德败坏，甚至更为恶毒的词来形容抽烟的女人，即使如福楼拜这样的狂热的吸烟爱好者，也不让他笔下的女主人公有这样的行为。《情感教育》中，优雅的阿尔努夫人就不抽烟。

随着第一次世界大战的到来和在欧洲、美洲作为基本议题的选举权的确立，人们的态度开始改变。妇女抽烟的争议成为争取妇女解放运动的舞台。女性拥有吸烟权利成为公平的标志。在纽约举行的第一次妇女权利大会便是19世纪40年代的典型事件。尽管许多出席会议的女士也是烟草废除主义者和戒烟的提倡者，但极具意味的是，她们公开要求妇女们享有自由选择吸烟与否的权利。

首先有这个权利，其次才是在倡导下选择抽还是不抽。香烟对于女性的意义，是与男性争取平等的另一段历程，是女性权利的觉醒。她们要拥有的是可以自由选择吸烟与否的平等权利，至于真的吸或不吸，那是另外一回事。

平等对人们来说是件好事，平等也意味着抽烟或者不抽烟。私下里，上层社会和中产阶级的妇女抽烟越来越多，成为1915年“新女性运动”的一个标志。T. S. 爱略特写道：“南希·艾莉科特小姐抽着烟 / 跳着各种现代舞 / 她的阿姨们并不十分清楚她的感受 / 但她们知道香烟是时髦的。”

B/ 普遍抽烟源于“一战”后

女性大规模抽烟起源于欧洲的第一次世界大战后。那场战争使人类的生活方式发生了巨大变革：男人走上前线，女人顶替男人工作。有了职业的女人开始寻求自我：她们化妆出门，并以一个诱人的姿态——在公开场合涂抹口红，来宣示她们的挑战。就这样，开始了血雨腥风结束之后的热情、欢欣和疯狂。那些充满个性、富有智慧的美丽女孩甚至走进酒吧、沙龙等男人社交场，去斩获她们的未来。而香烟与香烟盒，像她们随身携带的秘密武器，是她们品鉴男人地位、偷窥男人趣味、主动参与社会的道具。

现代生活压力的增加，迫使许多人更热切地渴望通过抽烟来缓解压力，女性也一样——“吸第一口时，所有的烦恼和沮丧都被油然而生的欣喜所代替，吸第二十口时，你就像身处于极乐世界，飘飘欲仙。”（维克多·马尔葛丽特小说《野姑娘》）

20 世纪 20 年代，欧美女权运动推动女性吸烟率一路攀升，香烟的消费人群发生着转变。吸烟成为一种自由和独立的象征。法国女画家苏姗娜·瓦拉东创作于 1923 年的油画《蓝色房间》体现了这一时代的女性思潮。

艺术从来都是现实的反映，19 世纪以来，女性吸烟的艺术形象大量出现，关于女性与香烟之间关系的定义开始不断发生变化，吸烟成为女性文学家、艺术家和女权主义者们独立、自由精神的象征；20 世纪四五十年代的好莱坞电影里，女明星细长白皙的手指间握着的烟斗显示着难以掩饰的神秘、优雅和魅力。

C/ 属于自己的呼吸

“第二性”开启了女性主义的 20 世纪，而香烟在这方面是不折不扣的先行者。烟草制品成为一种标志和工具。在 20 世纪 20 年代，烟草公司推销女性烟草品牌也成功地打入了女性市场，女性不再以吸烟为耻。

1929 年，十名年轻女士应美国烟草公司主席乔治·华盛顿·希尔的邀请抽着好彩香烟走在纽约第五大道上。这些“新女性”高举香烟这“自由火炬”，和强加在她们身上的“愚蠢的偏见”做斗争，用香烟宣布自己的自由和独立。女权主义者鲁斯·海尔为此发出呐喊：“燃起另一束自由的火把！”此次活动后，“好彩”凭借这把火炬的照耀，销售额增长到430.2亿美元，而三年前其销售额仅有130.7亿美元。“骆驼”香烟“走过遥远路途，你来了”这句广告，象征女性解放重大的一步：赢得吸烟的权利，女人从幼稚的依赖向独立负责迈出一大步。纤细的、兼具两性特征的香烟成为独特标志，成为“解放”女性的一种“必需”。到了1935年，美国的吸烟女性增长了2倍。

对于她们来说，吸烟是一个姿势，一个如何对待世界的姿势。理查德·克莱恩概括：“法国女性在赢得选举权时，也赢得了吸烟权。”

无疑女性解放伴随着女性的性格独立和叛逆。女人当众吸烟对传统是一种“冒犯”，象征着她反抗被男性决定了的命运。她展示出她要拥有属于自己的呼吸的决心。无论它是诱惑的工具还是祈祷的方式，寻找的都是一种超脱和自由。

这与女性主义的第二次浪潮息息相关，从20世纪六七十年代开始。这次运动一直持续到80年代，其基调是要强调两性间分工的自然性并消除男女同工不同酬的现象，要求忽略把两性的差别看成在两性社会关系中女性附属于男性的基础观点，等等。

D/ 身份认同与归属

女性吸烟与女性社会地位提升和身份认同是正相关的。这一点中外一致。

在法国，抽烟代表了女性独立。如果有人要跟她们说，抽烟不好，女性一般的回复就是：自由，平等。女性吸烟在法国也被认为是一种正常得不能再正常的独立存在。女性抽烟人数也因此十分可观，2014年就有报告显示，45%的法国女性抽烟。在法国女性因吸烟产生的死亡率已经超过乳腺癌的死亡率。

美国学者班·凯乐在《中国烟草史》中讲述了中国女性解放与香烟发展历程的关联。

1900 年以前，中国女子吸烟很普遍。20 世纪 20 年代起，双面观念与行动体现在吸烟与不吸烟上：一方面将女性吸烟描绘为获得政治和社会自由的努力，并通过卷烟消费表明男女平等；一方面“不吸烟”被纳入新女性运动，知识阶层从美欧禁烟思潮中受到启发——女性吸烟是落后和野蛮的，并且结合儒家妇道观认为女性当众吸烟是不合道德的和不检点的。

演员梅艳芳通过三个角色演绎了这一象征：不同于《半生缘》中一手挟纸烟一手端酒杯扭动腰肢的顾曼璐和《胭脂扣》中抱着烟枪乜斜双眼沉浸在爱情和鸦片的迷幻中的如花，烟不离手的川岛芳子一直处在自我身份认同的焦虑之中，不甘心处于被男人摆布的位置，她想证明女人生存的目的不是为了取悦男人。

6 人性欲望的迷雾

有人将女人吸烟描述为“带着东方人听天由命生命观的消极”，有人把自相矛盾的两种精神寄托在卡门身上，认为这也正是香烟的本质，有人将和漂亮而轻佻的女人之间的转瞬即逝的爱情比作香烟的短暂生命……

烟花，在汉语中，除了璀璨烟火之意，便是特指一个女性群体：烟花女子。

因而这成为一个穿透灵魂的巧合：烟花易冷、青春易逝，香烟的缥缈也一如那烟火的飘忽，短暂以及让人难以释怀，也如那“烟花女子”的喻味：或许与公序不同，却让人难以抗拒。

虽然曾经在16世纪的法国和17世纪的荷兰，女性和男性一样可以吸烟（当时她们多半是为药用，女性没有享受吸烟娱乐性的权利）。但是在随后一个世纪的欧洲出现了变化，那些吸烟的“坏女人”成为作家笔下叛逆、不道德女性的原型。

A/ 危险而美丽

这是一个局部命运如潘金莲的欧洲女性：苔莱丝·德克罗，是1952年诺贝尔文学奖获得者莫里亚克同名小说《苔莱丝》的女主人公。她是个企图毒死丈夫的女人，作者把她向往自由生活的隐秘动机刻画得精细入微。苔莱丝聪明美丽，幻想获得爱情与幸福。当她发现家庭生活和想象天差地远，丈夫盛气凌人、庸俗自私、灵魂空虚，她不满，她一天三包烟，偷偷涂改丈夫药方上的剂量，企图让他慢慢中毒而死。“苔莱丝抽着烟，然后扔掉，听到她的丈夫在一楼走来走去，他烟斗的气味迂回着进入她的卧室，并掩盖了她金黄色香烟的味道，她意识到那是她日常生活的气味。这一天的天气糟糕透了。”

一个女人吸烟，通常被描述为主动、专横、不守规矩、不知羞耻、反叛和主观侵犯等。让苔莱丝以一个吸烟者的身份出现，自然不只是在于表达其苦闷，还在于她的杀夫行为。

朱尔·拉弗格于1881年在《香烟颂》中，把香烟比喻为危险而美丽的女人，这是一种普遍的看法。

而对这些女性非常规非道德的“普遍看法”中，更“普遍”的则是：漂亮轻佻，与波德莱尔的《恶之花》异曲同工——漂亮轻佻的年轻女性手指间拿着香烟，她们是游荡于圣母大教堂附近的下层妓女——妓女们所持有的态度中包含一种玩世不恭、疲惫无聊、充满挫折的美感。

艾米尔·左拉写于1880年的小说《娜娜》描绘了一个身处社会底层、不得不靠出卖身体以维持生计的少女，左拉用娜娜嘴角吐出的烟圈昭示了她的妓女身份和她身上潜在的危险，暗喻这种女人不仅篡夺了独属于男人的吸烟权利，还将一步步掏空他们的衣袋，最后将危害整个世界。

是的，很长时间以来，在社会意识里，女性用两指在唇间把玩一支香烟暗示了她们是通过性别行为挣钱的女人：女演员、吉卜赛人、妓女。

奈德·里瓦尔的《烟草之镜》则这样描写："在漂亮女人走动的街区，人们喜欢整日，除了做爱之外，叼着一支香烟。""每一个烟圈都是一个爱人。"里瓦尔将香烟易逝、无情、刻薄的快感与女人相比："它是吸烟者的无耻情妇，只适合于精神涣散的游荡公子和妓女。"

B/ 不祥而狂野

其中，最典型的是卡门。

在歌剧《卡门》中，女主人公一出场就叼着一支烟，大胆、神秘、美艳、野性。卡门接受了递过的烟，她喜欢这女人本应该憎恶的东西，她是反叛的。她想得到女人不应该希望得到的欢乐，也想成为自己欢乐的主人。她打破了所有女人应该遵守的行为规范。她有着不祥的美丽。她的美丽注定使她变得邪恶。香烟燃烧着的火红的心、美妙的烟雾、苦涩的灰烬。

唐·何塞看到卡门从塞维利亚烟草厂出来，抽着烟慢慢地走进广场，女工们的吟唱缭绕着醇香烟雾：甜言蜜语，爱人的甜言蜜语 / 如烟雾飘散 / 他们的狂喜、他们的销魂、他们的誓约 / 如烟雾飘散 / 我们望着烟雾在空中飘散……太阳与血，欢笑与苦难，比才将自相矛盾的两种精神寄托在卡门身上，而这也正是香烟的本质。

士兵们看到这些吸烟女子无比兴奋："快看她们！她们粗野的眼神，她们轻佻的表情，每人都无礼地叼着一支香烟。"

梅里美说，她是"妓女、巫女"，有着非法的魅力、越轨的美以及她让人难以抗拒的致命冲动，凭借这种冲动展开了她的故事。此时卡门和她手中的香烟合而为一。她的每一个缺点都混合着一个与之相反的优点。她是一个奇异的野美人，有一张第一眼看上去会令人大吃一惊并且永难忘怀的脸。她的眼神既放荡又富有热情。她既危险又温顺，像一只狼又像一只家猫；在她黑色吉卜赛眼睛里，有熠熠闪光的魔鬼的力量，手中握有爱情的法则。

尼采赞美卡门的音乐：那种南方的、金子般的、热情的感受是文明的欧洲音乐从来不曾有的，它短暂、突然、拥有无情的快感。

卡门，就如同她所吸的每一支烟，人生结局如烟灰一样灰暗，但如火焰一样热烈，在眼眸中盘旋起伏的烟雾里，隐藏着对必死命运的预知，隐藏着残酷的欢快。女人可以是美丽的，而吉卜赛女人是超凡的。

C/ 消极而由命

香烟传入中国后不久，吸烟行为在妇女中开始漫延开来。吸烟行为本身，重要的是女性吸烟的地点和方式。高尚贞洁的妇女可以在隐蔽的地方与亲朋乃至男性宾客一起吸烟，而不用担心有伤清名。

而据美国学者班・凯乐《中国烟草史》记载：17 世纪初，吸烟成为高级青楼招待中不可或缺的一部分。19 世纪，中国许多地方的妓院被称为"花烟间"，而"烟花"也开始成为妓女的委婉称谓。作为"打茶围"仪式的一部分，向男性客人呈上烟管成为惯例，顾客借此礼节性地拜访房间中的女子，表明他设宴款待的意图，希望最终与她交欢。名妓不仅向其顾客提供烟草，而且由于和他们聊到深夜，名妓自己也与之一道吸烟。

清初诗人对女性吸烟抒发了三层诗意：一是女子对烟草的喜爱，二是暗含性活动，三是对青春岁月的怀念以及对明朝的思念。

“起卷珠帘怯晓寒，侍儿吹火镜台前。
朝云暮雨寻常事，又化巫山一段烟。
乌丝一缕塞香茎，细口樱桃红欲然。
生小妆楼谁教得，前身合是步非烟。
剪结同心花可怜，玉唇含吐亦嫣然。
分明楼上吹箫女，彩凤声中引紫烟。
天生小草醉婵娟，低晕春山髻半偏。
还债檩郎轻约住，只愁紫玉去如烟。
斗帐熏篝薄雪天，泥郎同醉伴郎眠。
殷勤寄信天台女，莫种桃花只种烟。
彤管题残银管燃，香奁破碎薛涛笺。
更教婢学夫人惯，服侍云鬟有袅烟。”

民国早期，女性吸烟更开放一些。用于吸引女性吸烟的主题是：高贵、浪漫、性感、友善、解放、叛逆，后来才与道德沦丧、堕落奢侈关联起来。宋美龄是一个终生吸烟者，但她却倡导禁烟，禁烟是《新生活运动纲要》96 项具体规定之一：“纸烟勿吃”。

1949—1976 年是矛盾的，一方面在广大的最底层平民中吸烟并非特例，另一方面在文化宣传中吸烟女性通常被描绘成诱人的外国间谍和放荡的妓女。

无论如何，烟花易冷。或许理查德·克莱恩的旁观更有道理：女人吸烟“带着东方人听天由命生命观的消极”。波德莱尔说：“越轨的性爱和香烟一样转瞬即逝，和漂亮而轻佻的女人之间的爱情，比香烟的生命更短暂。”

7　叔本华命题

欲望得到满足的过程就是欲望消除的过程吗？是，但香烟不是，香烟刚好相反：满足的过程是刺激和唤醒进一步欲望的过程。香烟是男性性暗示的物体？是女性的诱惑？它不断地刺激你的欲望，最终让你消失在永恒的神秘欢娱里。

香烟展示着它性感、挑逗、充满诱惑的一面。烟雾缭绕、双唇微张，视觉上就可以唤醒激情，催生欲念和体内的躁动，散发着暧昧的味道。让香烟与情欲联系在一起，除了烟草本身具有轻微的性亢奋药物作用，女性与香烟若即若离的社会文化属性是一个重要的原因。

A/ 诱惑沉浮

香烟是电影《色·戒》的重要道具，它代表了诱惑。

王佳芝原本是不抽烟的，同行的女同学撺掇她抽烟，理由是“搞艺术不会抽不行的”。

王佳芝于是抽了一口并被呛到。女同学便对男同学高喊“这根烟是王佳芝抽过的”，男人们听到便起哄地去抢。

撺掇一个不会抽的女孩抽烟，更像是一种引诱。

而那根被男人哄抢的香烟，就是女性本人。

烟，正是这样代表了某种禁忌，是一种态度。

很多女演员必有一张足够诱惑的抽烟照。而女人抽烟，总有一种背叛的刺激，是暧昧的、混沌的，仿佛能和她发生一些什么。她手中的香烟仿佛预示着不安，但仍然让男人甘愿为她冒险。20 世纪前 50 年的中国，当上海的电影制作人需要表现一个女性品德有问题时，只需要在她手中放一支香烟。

仅仅是女性吗？是情欲。它实在是太迷人了，它叫人们千里迢迢、胆战心惊也在所不辞。关于情欲这件事，几乎所有的人从一开始就能看到其中的道德问题，以至于人们在指责任何一个人的品质问题时，都会拿他的情欲说事。但这又如何呢？

法国诗人班维尔则是将香烟与人的情欲纠缠写得透彻：香烟像一个最专横的、最迷人的、最苛刻的、最深情的、最优雅的情人，从不向任何人妥协；香烟像一个可怕的、残忍的、苛刻的、独特的、让人渴望的女人，它给人以美味的、乖张的、残忍的同时又是温柔的刺激，并且这种刺激会越加强烈，从不停止、永不消失。它事实上并不会满足人的欲望，而是不断地刺激你的欲望。它最终让你一无所获吗？不，它让你平静，让你消失在永恒的神秘欢娱里，与世无争，绝不情绪化。

通常，欲望得到满足的过程就是欲望消除的过程，但香烟不是，反倒满足的过程是刺激和唤醒进一步欲望的过程。

B/“烟”即女性

“烟”在翻译成法文的时候是“la cigarette”。这是一个名词，法文名词是讲阴阳性的，la cigarette 被赋予了阴性，所以，烟在法国文化里面是阴柔的、女性化的一种状态。法国诗人波德莱尔最早将“香烟”带入法国文学，增加了柔媚女性的暗示。他在多首诗中赋予香烟女性之美：“迷惑吸烟者的心”，治愈吸烟者疲惫的精神。

20 世纪初，法国《现代妇女》杂志和《普里玛》杂志曾分别刊文《女人和烟草：一对致命组合》和《女人和烟草：鸡尾酒炸弹》，鲜明表达了女性与香烟的紧密关系。

迪迪埃·努里松在《烟火撩人：香烟的历史》里也说，香烟的根本特征是女性的，美丽、诱惑、无法抵御，那细长的烟卷更容易让人联想到纤纤女子。

2004 年，出生和成长于香港的英国人伊恩·盖特莱出版《尼古丁女郎：烟草的文化史》一书，其主标题直接就是“尼古丁女郎”，并说：“香烟把女人、火、魔鬼融为一体。她从南美古文明走来，魅力四射、使人兴奋，却又充满欺骗、暗藏杀机；她被爱过、恨过、禁过，却仍有着过多的魅惑；她扮过巫、扮过医，其实只是致命的毒物。从安第斯山脉到外太空，从神奇药剂到时尚标志，从精神信使到性爱媒介，从暴君的怨恨到总统的偏好，从全球通货到健康杀手……她是妖妇还是屠夫？她是在鼓舞人还是在奴役人？”

烟草的享用和消费最初是以男性为主要群体的，这也就不可避免地在其外形及象征意义上被赋予了女性的含义。

拜伦于 1823 年就曾赞美道：“给我雪茄！它是个裸体美女。”法国第一香烟品牌茨冈（法语原意为吉卜赛女人）就是以象征性感女人为烟盒包装的，色彩充满诱惑力的暗示，舞者修长袅娜的身躯，一个手臂举起，激情毕现。

一个正常的人，只有彻底认识情欲的迷人之处，同时又认识到人性不可救药的缺陷，你才能学会同情地理解，才能学会爱。其情感复杂也一如人与香烟。

迷人的情欲，以及迷人的香烟，当它成为人类生活的动力时，或许也同时成为终结：沉迷即葬送。

C/ 潜欲望兴奋

在中国清代医学文献中，烟草具有温补特性，可激发身体中的阳气，增加男女两性的生殖力，对男性尤其有益。

正是因为这种认知，公然吸烟与不良女性之间的假定联系就成为清代烟草文化中持续不断的潜流。女性词人朱中楣（1622—1672）在《美人啖烟图》中描写了孤独却充满欲望的女性吸烟者：“惜惜佳人粉黛匀，轻罗窄袖晓妆新。随风暗度悲茄曲，馥馥轻烟漫点唇。”另一首诗——孤独女子与长长烟袋之间的关系形象而绝妙：“伸时窗纸破，钩进月光来。”欲望表达跃然其中。

民国小说《骆驼祥子》中，卷烟作为一种城市娱乐，诱惑并摧毁了来自坚固旧有道德人伦体系中的祥子。沈从文小说中，水手将烟、酒、女人作为他们艰苦人生中难得的愉悦。

更加深邃的命题是，这个世界上其他的动物都是按照季节发情，它们的情欲受到了四季更替的控制，但是人类却不在此列，一个人可以在任何时候任何地点情欲突然勃发。香烟代表上帝用一种隐秘的事实告诉人类，情欲如此迷人，如此美好，可是人类无法把握，无法节制。

即使现代社会生活中，幽暗酒吧里，闪烁的烟火在酒的氛围和音乐的衬托下依然足够诱惑。诗人泰奥菲尔·戈蒂耶在写给友人的信中说得一点没错：“最强烈的性别联想存在于吸烟和性越轨之间——两者同样交织着兴奋和放纵。”

情欲化表达的香烟具有人性的共通，最早在欧洲，烟草店的女服务员是随时可以为顾客提供特殊服务的。这样的传承不需要通过任何特殊的形式，它深嵌于人最根本的生理需求里。莫泊桑小说《漂亮朋友》里有这样的描写：“通奸被抓的玛德莲娜在警察面前傲慢地斜靠在壁炉边，抬起一只脚，脚是光着的，抬脚时，齐臀小短裙又向上缩了一点。她旁若无人地从玫瑰色的烟盒里掏出一支烟点燃。”这样的身体语言的养成似乎根本不需要专门去学习。

当再深入，女性吸烟可以作为勾起性欲的前戏。男人看到女人抽烟，该是有一种潜欲望的兴奋。

情欲是一个典型的私人命题。叔本华说：情欲是生存意志的核心。

这是一个绝对底线原则，人性的深刻和复杂，超出了人的简单的道德判断。

香烟的一端，留下了她口红的唇印。香烟闪烁着照亮了卡门的脸，这奇异的火光是欲望之火，点亮梦想中的生活。卡门热烈的欲望盘旋着，在她的香烟冉冉升起的烟圈里得到充分体现。

8　艺术：另一种呼吸

如果说烟雾是思想的象征，那么艺术则更像是燃烧时的星火，闪耀而不易捉摸。吸入灵感，让词语燃烧。萨特阐明了香烟与艺术的关系：吸烟与另一种行为有着特殊的联系，那就是艺术创作。这是沉淀下来的独具美学气质的烟草艺术。

萨特阐明了香烟与艺术的关系：吸烟在本质上与另一种行为有着特殊的联系，那就是艺术创作。吸一支烟如同写一首诗，深吸一口灵感，让纸上词语燃烧起来，而呼出的烟雾如虚幻的诗句。

A/ 早期艺术

烟草面世后不久，就得以成为艺术表现的主题。1650 年，意大利杜林镇演出了一场烟草芭蕾舞剧，由一群做土著打扮的镇民登场，载歌载舞，歌颂上帝赐予人类如此美妙的植物。19 世纪中叶，西班牙人在烟支上画上不同的故事，香烟点燃后，这些故事就会化为烟雾腾空而去，十分浪漫。

最早在社会经济和文化一派欣欣向荣的荷兰，一批香烟主题的绘画作品引起人们的注意。它们以表现男性吸烟者的状态和生活为主，也有极少数女性出现其中。

在东方，清代诗人沈德潜写了一组吸烟题材的诗，为烟草赋予一个意象，将吸烟与云朵联系起来，烟草散发出的烟气，犹如缭绕在祖先牌位前的青烟，并描写了道家仙人所居的天界乃至宇宙中是凡人无法体会之物，天音召唤灵魂。

B/ 个人表达

19 世纪，在法国，大多数的妇女还在家中忙于操持家务的时候，一位男装丽人叼着雪茄纵马驰骋在巴黎的大街上，她叫乔治·桑，她写下“我带着深深的忧郁注视着这片土地”。

随着浪漫主义艺术的兴起，艺术家们纷纷将个人的兴趣和情感引入作品，其中，香烟是他们表现自我的一个最常用和最有效的方式。在弥漫的烟雾中，他们吸着烟，专注的眼神中透露出思考的深邃。在社会普遍存在的阶级制度的边缘，他们拒绝知识和道德僵化、蔑视下层阶级的利益固化。他们创造了 19 世纪后期的波希米亚文化，开始创作激怒上层社会的东西，作为一种反叛，渴望与那些没有分享他们想法和理想的人表现出不同。1820 年，路易斯·布瓦伊创作了一系列名为《吸烟者》的画作。1848 年和 1849 年，库尔贝的《波德莱尔》、自画像《抽烟斗的男人》，以及 1876 年马奈的《马拉美》，也都是吸着烟的大家形象。

烟雾盘旋在知识分子聚会场所，通常是咖啡馆的上空，有时是画家的工作室。比如挪威艺术家克里斯坦·克鲁格的《画室一隅》。在蒙克的版画《克里斯蒂安娜的波希米亚城市》中看到了几乎一模一样的人，一群知识分子和艺术家围坐在咖啡馆的一张桌子旁，蒙克坐在前面，香烟的烟雾在空中蜿蜒飘散。

香烟使人达到美感的满足和思想的交流。

C/ 神秘欢娱

波德莱尔诗歌中的颓废，与香烟的精神看起来是最贴近的。他在《烟斗》中写道：袅袅升腾的蓝色的网 / 将他的灵魂团团圈住。

理查德·克莱恩对此做了论述：香烟是有毒的、苦涩的，波德莱尔之前，香烟的美感和美学从未被理解。香烟的毒性是创造它病态的、阴暗的美感绝无可少的前提，从而他借用“超凡”这个康德对审美的定义来形容香烟的文艺特质，将吸烟的体验带进美学的领域，反映了人类的神秘心理和精神渴望，具有一种永恒的神秘欢娱——这不是美丽的，但它绝对是超凡的。

康德说：吸烟给人带来的伴着痛苦滋味的美丽快感，和在宁静的象牙塔中沉思所获得的美感是不一样的。波德莱尔于是说：每一种崇高的思想都伴随着某种心灵深处的不安，消极是崇高美出现的前提。萨特也在《存在与虚无》中把香烟的美学本质描述为虚幻、崇高、超凡。

在拉弗格的诗歌《香烟》中，香烟就是女人，正如女人就是毒品，他们都是引起幻觉体验的源泉，是波德莱尔从他的情妇和鸦片中都得到过的幻觉的源泉。“……我吸着纤细的香烟，对诸神嗤之以鼻 /……我被一缕蓝色的烟流，带入无尽的欣喜……/ 动情的大象在蚊子唱诗声的伴奏下 / 像跳华尔兹般地交配……/ 当我醒来，心中为梦见的诗句 / 充满甜蜜的欢娱。”

理查德·克莱恩评价波德莱尔的作品：冻结时间的流逝，在难以抵抗的迷人冷漠与消极之中，启动另一种穿透的特殊时间。他偷听到了吸烟者与香烟之间的抒情对话，每个姿势都是不同的诗行，“香烟穿着简洁轻薄的纸衣，吸烟者与它共同跳着一首探戈”。

D/ 凄美爱情

1881 年，西班牙一家医院接生了一个“死婴”，医生吸了口雪茄烟，朝婴儿脸上一喷，本来静止的婴儿竟开始抽动，接着脸部一扭，哭出声来。这婴儿就是毕加索。20 年后，1901 年，毕加索创作了《吸烟的女人》。

而毕加索更重要的一幅油画是创作于 1905 年的《拿烟斗的男孩》，当时他 24 岁。这幅画在 2004 年伦敦苏富比拍卖会上以 1.04 亿美元天价成交，打破凡·高自 1990 年起所保持的最高纪录。而在这幅天价名作背后隐藏着一段凄美的爱情故事。

早年，这幅画几经转手，被德国犹太富商格奥尔格收藏。斯帝夫·格奥尔格是这个家族的第四代单传。美国商人理查·霍夫曼是格奥尔格的邻居和好友，女儿贝蒂比斯帝夫小一岁，两人青梅竹马。《拿烟斗的男孩》挂在家中醒目的地方，在贝蒂看来画中少年与斯帝夫很像。

日久生情，两人渐入青春和爱情。

“二战”中两个家族失去联系。战后，霍夫曼与女儿奔赴德国寻找格奥尔格一家。得到的消息是：格奥尔格家族中除了少数几个人逃到非洲，其他成员无一逃脱魔掌。

贝蒂于 1949 年嫁给了长她 6 岁的外交官。在欧洲的一次犹太人拍卖会上，贝蒂惊异地听到了一幅画的名字：“毕加索《拿烟斗的男孩》。”

贝蒂感到如雷轰顶，悲伤穿透所有记忆……贝蒂以 2.8 万美元捧着画回到家中。

转眼十多年过去，贝蒂夫妇回到了美国。一天，正在花园中修剪花草的贝蒂看见一位陌生客人来到了自己面前。贝蒂一下子就看到了他忧郁的气质和深邃的棕色眼睛。他就是劫后余生的斯帝夫。

28 年的时光……泪水打湿了两人的衣襟，贝蒂挽着斯帝夫的手臂来到了书房，给他看那幅画。他流着泪在那幅画前站了许久。

2002 年，贝蒂辞世。2004 年，贝蒂的子女对画作进行了慈善拍卖。当年斯帝夫辞世，同时真相大白——1.04 亿美元的购买者正是斯帝夫。他一直陪伴着这幅画，并凝视着它走向人生的尽头……

E/ 繁荣世纪

20 世纪，同样诞生了众多与香烟有关的其他艺术。

绘画方面，布拉克于 1929 年的作品《小提琴与烟斗》也留下了一席之地。

音乐方面涌现出与以往相比更多的作品：歌曲《如果我是一支香烟》（安德雷·萨尔瓦多，20 世纪 50 年代），《抽吧，抽这支烟吧》（艾迪·米歇尔，1975 年），《抽哈瓦那雪茄的上帝》（塞尔吉·甘布斯，1980 年），《爱如香烟》（西尔维·瓦尔当，1981 年，“当你没有了想法思绪有点卡，我情愿变成棕色的卷烟，困在你的手指间”），《茨冈之歌》（阿兰·莱普来斯特，1986 年，“看着她跳舞，她的裙子，纸就是布，蓝色的眼睛就是烟雾，皮肤就是烟草的颜色，啊，西班牙小姐”）……

阿尔弗莱德·科奇恩的《街头遐思》更加细致入微地表现了人与香烟互动的内心感受：把你那隐约而邪恶的气息 / 带到远处亮着灯火的房间……/ 告诉她，你使人镇定的力量 / 以及赋予希望的祝福 / 激起了她餐后的恋人 / 异乎寻常的爱意……/ 那么去吧，轻轻地，我的香烟 / 到她的耳边轻吐不祥的预言 / 告诉她，我的心中还有其他 / 可以供奉香火的圣殿。

超短裙、女装裤、流苏包……时装大师圣罗兰（Yves Saint Laurent）一生奉献出了太多的杰作，这些杰作都有着香烟的启迪。最轰动的事件是在1967年，他给女人套上了男人的燕尾服套装，人们把它叫作吸烟装（le smoking）。从此，修身西服、燕尾服套装成为巴黎女人的时髦指标，世界各地的名媛们都渴望圣罗兰给他们定做一件正宗的吸烟装。这套中性风格衣服成为女权启蒙的象征——有金属光泽感、硬挺的质感面料和整体宛如一支纤长香烟的轮廓。

自电影出现后，香烟迅速以时尚和性感印记入侵其中。（详见《别篇：电影百年诱惑》）

理查德·克莱恩说：烟是一切，如果普罗米修斯天庭盗火是为了点燃他的香烟，天神们也只有听之任之了。

抽烟，在呼吸之外呼吸，是另一种呼吸。

别篇：电影百年诱惑

从20世纪“二战”时期《卡萨布兰卡》在烟雾掩护下谍战重重，到美国西部电影男神们粗放的吸烟动作……电影让香烟和人类情感及动机奇妙地结合在了一起。而由于禁烟，曾经作为重要道具和表现手法的香烟越来越少地出现于银幕了。

一直以来，电影让香烟和人类情感及动机完美地结合在了一起，即使是在反烟运动兴起之后。但 2008 年，好莱坞爆出了一个惊天黑幕：他们与烟草商合作近半个世纪之久，为香烟做“洗脑式”隐性宣传，在烟雾的掩护下，他们合谋了一场巨大的百年诱惑。果真是这样的吗?

A/ 那时的电影仿佛一直在抽烟

1895 年，卢米埃尔兄弟放映首部电影，十年后的 1904 年，电影镜头中第一次出现吸烟画面——高蒙公司拍摄的《第一支香烟》。之后，《白日美人》获 1967 威尼斯电影节金狮奖，而《低俗小说》可以说是把昆汀·塔伦蒂诺一举推上了世界电影顶峰。女性吸烟的形象为德国魏玛时期电影和好莱坞 20 世纪四五十年代的黑色电影定下了基调，香烟成为体现女性优雅、魅力的道具长久地留存在银幕上。

20 世纪的电影仿佛一直在抽烟，侦探抽烟，黑帮头目抽烟，英俊男子抽烟，美丽的女人抽烟。有谁能不被嘴叼香烟的玛琳·黛德丽所迷倒? 即便在电影《摩洛哥》中，穿着男装的她一叼起烟，就散发出迷人的性感。美丽的外表、迷离的眼神，放到今天仍能风情万种。奥黛丽·赫本手持超过 20 厘米香烟的镜头令人印象深刻。在《七年之痒》中，抽着烟的玛丽莲·梦露性感之余也更添了几分野性。

《夜长梦多》（1947）将这一行为展现得无比性感。男主被绑，女主靠近准备割断绳子，他提出想抽一支烟，女主于是口含香烟点着，接着把烟插入男主的双唇。脸已经被打得肿胀和鲜血淋漓，男主在讲话时烟雾从他嘴里不停喷出，话语随烟雾逝去，女主为之着迷，她于是抽出香烟亲吻了他……

《卡萨布兰卡》中的人物之所以吸烟，是想超越生活中的诸多矛盾和危险。

吸烟者在这生死之间徘徊，痛苦，不得解脱，而找到了吸烟这种象征性的解脱方式，云烟氤氲、气雾迷茫，这本是超越程度最高的人才能享受的氛围，而吸烟者却轻易得到了。汉弗莱·鲍嘉在银幕上抽烟。在他的所有电影中，香烟没有离开过他片刻，烟雾一直在他身边缭绕，当他深思时，当他徘徊时，当他独坐时，当他人陪伴在他身边时。

B/ 香烟与情感及动机完美结合

男人手中的烟，女人手中的烟；颤抖的、骨节粗大的手指夹着的烟，涂着指甲油、柔若无骨的手指中横卧着的烟；男人转过身，狠狠掐灭的烟，女人用红唇轻轻衔住的、颤巍巍的烟。

旧日情人在灯光昏暗的酒吧见面，两人远远地对视，欲语还休。

一支白色的烟卷变魔术似地出现在女人的手中，两人靠近了。

“啪”，男人按下了火机，一团火光出现在男女之间，照见了男人深邃目光后的痛苦，照见了女人游移眼波中的不安，并在他们的脸上投下一道黑天鹅般美丽的弧形阴影……

欲望、痛苦、焦虑、放肆、惶恐、孤独、愤怒、压抑、无奈、脆弱、冒险、悠闲、兴奋……

香烟和这些情感及动机完美地结合在了一起。

这样的香烟，这样的镜头几乎已成为电影的公式，以至于我们看电影时，有时就开始焦虑，心中暗想：“他怎么还不点烟啊？”

果然，这时候就会有一支烟出现，百试不爽。

从 1930 年到 1968 年，一套名为“电影制作法”的严格规则规定了允许或不允许出现在银幕上的内容，他们使用吸烟的邀请来比喻性吸引力或角色之间发生性行为的愿望。通常，邀请对方吸烟或大量吸烟的人是关系中性成熟和控制力最强的一方。大多数时候，那个角色由男人承担，但在少数情况下，情况正好相反，女人发起了吸烟邀请。我们在美国电影《毕业生》中也找到了这种暗示，罗宾孙夫人是抽烟最多的人，而本杰明很少抽烟。

C/ 卡萨布兰卡

在电影《卡萨布兰卡》（又名《北非谍影》）中，除英格丽·褒曼饰演的角色，每个人都持续而意味深长地抽着烟。

“二战”爆发后，大量欧洲人从摩洛哥北部城市卡萨布兰卡前往美国。在里克酒吧，常常聚集着各种肤色和各种身份的人，老板里克（亨弗莱·鲍嘉饰）是个玩世不恭的神秘人物。捷克反纳粹组织领袖维克多和妻子伊尔莎（英格丽·褒曼饰）同样来到酒吧。而里克发现伊尔莎正是自己当年失散的情人，误解解开之后，仍然深深相爱的里克和伊尔莎陷入了艰难的抉择。

酒吧里华灯大放异彩，瑞克总是叼着香烟，香烟夹在他拇指和食指之间，指关节突出，眼神轻蔑，不可一世。

爱和牺牲的结合在电影中由无数的香烟来表现，它们是这个电影的一大视觉特色。卡萨布兰卡这个战争时期的敏感地带，充斥着难民、间谍、罪犯、士兵，充斥着卖淫和腐败，充斥着政治和性的结合。

《卡萨布兰卡》中的香烟是面具，男人们将他们的疑虑、懦弱、犹豫、无能掩盖起来。香烟用侵略性的姿态，通过表现他人的恐惧来掩盖自己的恐惧。

《卡萨布兰卡》由华纳兄弟影片公司出品，迈克尔·柯蒂兹执导，于 1942 年 11 月 26 日在美国上映。它是 1944 年奥斯卡最佳影片、最佳导演、最佳剧本获奖影片，是 1983 年评选的“英国电影学院 30 部最佳影片”第一名，是 1996 年美国电影学会评选的“百年百部最佳爱情电影”第一名，名列 2007 年好莱坞编剧协会评选的“史上 101 部最伟大的电影剧本”第一位。

D/ 谁能阻止好莱坞吸烟的镜头

2007 年开始，美国电影协会开始把电影中的吸烟场景（包括香烟和大麻），纳入电影分级时的考虑范畴。如 2009 年的《了不起的狐狸爸爸》，是一部温馨的作品，但获得 PG 等级（儿童在父母的指导下观看），部分是由于影片中抽烟场景所致。

2008 年，好莱坞爆出了一个惊天内幕：他们与烟草商合作近半个世纪之久，为香烟做“洗脑式”的隐性宣传。

仅根据对 1927 年和 1951 年间他们达成的香烟宣传合同的研究分析，就发现好莱坞电影公司和烟草公司至少在 215 个香烟活动中有过合作关系。烟草制造商与好莱坞敲定产品植入协议已有一段历史，虽然 1998 年的烟草协议阻止了两者之间的合作，但没有什么能阻止好莱坞导演采用吸烟的镜头。

“007”系列和史泰龙的电影都展示了多种香烟的品牌，比如“007”中的“特制莫兰”香烟和登喜路打火机。《教父》中粗大的雪茄也随着电影的火爆而一时风靡。

为此，英美烟草还一度在公司内部设有电影部，后来电影部解散，各种设备转让给了一个刚刚成立的香港电影公司，叫“天一影片公司”，后来成了“邵氏兄弟”，奠基了香港电影。

中国公司中，“七匹狼”赞助过电影《西风烈》，并且其中有“七匹狼”香烟的镜头。《英雄本色》《赌神》这些英雄主义的电影，里面的男主人公，像周润发、周星驰他们都在抽烟。倪妮神情高傲而不失职业挑逗的抽烟场景也出现在《金陵十三钗》镜头中。

9 他们的 AI 处理器

由于香烟中尼古丁对大脑皮层的刺激，写作者喜欢边抽烟边写作就不奇怪了，并具有一种思考的仪式感。有科学研究表明：抽烟可以让脑部两个区域的神经元沟通更加顺畅，其中一个区域负责处理视觉数据，另一个决定专注力水平。

朱尔·拉弗格在 1901 年创作的《香烟》中写道："我抽着纤细的香烟，蔑视上天。"这是怎样一种境界，只有写作者可以体会。

中国科学家在研究吸烟对大脑有何损害时，偶然发现大量吸烟能提高专注力和想象力。这一发现能够解释为何许多作家都有烟瘾。而当他们的思路进入到烟雾中，也如同进入到一部 AI 处理器中。

A/《京华烟云》的"烟"

1939 年，林语堂的《京华烟云》在法国出版。《京华烟云》英文原版书名其实是"Moment in Peking"，至于为什么中文书名将"瞬息"改为"烟云"，未见有权威解释。倒是作者林语堂嗜烟，在民国作家中是出了名的。

林语堂"只要清醒不眠时，就抽烟不止"，一天要抽十六斗烟，他对每斗烟的评价和每斗烟带给他的不同享受有过详尽的描述。比如夜晚，当写作进入最亢奋的时间，"到达了对抽烟的艺术和奥秘进行探索的关键之处和最后阶段。在身体疲惫不堪之前，该是抽最后一斗烟的时候了"。林语堂宣称他的散文都是由尼古丁构成的，他知道他的书哪一页尼古丁最浓。

鲁迅也是当时抽烟凶猛的作家。《阿Q正传的成因》一文说“我的文章不是涌出来的，是挤出来的”，涌出来时，顾不上吸烟，挤出来时，便需借助慢烟微熏。鲁迅烟不离口，“每天三十至五十支”。1936年，鲁迅患肺结核住院治疗，日本主治医师须藤五百告知，再抽便难治了。积习难改，大夫的话也得听，遂每日减量至15支，但积重难返，几个月后，鲁迅不治身亡，年仅五十六岁。上海中国烟草博物馆有两幅鲁迅照片，均以烟相伴。据说在云南红塔集团有一尊鲁迅手夹着香烟的雕像，石座上刻写着这样的文字：“他的烟如同他的消瘦、坚毅的脸庞，如同他的文章与笔，这就是他与烟草的共生关系。”

而林语堂比鲁迅长寿些，他于1976年在香港逝世，享年81岁。生前还有幸看到自己被提名诺贝尔文学奖，提名作品正是《京华烟云》。

B/ 吸烟改变大脑活动

中国科学家雷皓团队研究发现，吸烟会改变大脑活动，大量吸烟会损害大脑全局效率，降低大脑处理信息和回应信息的能力。但吸烟之后，脑部两个区域的神经元沟通更加顺畅，其中一个区域负责处理视觉数据，另一个决定专注力水平。

雷皓是磁共振成像（MRI）专家。他说，吸烟者脑部这两个区域的信息传递效率比非吸烟者高。但雷皓反复强调，虽然吸烟会提高特定区域的局部效率，但不能因此就鼓励人们吸烟，因为吸烟的负面影响远远超过好处。研究显示，重度吸烟者大脑的总体表现不及非吸烟者。

一位作家曾写出抽烟的细微感受：“写至中途，有时也需要停顿一下，休息一下，点上一支香烟，吸上一口，提点精神。屋内香烟袅袅，氤氲散开而去，看着那副烟雾朦胧的情景，也是一种短暂的欢愉、惬意与享受。别人抽烟的感觉我不知道，但我知道，我喜欢手执一根香烟，将香烟当成一种道具慢慢地欣赏，然后在吞云吐雾中想点事情。我喜欢看着淡淡的烟雾在空气中弥漫，悠悠地往上飘扬，进而淡淡地散去，不由让人产生诸多遐想。”

除此之外，那种仪式感也是写作过程中重要的一部分。

林语堂认为“抽烟是一种恰当的智力训练方式。抽烟使得思想和灵魂的优秀品质通通展现出来。有一种生命完全掌控着五种感官，只有这样的生命才能恰当地操纵抽烟的行为”，将抽烟与写作融合并相互刺激促进的状态描写得精确而具体。

C/ 灵魂从肉体中释放

在嗜烟方面，中外作家人性化地一致化。美国作家马克·吐温抽雪茄上瘾，结婚后试图戒烟，结果发现不抽雪茄时灵感全没有了。他放弃戒烟后 3 个月，完成了《艰苦岁月》。更不忘对自己嘲弄一番：“放弃抽雪茄实在容易，因为我试过千次了。”

烟的魅力最早征服了整个法国作家圈子。巴尔扎克、大仲马、雨果、波德莱尔等等，一代浪漫主义作家各自作品中都涉及了吸烟者这个人群。巴尔扎克将五种物质称为现代兴奋剂：茶、咖啡、酒、糖、烟草。“它能让一个花花公子毫不犹豫离开心爱的女人，让一个犯人心甘情愿服苦役。”“你再也感觉不到身体的笨重，张开翅膀在仙境中翱翔，梦想的蝴蝶围绕在你的身旁。在如梦如幻的大草原上，追逐着漫天飞舞的蜻蜓。”有趣的是，他后来成为著名的反烟人士。波德莱尔《人造天堂》：“被激起的欲望是如此强烈，以至于将灵魂从肉体中释放出来。”

而在他们的邻国意大利，斯韦沃写出了著名的《芝诺的意识》，以及短文《吸烟》、小说《我的消遣》《写给未婚妻的书信》等。

两名法国作家对抽烟与写作互动的行为有过精准的描写。比埃尔·路易斯在短篇小说《新快感》中写道："我犹豫不决地在两种孤独的消遣中选择：边吸烟边写十四行诗，或者两眼盯着天花板上的东方挂毯吸烟。重要的是手中一定要有烟，烟雾优雅华美。沐浴在光与影中。我陷入白日梦中。"马拉美则说："我拿起我庄重的烟斗，它更适合严肃的人，它让我可以长时间更好地工作。"

D/"内行"汪曾祺

而论起作为一个烟民的资深和乐趣，首推汪曾祺。汪曾祺从18岁开始抽烟，去世时烟龄61年。他从来没有戒过烟。

汪曾祺曾说："对于抽烟，我可以说是个内行。"他在《烟赋》中大谈品烟之道，果然体现得很是"专业"，并经验式"点睛"：抽烟的成瘾性恰与写作成瘾性相同——

"打开烟盒，抽出一支，用手指摸一摸，即可知道工艺水平如何。要松紧适度，既不是紧得吸不动，也不是松得跺一跺就空了半截。没有挺硬的烟梗，抽起来不会'放炮'，溅出火星，烧破衣裤。"这是手感检验，然后"放到鼻子闻一闻，就知道是什么香型。若是烤烟型，即应有微甜略酸的自然烟香"。这是嗅觉感应，最后是口感。"最重要的当然就是入口、经喉、进肺的感觉。抽烟，一要过瘾，二要绵软。这本是一对矛盾，但是配方得当，却可以兼顾。"

说到抽烟，不得不提两位陕西作家。贾平凹把自己抽烟的行为写得如同普罗米修斯一般高尚。"上古人要保存火种，保存火种的人是部落里最可信赖者，如果吃烟是保存火种的另一种形式，那我就是有责任心的人么。""吃烟"则既是陕西方言，又是作家嗜烟精髓的体现。另一位陕西作家、曾获得茅盾文学奖的路遥在创作《平凡的世界》的时候，不但疯狂地抽那种劣质烟，而且拼命地熬夜，打乱生理时钟。因为严重透支健康，作家英年早逝。1992年11月17日，他因肝硬化腹水医治无效在西安逝世，享年 42 岁。

10　雪茄的精神气质

雪茄与烟斗是香烟家族里两个重要的符号，它与男性化、权力、社会地位、生活品位紧密相关，具有一种统治者的精神气质。雪茄从点燃到吸食都有极特殊的考究，与日常纸烟有很多的不同。

当雪茄还剩四分之一的时候，他停了下来，把它放在烟灰缸边。又过了一会儿，雪茄自行熄灭，然后这个男人优雅起身告别。教科书上和贵族的传承中，这是规矩。相信丘吉尔是遵守这个规矩的，但不知道格瓦拉会不会。

与此同时，大腹便便、抽着雪茄的银行家和黑社会教父们随着影视剧也走向了世界。

A/ 不是“烟民”

雪茄被称作“烟草中的劳斯莱斯”，是财富和权威的象征。如果说名贵手表或者装饰需要别人看到，雪茄则不只看见，还能以其显著的“气场”让人被统治。

因此，雪茄也被称为神所赐的第十一根手指。

抽雪茄要看起来很酷，但真正的享受属于自己：点燃它，把它慢慢地吸入、呼出。那种独特烟雾缭绕下的精神活动所带来的享受和乐趣，造就了雪茄信徒。雪茄对于他们总有一种神秘的牵引，他们认为抽雪茄不仅是一种生活方式，还是一种感悟人生的过程。他们不是“烟民”。

资深雪茄吸食者感慨：抽了多年发现，自己对雪茄的沉迷其实很少是生理上的，即便很长一段时间不抽雪茄也没问题，这一点不像抽香烟上瘾的人，但那种想念是另一种浓烈。乔治·桑说：“一支上好的哈瓦那雪茄，是我见过的最美妙的东西之一。当你吐出最后一口烟，放下手中的雪茄，最大的安慰和享受莫过于此了。”抽雪茄更多的是精神和信念的寄托，是情绪的释放，是思想的延伸，更是一种独特个性与力量的宣示。

B/ 身份象征

雪茄在进入文明社会后迅速成了上流社会男性的身份象征。“二战”后，以英国首相丘吉尔为首的一批雪茄客的出现，使得雪茄与高贵、勇猛、顽强、男性风格等特质紧密结合在一起，雪茄也就成了身份和性格的代名词。2008年1月1日，《世界报》作家劳伦·格雷萨姆在《一个时代的终结》中写道：“如果没有那几乎永不熄灭的雪茄，丘吉尔还会那么坚持己见吗？在曾经彷徨疑虑的时候，难道不正是哈瓦那雪茄给予了他鼓励和支持吗？”

雪茄的传播路线是：古巴、西班牙、英国和欧洲其他国家、菲律宾。雪茄是上帝赐予古巴的宝藏，而切·格瓦拉的一生犹如一支燃烧着的雪茄。得天独厚的气候条件和殖民时代被开发的红色土壤培养出来的烟叶有种特殊的甜味，这是古巴雪茄不可替代的味道。品牌中高斯巴（COHIBA）最顶尖，相传是卡斯特罗最爱，它1966年诞生，制作一支大约要经历三年时间、八十余道工序。在蓝色的烟雾中，大胡子+

绿军装＋雪茄的卡斯特罗几乎就是雪茄形象的替代和标签。

当粗大的雪茄把握在手中，喉咙中弥散着浓烈味道时，男人便很容易产生自我强大且性感的感觉。海明威是出了名的对雪茄沉迷，他喜欢在海上抽雪茄，但海风中不易点燃，他于是把雪茄的两头削尖。他曾经三分之一时间住在哈瓦那，并写出《丧钟为谁而鸣》和《老人与海》。而同样抽雪茄的爱迪生，据说灯泡和打火机的发明“灵感都来自吸烟的过程”，鲜为人知的是他还制作了两部烟草主题的动画“How Willie Raised Tobacco”和“The Tobacco Edict”。

抽雪茄的男人往往给人以成熟、智慧、深沉、果敢，有的还有桀骜不驯的感觉，所以，30 岁以下抽雪茄的男人并不多见。

C/“别无所求”

雪茄是一种态度，不羁，狂放，而又内敛。雪茄从来就不是一件商品，而是由文化堆积起来的一种生活方式。当年徐志摩因它“（灰烬）白如雪，形如茄”，便给了它这个名字。切·格瓦拉这么说雪茄：“它是我生命中的一部分，它是枪，它是道德。”

雪茄的贵族气最表面化体现在与纸烟的不同。纸烟在燃烧过程中灭火即判定不合格，好的雪茄烟恰恰相反，不吸就不燃烧，并在数秒钟之内停止散发烟气，三至五分钟熄火，再次吸用时必须重新点燃。

这是因为，为了保证味道纯正，好的雪茄烟在制作过程中不加入任何助燃剂，烟叶也不进行膨化处理，并且好雪茄是全手工制作的全叶卷雪茄，在几百道生产工序作业中，不能受到任何的污染。这样生产出来的雪茄苦中有甜，苦在前，甜在后，恰到好处，有点像喝咖啡，从苦中享受到醇厚丰满的香气、香甜可口的味道和长久舒适的余味。

雪茄口味上至少带给人三个层次的味觉和嗅觉感受，入口时、在口中停留、呼出来这三个阶段，味道不断变换，有点类似香水的前味、中味和后味。

林语堂在 1941 年描写道：“待要再划一根洋火，再点起那已点过三四次的雪茄，却因白灰已积得太多，点不着，乃轻轻的一弹，烟灰静悄悄的落在铜垆上，其静寂如同我此时用毛笔写在中纸上一样，一点的声息也没有。于是再点起来，一口一口的吞云吐雾，香气扑鼻，宛如红倚翠偎香在抱的情调。”关于雪茄的美好，林语堂还这样说：“雪茄之佳者，远胜于香烟，因其味较和。倘是烧得得法，慢慢的吸完一支，看那红光炙发，有无穷的意味。”诗人拜伦也沉浸于雪茄：“除此之外，我别无所求。”

D/ 雪茄规矩

欧洲王公贵族最早把雪茄作为权杖的象征，雪茄的各种吸食规范和配件也随之诞生。“贵族气”也同时就是这样用规矩堆集起来的。

除了开头说到的当雪茄吸剩 1/4 时就应把它放在烟灰缸边让它自动熄灭而不宜吸到尽头、也不要按熄以外，还有以下一些。

雪茄要抽新鲜的。点燃之前，将它放在耳边，用手指捏着轻轻摇晃，若听不到任何爆裂声，这支雪茄就是新鲜的。雪茄烟不能太干燥，要保持一定的湿度。

不可用蜡烛或汽油火机，会有异味。丁烷气体火机尚可，最好用比手指还长的专用火柴。点燃火柴后，等数秒让硫黄散尽，然后把雪茄放在火焰上方（而非中央）慢慢转动，均匀点燃。

小口吸食。大口吸会令雪茄剧烈燃烧，出现一团“火球”。而雪茄只有在稳定、缓慢燃烧时香味才最纯正，所以要小口吸。

少磕烟灰。不要经常磕走雪茄的烟灰，一定长度的烟灰能减少氧气供应，保证其缓慢燃烧。

不吸进肺。抽雪茄不吸进肺，到喉咙就轻轻吐出，让烟包围着你，不要用力喷出烟雾，才可以品尝到缭绕的香气。

…………

丘吉尔一生痴迷雪茄，并酷爱味道浓烈、品质劲道的哈瓦那雪茄。“二战”期间，为了能在 15000 英尺（约合 4572 米）的高空也享用，他特制了一种“开洞”便于吸食雪茄的飞行氧气面罩。1941 年，德军大举轰炸伦敦，炸毁了他常去的烟草店，警报解除后店主于凌晨 2 时第一时间通知首相：“先生，您的雪茄丝毫无损。”1965 年，丘吉尔以 91 岁高龄逝世。侍从发现他离开这个世界时手中还夹着一支雪茄。为了表达对这位忠实雪茄客的敬意，哈瓦那雪茄将其中一款命名为“丘吉尔”。

11　烟斗的人生内涵

烟斗的复古式存在表明便捷并非生活的全部。烟斗以及烟斗里的烟丝，如同一个可以掌控自己命运的人时常在把玩的物品，它融入了人的习性、修养、人生积淀，内敛而厚重。

据现存文献记载和考古资料，用烟斗（或是烟筒）吸烟是最原始的吸烟方式。早在哥伦布发现新大陆之前，印第安人就把使用烟斗作为一种崇高的礼仪。刚传入欧洲时也都用烟斗。在欧洲，各种材料各种样式的烟斗成为时尚，英国人还发明了瓷质烟斗，但最终木制烟斗成为主流。当今中国人觉得土得掉渣的“烟袋锅”也是其中一种。

A/ 烟斗是成人性的

1883年,68岁、体重122公斤的德国首相俾斯麦贪吃、嗜酒、烟瘾大,因为饱受病痛折磨,他开始接受医生定下的各种规矩,同意每天晚餐后只抽四斗烟。于是,他买了一支他能找到的最大烟斗,斗杆长91厘米,瓷斗硕大无比。(见《上瘾五百年》)

作为一名绅士,不在嘴上叼支烟斗,似乎总是缺了什么似的。曾经西方传统绅士都有一支属于自己的烟斗。

烟斗给人以有城府、深沉的感觉——在纷乱的世界中可以心静如水,你于是在瑜伽般的境界中产生了思想。你说烟斗更加具有内心狂野和带着权力征服的桀骜不驯的气质,你也说烟斗还加深了你自身气质中的儒雅和厚重。

烟斗已经毋庸置疑成为成熟男性身份与地位的象征,用烟斗抽烟的最高境界是既不张扬也不泯然。所以,一个男人只有修炼到了一定的人生境界,才有可能把握得好自己的烟斗。

拿着烟斗的男人,把浮躁、紧张和压力随着烟雾吞咽下去,剩下果敢和自信,让喧嚣和激动随烟飘去,留下的是安宁和沉稳。男人对烟斗的迷恋和不离不弃,是战友之间的情义,是思想的形成与行动支撑,是胜利的到达。正如马拉美所说:“烟斗是成人性的,它严肃、庄重。”而从另一个角度来讲,成年人手中的烟斗也一如童年的自己手中的玩具,那是一种不同意义的陪伴。一如孤独的政治家们,俾斯麦这样的大人物也不例外,烟斗其实是他在做所有思考时的一个精神参谋。

B/ 独特的烟具文化

林语堂一生酷爱烟斗,在他诞辰120周年前,2014年,一座以林语堂所用烟斗为造型的建筑在其出生地福建省平和县坂仔镇落成,这座“烟斗”形建筑高 22 米、宽 22 米，“烟嘴”部分加上建筑主体长度达 68 米，是目前世界最大烟斗型建筑。这座“烟斗”里陈列着林语堂收藏的五花八门的烟斗。

人们在烟草吸食过程中制造了形态各异、风格独特的吸烟用具，在追寻“烟文化”踪迹时，烟具为我们展示出“烟文化”的脉络。随着社会的文明进步、消费者习惯的改变，烟具逐步定型和完善，能明显地反映出不同历史时期消费者所处的社会状态、自身的社会地位及生活习惯、文化层次、心理心态等。

烟斗是专用来吸烟丝的，因安放烟丝的地方像“斗”（古代的一种容粮器具）形，故中文称“烟斗”。“烟斗”柄短而弯，斗内嵌有铜箪。“烟斗”多用木、竹制作，也有骨制和瓷制的。

这些烟斗，有的做工讲究，制造精巧，有的美观大方，经济实用，有很强的观赏和收藏价值。

每一支香烟都是相同的，而每支烟斗都与众不同。黑格尔式的抽象的共同性可以涵括任何一支烟斗。

18 世纪，英国的工匠制造出了石楠根烟斗，法国的工匠制造出了海泡石烟斗，烟斗的制作技术由此达到了高峰，从此逐渐成为上层男性的必需品。麦克阿瑟那只玉米芯烟斗从不离身，如同军人的枪，玉米芯烟斗具有质轻、多孔散热等优点。

C/ 大师的思想重器

1889 年 1 月，文森特·凡·高（Vincent van Gogh，1853 — 1890）为爱献祭了自己的耳朵。这一事件在他的自画像中的表现是出人意料的。在这幅《耳朵上绑绷带叼烟斗的自画像》上，凡·高比以往显得健康、年轻、整洁许多，然而这些并无法掩饰其眼底的绝望。进入画面中的烟斗一方面是因为它的重要，还有就是看起来十分质朴。

这只飘散着烟雾的烟斗成为天才画家自我慰藉的最重要寄托。他那深刻的、发自灵魂的疯狂与偏执所带来的痛苦，或许只有在无尽的烟雾中才能得到些许排遣。

之后的三年，即1890年至1892年间，塞尚将两个沉浸于牌戏中的普通劳动者形象，表现得平和敦厚，朴素亲切。画面左侧玩牌的男子叼着烟斗，一脸专注。烟斗在这里并不作为上流社会的文化符号，而是成为普通大众休闲文化的一部分。烟斗为画面增添了诙谐生动的气氛以及生活的气息。2011年，卡塔尔王室以2.5亿美元购入塞尚这幅《玩牌者》，创当时全球最贵艺术品纪录。

十多年后，1905年，另一位伟大的画家毕加索创作了《拿烟斗的男孩》，画面展现了一位表情忧郁的男孩。烟斗在这幅画中起到了画龙点睛的作用。烟斗本来是成年男子和上流社会的绅士们的玩具。忧郁男孩丝毫没有享受的惬意神情，反倒流露出神秘的忧郁。

烟斗为大师们的艺术创作提供了重要的思想和灵感支撑，在人类艺术史上可以频繁进入艺术家解构及重新搭建的世界。

D/“烟斗在，他就安”

作为一件男士的私人物品，烟斗与主人的亲密程度，堪比朋友甚至亲人。林语堂甚至把烟斗作为交友的标准：“口含烟斗者是最合我意的人……我总觉得我和这般人必能彼此结交相亲。”他作为“两脚踏东西文化”的文化教育界名人，有时来了灵感，他慌乱地大呼小叫：“我的烟斗在哪里？”其实烟斗就叼在他的嘴中。烟斗在，他就安。马克 · 吐温则高呼：“如果天堂没有烟斗，我宁愿选择地狱”。

萨特的理论是：“香烟是‘虚无’，烟斗是‘存在’。”烟斗需要一定的时间和空间，需要人们充分的思想准备，然后心平气和地去享受。

林语堂说：“烟斗从哲学家、艺术家的口袋引出智慧，它能产生一种沉思，富有意思的、仁慈的和无虚饰的。”“口含烟斗的人都是快乐的，而快乐终是一切道德效能中之最大者。如此开始的一天是美好的一天，罪孽将远离你的辖区。可恶的烦恼随烟雾缓缓散去！在你舌面上的蓝色烟雾感觉凉凉的，很舒服；上腭的拱曲处接纳着烟雾；袅袅的烟雾顺着鼻孔向上飘浮。狠狠地抽一口，满嘴里都是烟雾，而后吹出来，形成许多螺旋状的烟圈。”这几乎就是一个崭新视角的人类艺术行为来源考。

人类的快乐等情感以及人类的思想，大都是需要物化表现的，比如著书、比如讲授等，如果说一名战士的生命靠枪来延长，那么一个成熟男人生命的延长或许在多种选择中可以相信烟斗。

别篇：他们，因烟斗之名

如果烟斗是有智商的，那一定能从烟灰里找到福尔摩斯的智慧；如果烟斗是有快乐因子的，那一定能从烟斗的通道里听到黄永玉的笑声；如果你想从烟斗中找到魔幻的故事，那一定别忘了去《指环王》中拜访托尔金……

人与物共存于世，他们往往有着多种的关联，相互关爱那一定是最好的一种，而相互成就或许是更高级的一种。人创造并让烟斗越来越符合人性和精妙适当，烟斗也不辜负，它让喜爱它的人延长着他们的智力、感情和思想……

福尔摩斯

在侦探小说大师柯南·道尔的笔下，福尔摩斯头戴一顶猎鹿帽，身披一件方格呢风衣，握着一只石楠根烟斗，或者出没于迷雾笼罩的庄园古堡，或者端坐在炭火摇曳的壁炉旁……在浓浓的烟雾中沉思。对于福尔摩斯来说，烟斗就像放大镜、化学试管一样，也是他的一件侦探工具。他喜欢在烟斗的陪伴下，去分析和推理扑朔迷离的案情。所以，福尔摩斯计算时间的方式有时候也依赖烟斗。比如他就这样对助手华生医生说：“这是要抽足三斗烟才能解决的问题……”

他喜欢通过烟斗的使用习惯、烟丝的种类以及残留的灰烬来分析人物的性格、身份甚至长相：“烟斗的主人显然是一个身强力壮的人，惯用左手，有一口好牙齿，粗心大意，经济状况不错。”

凡·高

文森特·威廉·凡·高，荷兰后印象派代表性画家。1890 年 7 月 27 日，穷愁潦倒、病痛缠身的凡·高用一把左轮手枪结束了自己的生命，年仅 37 岁。在他死去之前的 36 个小时的时间里，他彻夜未眠地躺在床上，一言不发，他的嘴边叼着的是一支烟斗，袅袅升腾的烟雾中，凡高大约是在思索如何结束自己的生命吧。

麦克阿瑟

嘴里总是叼着个长长的玉米芯烟斗，身着卡其布军服，头戴一顶战斗软帽，戴一副黑色墨镜，一派骄横不羁的样子，这就是第二次世界大战西南太平洋战区盟军总司令麦克阿瑟。

麦克阿瑟出生在阿肯色州小石城一个军人家庭里，喜欢抽玉米芯烟斗是当地习俗——玉米成熟后，去其玉米颗粒，取其穗轴，经过2年左右的时间风干，然后再经其他工序处理，最后上胶制成。

在父亲耳濡目染下，麦克阿瑟在中学时就已经是抽玉米芯烟斗的“老枪”了，为此，他曾受到老师多次严厉警告，甚至险遭开除处分。好在麦克阿瑟学习成绩出类拔萃，老师最后也就睁一只眼，闭一只眼，对他网开一面了。

黄永玉

他抽雪茄，很好的雪茄烟，有人去看他的时候，他常常用它当礼物送人。更多的时候，他用的是烟斗。烟丝装在一个圆形的铁盒里，那盒子上好像印有“丹麦制造”字样。他从铁盒里挖出一点点烟丝，填进锅里，只装小半锅。他得把打火机贴近烟锅，然后像打开火焰喷射器一样，让蓝色的火苗射向烟锅深处点燃烟丝。据说他有二百多个烟斗。在他家的桌上有一件艺术品，是一个酒瓶里嵌着一个大烟斗。他用一种出其不意而又十分简单的办法，把烟斗装了进去。黄永玉的烟斗时时处处衔着，一天到晚，只要不是睡觉，总不离口。

爱因斯坦

阿尔伯特·爱因斯坦是一位忠实的烟斗爱好者，在工作的时候，他喜欢事先把烟草装满几只烟斗，在面前放上一排，随时取用。爱因斯坦在缭绕的烟雾中发现了推动人类文明的“相对论”，写下了震撼世界的“$E=mc^2$”。1950 年，当爱因斯坦被蒙特利尔的一家烟斗俱乐部吸收为终身会员之后，他告诉人们：“我相信抽烟斗可以使我们对人世间的事情有某种比较冷静而客观的判断。”

卓别林

喜剧大师卓别林创作的流浪汉形象是 20 世纪世界电影中最经典的人物形象之一，头戴小帽、脚穿大皮鞋、留一撮小胡子、手握小烟斗的流浪汉，善良、柔弱，让人们在捧腹大笑之余，又不免心酸。因这一形象深入人心， Dunhill 公司在 1989 年卓别林 100 周年诞辰的时候，推出了卓别林限量 300 只纪念烟斗：斗柄上的浮雕银环刻有卓别林的肖像，再加上银制的卓别林的拐杖形压棒，令所有烟斗爱好者和收藏者倾倒。

马克·吐温

马克·吐温，美国的幽默大师、小说家、作家。“我不清楚一个正常人一般抽多少烟，”马克·吐温的朋友豪威尔斯（William Dean Howells）写道，“但是，可以说他抽烟已经厉害得完全超出了正常人的范围，几乎是一刻不停在抽。”也许抽烟真能为这位大师提供创作的灵感和美妙的享受吧。马克·吐温有成箱的烟斗。“如果天堂里没有烟斗，我宁愿选择地狱。”

斯大林

“斯大林烟斗里装着整个第二次世界大战。”斯大林在与人谈话或小型会议研究工作发言时，他往往是口含着烟斗在屋子里踱来踱去，旁若无人地一边说着话一边还吸着烟斗，显示出领袖的风度，使人觉得威严。斯大林是个疑心很重的人，他没有朋友，一生中唯一可以让他信赖的“朋友”就是他的烟斗了。他生前留下的许多照片和电影中，烟斗或明或灭或吸或止，随着那烟雾喷出的是他扭转战局、叱咤风云的重大决策，充满着胜利的信心，表现出安详而坚定的神态，对于处在当时卫国战争艰难年代里的苏联人民，确实能够增强信心和力量。

毛姆

威廉·萨默塞特·毛姆，英国小说家、剧作家。他是一名烟斗迷，他的作品常以冷静、客观乃至挑剔的态度审视人生，基调超然，带讽刺和怜悯意味，也许只有当他拿起烟斗沉思的时候才觉得和这个世界保持了一定的思考距离吧。他的代表作有戏剧《圈子》，长篇小说《人生的枷锁》《月亮和六便士》，短篇小说集《叶的震颤》《阿金》等。

托尔金

托尔金是《指环王》的作者，现代魔幻文学的开创者。托尔金的烟斗基本不离身，创作的时候更是少不了，他把他对烟草以及烟斗的热爱融入作品当中。无论是小说原著、电影还是游戏，“中土世界”的各种烟草、各种烟斗都占有很重要的地位，作者甚至为故事中的烟草做了翔实的设定，从烟草的品种、产地到特色都进行了介绍，故事中霍比特人种植的夏尔烟草，无论是法师、人类还是霍比特人都喜欢。

格利高里·派克

格利高里·派克是好莱坞电影巨星，他辉煌的演艺生涯里共出演过 60 多部影片，经典代表作有《罗马假日》《爱德华大夫》等。其从容高雅的绅士风度让全世界无数的观众为之倾倒，他也成为好莱坞黄金时代的标志。派克曾被誉为“一生都值得爱的男人”。派克自嘲式回忆说：“我看到四十个和《罗马假日》安妮公主一模一样打扮的女孩，她们都留着刘海，梳着赫本头，我想她们很渴望见到年轻时代的格利高里·派克，结果却是一个头发花白、嘴里叼着烟斗的老先生。”

12　不一样的燃烧

普罗米修斯的传说昭示了人类的高尚追求与火有关。一定意义上讲，香烟就是一个燃烧的过程。而点燃它的一瞬又与人类文明有着不可分割的关联。最早的印第安人是如何点燃香烟的？火柴点燃的优雅是如何被更酷更便捷的打火机取代的？

人类在与万物共同生长的过程中脱颖而出，其中一点不同在于火的使用。这已经是百万年前的事了。而这也是普罗米修斯能够在希腊众神中占据重要一席的原因。

火的文明渗透在历史生活中，当它美丽的火焰与烟草相遇，产生了一段别样的诗情。

A/ 古典的荣耀

火柴最初是由浸过硫黄的木条做成，1816 年，法国人弗朗索瓦·德罗斯纳发明了摩擦起火的化学火柴：主干是木棍，顶部浸染氯化钾、硫化锑以及胶水；火柴在玻璃纸上摩擦点燃。此后经过多轮技术更新。

英国人沃克将它改造为现代火柴：他在 1826 年利用树胶和水制成了膏状的硫化锑和氯化钾，涂在木梗上并夹在砂纸间拉动产生了火。1833 年，世界上第一家火柴厂在瑞典建立。1855 年，瑞典人伦特斯特洛姆发明了以磷和硫化合物为发火物的安全火柴。

这也自然产生了火柴与当时正在欧洲流行的香烟的第一次惊艳相遇——小小火柴的出现，让吸烟变得便捷。

或许这枚小小火柴在人类文明史中的作用被低估了。火柴除了给人类提供了燃烧的工具，还在哲学上为人类提供了一个象征，那是一个点燃才能实现理想的过程，一个舍身才能将黑暗照亮的形象，一个以生命点亮生命的牺牲，以辉煌创造辉煌的壮举。它纤细而弱小的躯体里收纳着它的价值。它的燃烧从头颅开始，惊人的一瞬之后是一个灿烂的世界，那是它一生的荣耀。无论是生命的地狱还是天堂，无论燃烧的是自己还是别人，开始也是结束，灰烬也是永生。

1848 年，火柴发明十几年之后，圣诞节前夜一个风雪中售卖火柴的女孩的故事传遍了欧洲和世界，这是丹麦作家安徒生的童话《卖火柴的女孩》。而安徒生似乎也钟情于这冬天的温暖，1835 年，他就曾写过另一篇童话《打火匣》，是关于一块神奇火石的故事。19 世纪新旧两种取火方法的交替之中，安徒生用两篇童话为时代的缩影做了记录。

1865 年，现代火柴输入中国，称“洋火”。卫省轩于 1879 年在广东佛山创办中国第一家火柴厂——巧明火柴厂。河北泊头火柴厂始建于 1912 年，时任民国代总统冯国璋以四万元现洋入股公司。1921 年，刘鸿生在苏州创办鸿生火柴厂，生产“美丽”牌火柴；1930 年他又创建了上海大中华火柴公司。

2012 年 9 月 6 日，百年泊头火柴有限公司举行资产处置拍卖会，这家曾经是亚洲最大的火柴生产厂家彻底走进历史。

火柴或许就此终结了，尽管在某些场合我们还可以偶尔见到它的回眸一笑。

B/ 打火机进阶

而另一个燃烧的时代开始了。

1823 年，德国化学家德贝赖纳在实验室发现：氢气遇到铂棉会起火。这是世界上第一只实验型打火机的诞生。

真正可使用的打火机，是第一次世界大战期间一位名叫阿尔弗雷德·登希尔的伦敦青年发明的。那时，他得知前线士兵想抽烟却常常因为火柴受潮而无法点火，于是，他在一位化学家的帮助下发明了一种由金属壳体和顶盖结构组成的打火机——便于携带而且不会受潮的点燃物。这种打火机经过改进于 1924 年投入批量生产。

至此，打火机逐渐取代传统火柴，并按使用的燃料分为液体打火机和气体打火机，按发火方式分为砂轮打火机和电子打火机。液体打火机早期多用汽油，今多用丁烷、丙烷类和石油液化气。

1923 年，阿尔弗雷德·登希尔与两位制造商合作，为一个失去一只手臂的军官设计了可以放进衣袋、同时可以单手使用的打火机“Everytime”，即今天的“Unique”。1933 年，登喜路推出“Tallboy”打火机系列，首次把打火装置放进机盖。

有着清脆的金属声“叮”的“RONSON”，是一款带盖自动丁烷打火机。RONSON 是一家于 1897 年在新泽西成立的五金工厂，也曾生产火柴。1927 年，RONSON 发明了自动汽油打火机。RONSON 现在已经被“Zippo”收购。布莱斯德尔（George G. Blaisdell, 1895—1978）是 Zippo 的创始人。高颜值覆盖下的 Zippo，简单耐用又注重细节，内部结构精密，采用 21 种零配件、109 道工序制作。“二战”时期，美国大兵、军官人手一个。

斗转星移，2010 年以后，作为一时风头正盛的世界工厂，中国的打火机占据了全球 95% 以上的市场份额。中国每年生产打火机 150 亿只以上，其中超过 65 亿只出口。主要产地是湖南邵东、浙江宁波和温州。温州有一位人物叫李中坚，他一边以一名企业家身份制造打火机，一边还是邓小平特型演员。

邵东则是一处神奇的存在。全球 70% 的打火机来自这里，全县配套企业 100 多家，拉动 10 万人就业，产值近 200 亿。其中东亿电气以年产 20 亿只成为世界最大生产厂家。

而随着生活节奏的加快和消费需求的变化，成本低廉的“一次性”打火机出现，中国打火机产业正是在这一阶段实现了快速发展。

C/ 时尚与便捷

打火机的再次升级是从实用性向时尚性的进阶。

时尚品牌纪梵希和卡地亚都有自己的打火机品牌。阿尔弗雷德·登希尔也将登喜路的风格定为“始终有骑士风格的绅士产品”。

纪梵希延续着它对完美与“简式优雅”的执着追求。而被英国国王爱德华七世誉为“皇帝的珠宝商，珠宝商的皇帝”的卡地亚（Louis-Francois Cartier）早在 1867 年就推出了第一个打火机。

这时，打火机已不止是点燃的工具，而是可以和手表、烟斗、皮具、绅士服装一样成为一个男人身份象征的时尚配饰，身躯中无不充满男性魅力和绅士的优雅。

在《西西里的美丽传说》中，男人们争相向莫妮卡·贝鲁奇点烟时亮出的打火机是拥有百年世家血统的“imco6700 超霸”打火机。在《帝国的毁灭》中，希特勒的秘书爱娃随身携带的也是这一当时最流行的打火机。

打火机以一种更轻巧的动作产生出更真切的火焰，当火焰从珍贵的金属中冒出来，仿佛是对普罗米修斯做出的回应。如同打火机的原理是燧石取火，无论设计多么高级，都是对远古人类的致敬。

但 21 世纪以来的塑料打火机的确只是如其名称一般是“一次性”的和实用的，不具有打火机自诞生之日起满身的才情。

火是一个男人的品格，没有那一声清脆的“叮”，那种金属和金属敲击之后极具穿透力的声波，就无法循声看到一个沧桑的男人正在用他的打火机点燃一支 555 或者中华。火也是一个女人骚动的内心，没有忽明忽暗暧昧的光焰打在脸上，就无法诱惑出一个女人的心思。

火即灵魂，一个生命对接另一个生命——没有那瞬间飘出的燃油味道，那种火石打磨后星火的碰撞，就无法看到一个充满人生经历的故事的展开。

火焰就是一次新的生命，是你逃避不掉的命运，也是打火机或者火柴对你一次新的启动。就这样，在火柴温暖的稳定的或者打火机淡蓝色的跳跃的火光中，香烟袅袅升起。

13　烟雾与烟灰的密码

烟雾与烟灰是整个抽烟这件事以及烟草和其制品中极其特别的物质和“自我”。如果把思想看成实体，香烟的烟雾就是最接近它的物质。香烟燃烧变成灰烬，它被自己创造的这种鬼魅般的自身否定形式取而代之。

曾经举着长长的烟灰看它坚持着一个固定形态的努力，当它终究自然落下很快不见了踪影，我们并未感叹生命的易逝；或者我们主动将它弹去，又如何呢？那不过是金黄烟叶的一生终局和火在燃烧过程中的一个梦。

如果说烟雾是思想，那么烟灰是什么？是人生最无用的那一部分吗？是随着不同的方式而成为一种不同的存在吗？或许它作为燃烧的尽头，只是一种神秘的提示。

A/ 烟雾是思想的实体

萨特是看得到自己的思想的，所以他坐在路边，不断地抽烟以生产出思想，事实上是烟雾，他不断地修改和完善它们，他和它彼此互动，最终融为一体。

烟雾与烟灰是整个抽烟这件事以及烟草和其制品中极其特别的物质和“自我”。

理查德·克莱恩的比喻最接近烟雾和烟灰的本质：“如果把思想看成实体，香烟的烟雾就是最接近它的物质。香烟燃烧变成灰烬，它被自己创造的这种鬼魅般的自身否定形式取而代之。”

萨特也这样思考：烟草是一种象征性的被占有的东西。吸烟表现出了占有的欲望，它以最抽象的形式表现了人的所有欲望背后最基本的欲望就是占有，彻底占有——把世界吸入体内。为了能占有整个世界，我们将世界简化为单纯的“火 + 烟 + 灰烬”。这是一个将物质转变为自我的过程。通过不停地毁坏它，使它由固体变成烟雾，从而使这东西成为“我的”。

在抽烟这个事上，人最看重的是体验和文化。烟雾的可见性决定了它的表象性，无论是传统香烟还是雪茄，都被抽烟客们发现了可以游戏和满足的不同形态、色彩，比如烟圈。甚至在电子烟的品鉴中，烟雾的形态体验也很突出。

火是重要的，火对烟草、灰烬、烟雾做出了精妙的连接，以燃烧的方式实现了永恒和神秘共存。人是重要的，人的加入使得这个生命链条呈现出一种生气，不再是宇宙中死寂的一种极微弱存在。

B/ 被忽视与不功利

如果我们找到烟雾和烟灰的密码，或许可以找到萨特的前世。他必然是波德莱尔。只有他们做出了一个反向：烟灰通常是被忽视的，因为人类在对香烟进行吸食的整体过程中，它是不功利的。只有绝对有闲阶层才会注意到烟灰。女作家毕淑敏曾经写过《像烟灰一样松散》，体味极其细致入微：

那些优质香烟燃烧后的烟灰，非常松散，几乎没有重量和姿态，真一个大象无形。它们懒洋洋地趴在那里，好像在冬眠。其实，在烟灰的内部，栖息着高度警觉和机敏的鸟群，任何一阵微风掠过，哪怕只是极轻微的叹息，它们都会不失时机地腾空而起驭风而行。它们的力量来自放松，来自一种飘扬的本能。

……

没事的时候看看烟灰吧。它们曾经是火焰，燃烧过，沸腾过，但它们此刻安静了。它们毫不张扬地聚精会神地等待着下一次的乘风而起，携带着全部的能量，抵达阳光能到的任何地方。

波德莱尔在《我心裸露》中的烟雾意象也是很类似的感觉：时而飘散，时而聚集，这就是我，这就是一切。

抽烟的时刻，能让我们在寻常经验之外再展开一段插曲，给我们提供集中注意力的时空，带来超越的感觉。经由火焰、烟雾、手持的香烟实体、肺部、气息和嘴的仪式，获得一种永恒感，哪怕是轻微和短暂的。那是一种超越自身的沉迷、无言的能量。

C/ 奇异的魔盒

烟草静静地燃烧，它的眼睛忽明忽暗地眨着，直到看到自己的人生尽头：草木灰，一种在现代社会中容易被忽视的原生态物质，纯粹安详与世无争。

灰烬保卫着对事物的记忆。有时灰烬就是真相，福尔摩斯喜欢通过烟斗的使用习惯、烟丝的种类以及残留的灰烬来分析人物的性格、身份甚至长相。

在民间，烟灰有许多奇妙的用途，因其不“科学”而充满奇异。

古代埃及人、巴比伦人和印度人给他们的神灵上香，美洲土著通过抽烟和灵魂进行沟通。那时，印第安人坐在那里，对他们而言，烟草是仪式的一部分，整合了个人和种族，以及他们先祖神祇的集体记忆。

那时，神情严肃的印第安祭司升起一堆火，往火堆里扔进了一些晒干后的烟草叶子。火生了起来，他盘坐于火堆旁，一边喃喃地诵读着冗长的祭文，一边用手比画出复杂的图案。焦虑不安的人们紧张地看着祭司，期待他带来神的旨意。这时，烟草的烟雾从火堆中升腾起来，随祭司的呼吸进入他的肺部。

之后，烟雾中的尼古丁沿着血液循环系统进入他的脑部，跟大脑里的烟碱类乙酰胆碱受体进行结合，打开了神经系统中的离子通道，触发奖励系统释放出多巴胺。

在随后的岁月里，祭司最终发现了烟草的秘密，那份愉悦的感觉妙不可言，逐渐成为他赖以和神进行沟通的渠道。伴随着一次次对烟雾的重复吸入，他脑中的大部分乙酰胆碱受体都被尼古丁所占据。

正是在这一刻，他代表全人类第一次打开了烟草的魔盒，并让数千年之后的人们为此争议不休。

D/ 香烟即祈祷

当吸烟的宗教尊严被模糊后，我们失去了一种在公众场合祈祷的权利。而吸烟的自由无法受到宗教的保护，这一点自烟草走出北美大陆开始，世俗化了的宗教无时无刻不在将烟草视为魔鬼。人们吸烟时烟雾袅袅，容易让教士们联想到邪教和魔鬼，所以烟草被教会视为魔鬼的产物，而吸烟时的烟雾则是“黑弥撒”的仪式。

在《香烟：一个人类痼习的文化研究》里，作者引用《日间烟火》

作者安妮·莱克列克的话说：“香烟是我们这个时代的祈祷。”

人世间，烟灰仅仅是其中的一种，燃烧的物质的尽头，飘满了它们最后对这个世界的陈述。宗教仪式保留了对于灰烬的膜拜：一些燃烧品留下的另一种存在悄然俯瞰着众生。这些被忽视的物质保留了先祖与上天的联络纽带和密码，无人打扰是它最好的状态。

除了香烟的燃烧，在更多的其他烟雾中，体现出复杂的形态，浩渺宇宙中看见和看不见的烟雾有的会在人类被窒息和毒害中存在，有的就是人本身燃烧自己的一缕烟。“轻轻地来去”不仅是烟雾的宿命，也是人的宿命。

缥缈的烟雾的出生到底有什么意义？它轻松走完自己的一生飘散而去，去了哪里？本来实体存在烟灰混在尘埃里消失殆尽，它累积的灵魂是否经受春夏秋冬后依然纯粹？我们或许需要知道这个密码。

人是容易陷入到一种烟雾中的，然后会发生方向迷失、不知自我，甚至自我燃烧也成为灰和烟雾。这时一个灰色的世界就诞生了，无数个灰色的世界就诞生了，人的一切，爱情、理想、生存、尊严，就在雾气中弥漫……

04

超级诉讼：未完待续

SUPER LAWSUITS: TO BE CONTINUED

1　香烟共同体（上）

沉淀了至少500年的香烟是一种独特的文化现象，在一个被地理距离以及社会方位广泛隔开的世界里，抽烟成为众多族群和人口的共同习惯，并刺激着社会互动。在一定程度上抽烟消除了文化和社会障碍。

人类与动物有着许多区别。其中之一是，人类不仅在口渴或饥饿时进食，还会从吃喝中获得乐趣。例如，人类没有为了生存而去餐厅吃饭的必要性，但餐厅让生存这件事变得更加愉快。香烟的故事也能很好地将人类与动物区别开来。香烟对人类的生存来说并非必需品，但这款瘾品在欧洲出现后，迅速获得了更多人的青睐。

A/ 始于礼仪

烟草上溯到可以探知的最早时期，它并不实用。那时它就已经作为礼仪的一部分在北美和南美出现。之后无论烟草在人类历史的长河中以及在它自身植物历史的进化历程中如何发展变化，它的礼仪功能一直保持着。

“外边的人”第一次见到烟草，就是北美原住民把它当作礼品呈上的。烟草到了欧洲也首先是作为宫廷礼物。之后，丰富的地方性抽烟文化不断产生，这种文化延伸至社会礼节（如婚礼）和宗教仪式领域，他们将抽烟融入自己的文化中，赋予抽烟地方性传统和礼节的职能。16 世纪末的外国访客曾提到，在英国的社交场合，烟斗无处不在。这种文化延续至今。一名文化学者在《香烟派对》一文中说，北欧现代青年人的派对，见面第一句话总是问，今晚的香烟够不够？言外之意，如果香烟不够，这派对就没劲。

传到亚洲，特别是到了中国，中国人很快将它本土化，并很快将“烟酒茶”并称，在客人到访时多了一项款待的内容。因而在中国，烟草还被赋予了更多的社交使命。在诸如婚礼、葬礼等许多节典和仪式上，香烟是必不可少的礼节性物品。其中，敬烟是中国人不陌生的礼节。陌生人之间套近乎时，分烟是与客套话作用相似的“润滑剂”。为此，中国人还沉淀了许多敬烟的规矩。同时，无论欧美国家还是与中国同一文化圈的日韩，都没有中国人那样互相敬烟的习惯，战场是例外。

在西欧，如伦敦和柏林的烟民俱乐部，抽烟礼节与个人吸烟者的社会化联系更为紧密。吉罗拉·贝诺兹在他的《1565 年新大陆的历史》一书中提到，吸烟令人陶醉，成为社交礼仪的一部分。逐渐地，抽烟从一种个体行为演变成群体行为，从生理行为演变成心理行为，最后从一种单纯的行为上升成为一种复杂的仪式，甚至被赋予神圣的含义，用来维持人与人之间的关系。烟草完成了和人类社会的深度融合，从一种客观的自然存在演变成为一种人类的主观意识，从而烟草从一种普通的存在，变异和升级了。

B/ 人际桥梁

有时抽烟可以消除文化和社会障碍。吸烟者们通过一起吸烟、一起戒烟来建立友谊。人们在高兴时点燃它，在焦虑中点燃它，在悲伤时也点燃它。当为你搬家的师傅疲惫收工，你递上一根香烟；当你与亲人一起面对人生无常，稍息片刻无言以对时，你们一起点着香烟，共同度过和进行感情交流。

有时抽烟可以增强文化和消费认同。抽烟无阶层，既是高尚生活的一部分，也是平民生活的一部分，是工人阶层的“灰姑娘之梦”（英国第一个机器制造香烟的品牌，名为“灰姑娘”）。拜伦勋爵于1823年赞美道：“神圣的烟草！从东到西，鼓舞水手的士气，激起土库曼人的激情。”

在早期北美原住民的日常生活中，烟草是人际关系的重要媒介，有助于让发生争执的吸烟者化解矛盾，改善关系。他们认为要有幽灵的好心支持才能达成所愿。要想在个人或公众层面获得良好的人际关系，就要获得幽灵的支持。烧烟草或者抽烟草就是在幽灵心情不好的时候对它进行安抚，以寻求庇佑，一起抽烟就是在幽灵在场的情况下进行友好交流。请朋友抽烟也是把烟当作礼物以求得帮助。

迪迪埃·努里松在《烟火撩人：香烟的历史》里说：“有烟同享不仅是极大的快乐，集体性的抽烟行为会让吸烟者之间建立起同盟的关系，这样就减弱了吸烟的罪恶感、羞愧心以及孤独感。”

C/ 圈层标志

选择抽什么样的烟就是一种行为养成外化。拿烟的姿势、喜爱的品牌、对抽烟环境的选择、烟灰的处理，甚至戒烟，都体现着一个人的格调、气质、精神……选择烟斗和卷烟、雪茄，体现了不同的职业、收入水平、性别等。而选择的品牌也不自觉地体现了一个人的兴趣爱好甚至价值观。比如抽万宝路的人，很有可能是一个向往自由与激情的人。

不同的吸烟方式、品类有时代表着不同的人物类型。普通香烟标志着青春、力量和冒险，也可能意味着焦虑和紧张及其应对。烟斗和雪茄对应慎重和冷静，它们与手杖、礼帽一起，成为现代绅士的标志。

牛津被认为是一个培养现代绅士的学府。但徐志摩在《吸烟与文化》中说：在牛津要找一个不吸烟的学生是很费事的——先生更不用提。他写了一位叫利卡克的教授，这位教授说，办学“第一件事情我要做的是造一间吸烟室，其次造宿舍，再次造图书室；真要到了有钱没地方花的时候再来造课堂”……

D/ 超越物质

香烟文化是现代化的结果。从社会生活的意义上讲，工业化导致了两种结果，一个是现代人普遍的寂寞感、焦虑感，另一个是能补偿和减轻这种病症的各种“享受”，烟草制品就是其中之一。20 世纪 80 年代，中国有一首民谣“祝你致富踏上万宝路，事业登上红塔山，财源遍布大中华”，就很体现这种社会风潮。

抽烟是欧洲和北美工人阶级街区酒文化的一部分。1888 年，保罗·高更画出了他非凡的《夜馆》，画面主人公是阿勒斯通宵酒店的经理玛丽·基诺斯，她泰然地斜倚在吧栏上，整个房间弥漫着她的顾客所吞吐出的烟雾。

人们对香烟的狂热在 20 世纪 60 年代达到历史的巅峰，在此后，香烟所代表的性感、魅力、优雅、时尚、知性等等的形象逐渐淡去。

在此，我们透过这一现实事物，以客观的视角来分析烟草缘何能牵动一个群体的传统与文化。从更为客观多元的视角来看，烟草并非实体物质的烟草，而是一种超越于物质的精神心性层面的东西。

沉淀了至少 500 年的香烟是一种独特的文化现象，在一个被地理距离、宗教、风俗以及社会地位广泛隔开的世界里，抽烟成为众多族群和人口的共同习惯，并刺激着社会互动。

2　香烟共同体（下）

从早期的神秘到全球化的普及、从普罗大众到总统贵族，人们对于吸烟的依赖，多由文化决定，而自身也成为一种文化，成了社交、时尚、习惯养成的工具，演绎了香烟对人类生活的深刻浸泡，体现了一定的社会圈层面貌。

现代社会需求的不只是面包和水。香烟的价值正在于此，它与自然欲望的满足不同，完全是出于精神与文化方面的需要。

从早期的神秘到全球化的普及、从普罗大众到总统贵族，人们对于吸烟的依赖，多由文化决定，而香烟自身也成为一种文化，成了社交、时尚、习惯养成的工具，演绎了香烟对人类生活的深刻浸泡，体现了特定的社会面貌。

A/ 艳羡驱使

和他人一起抽烟不仅是一种快乐的分享，更是一种由时尚和艳羡驱使的魔力，它满足了人类相互学习、攀比的心态。

在烟草消费中，外观性、炫耀性消费的作用十分巨大。比如，抽名牌烟就包含着种种暗示，是经济实力的表现、社会地位的表现，也是一种精神状况的表现。

“新造烟”与传统烟草产业最大的区别其实不是产业，而是文化。所以“新”体现在目标用户人群上、行为方式上、思想观念上。电子烟的玩家们其实并不想和万宝路们抢夺存量用户，他们更看重的是年轻人们带来的市场增量。

“如烟”在先行之后遇到了很大的困难。它高昂的价格曾是许多人“身份的象征”，穿着优雅得体的晚礼服，坐在宴会上掏出一支电子烟，像玩弄梦幻烟雾的人间精灵。在美国市场，明星公司 JUUL 一度成为潮流的代名词。JUUL 为讨年轻人欢心，它的烟弹通常有多种颜色和口味，比如黄瓜、芒果、奶油布丁。他们尤其重视年轻人群使用频繁的社交媒体，比如 Instagram。某个中国品牌的产品口味中居然还有一种是绿豆沙，就很说明问题。

在中国，比起“中华”“娇子”“龙天下”这些充满权力感、价格偏高的香烟品牌，拥有英文名字的电子烟更受年轻人喜爱。年轻人们互相品尝着对方的烟弹，并互相交换、赠送：水蜜桃味换冰爽西瓜味，清香抹茶味换绿豆沙味。

电子烟在欧美是一种潮流文化，它有自己的社交场景，不再是很多人以为的戒烟方式，而是成为很多人的新玩物。青少年抽电子烟在美国蔓延就不足为奇了。2014 年，“vape”，也就是电子烟，入选了英国牛津词典评选出的年度词汇。

在这种背景下，电子烟用户也并不是以戒烟为目标，他们对于一款电子烟好坏判断的标准，在于烟雾量是否大、造型是否足够炫酷潮流。这成为一种独特的产业文化，也成为电子烟消费的中坚力量和意见领袖。这也合理解释了“非烟民成为电子烟消费群体”现象——电子烟属于那种典型的年轻人喜欢的潮流消费品，是一个增量市场。

B/ 深刻浸泡

随着烟草或香烟文化的蔓延，烟具变得更加精致，香烟艺术文化也就形成了。首先出现的是有着昂贵雕刻和装饰的烟管，甚至银制烟管也出现了。木制、金属或奇异材料（如象牙）制成的烟盒也成为随身携带的器具，用来装纳所有的抽烟必需品。

各地抽烟的人们也开始不断尝试新的抽烟技巧、改进方法。在中亚和印度，当地居民将烟草和其他更常见的树叶、香料、檀香混合起来，然后用一种水烟筒（也就是水烟袋）吸烟。烟通过水冷却下来，产生清凉的香气，这在天气热的时候最受欢迎。而在葡萄牙和法国商人推动下，用烟管抽烟迅速蔓延到整个非洲大陆。

若单纯以物化的视角去看烟草，把香烟仅仅作为嗜好性消费品，完全不足以理解它作为社会产品的意义。

一如让萨特形象“戒烟”在法国激起的争议，在中国，鲁迅的形象最为公众所认同的，是李以泰版画中香烟夹于指尖做思考状的版本。面对禁烟思潮的压力，甚至有矫枉过正的观点要求把经典的香烟抹去。而反对者观点是：不可以偏颇看待，宜尊重客观事实和文化传承——抹去了烟草的鲁迅还是鲁迅吗?

对于嗜好性消费品与人类精神及社会文化的影响，在中国的传统文化中一直有相关研究。鲁迅恰有《魏晋风度及文章与药及酒之关系》正是类似领域的研究。酒与丹药作为当时的嗜好性消费品，通过其对人身体和精神双向领域的影响，对当时主流文化精英的思想、文化、气质等价值理念都起到重要的作用。这一点，香烟有着近似的功能。

C/ 新的内涵

尽管反吸烟主义盛行，但作为一种文化标签，一种表达浪漫和反叛、内省和欢乐的重要手段，吸烟不会从我们身边消失，而是会不断寻求新的内涵和意义。一如 19 世纪法国诗人鲁米斯在《我的香烟》中所说：我神奇的护身符 / 使我远离不安和伤悲 / 揭示着遥远虚幻的明天 / 燃烧的王冠像爱的欲望 / 散发忽明忽暗轻柔的微光 / 那是诗人的梦想 / 在烟雾中缭绕向上。

难怪《香烟：一个人类痼习的文化研究》的作者、美国康奈尔大学教授理查德·克莱恩把香烟提到了人文精神的高度。而文明的沉淀更多地以书籍的形式保留下来。

本书多处引用和借鉴了其观点的克莱恩的《香烟：一种人类痼习的文化研究》（中文版，中国社会科学出版社 1999 年出版），还有本书参考的美国学者班·凯乐的《中国烟草史》（中文版，北京大学出版社 2018 年出版）和法国学者迪迪埃·努里松的《烟火撩人：香烟的历史》（中文版，生活·读书·新知三联书店 2013 年出版），都是其中的经典。

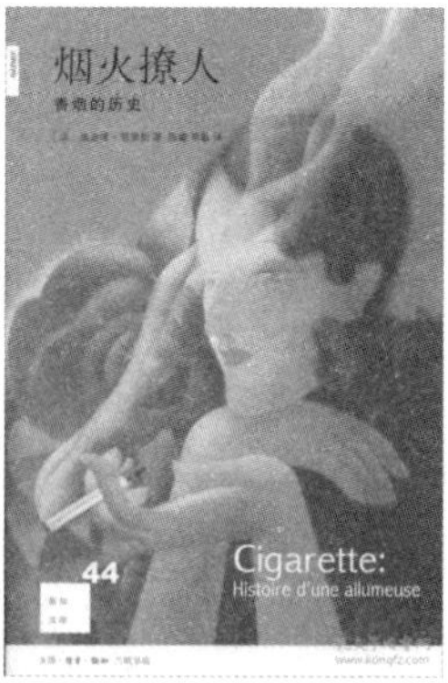

其他一些书籍还有：

《吸烟史：对吸烟的文化解读》由全球三十余位作者共同写就，这些作者分别来自人类学、历史学、美术史、艺术史、医学史等各个领域；

《烟事闲趣》，集纳了与烟有关文章 200 多篇，作者包括贾平凹、王蒙、汪曾祺、梁实秋、朱自清、徐志摩、老舍等；

另外还有伊恩·盖特莱的《尼古丁女郎：烟草的文化史》于 2004 年出版；而格拉塞写了《香烟——一种超越》，分析了吸烟人的心理，谈到正是因为香烟有毒，人们才喜欢吸烟；《上瘾五百年》则介绍了几乎所有瘾品的历史，烟草是重点之一。

阿兰·勃兰特的《香烟世纪》（*The Cigarette Century*）揭露了香烟公司的运营；理查德·克鲁格（Richard Kluger）的《从尘土到尘土》（*Ashes to Ashes*）则以小说家的眼光透视了烟草战争。

香烟，着实承载了太多，也被时代改变了许多。1901 年，曾于 300 年前严酷禁烟的英国，维多利亚时代走向终结，新国王爱德华七世叼着一支雪茄在白金汉宫宣布："绅士们，你们可以抽烟了。"到 1949 年，英国男性 81% 吸烟，女性 39% 吸烟。

3　时尚的愉悦

吸烟成为大众行为之后，追求"芳香的烟雾带来的愉悦"逐渐成为新的消费文化，上流社会的名媛淑女们开始研究如何优雅地抽烟并吐出令人眼花缭乱的烟圈。最终商业时代的到来把女性对香烟的追求推向了时尚化。

2003年，年近而立的辣妹维多利亚接受采访，作为全球时尚尖峰人物，她手握着的长长烟斗引人注目，显得前卫而复古。在欧美，烟斗被称为“雅玩”。

烟草传入欧洲后，真正让它产生风行趋势的是在各国贵族开始吸食之后，从而如同其他风尚一样在欧洲传播开来，消费烟草的理由似乎也变成了追求“芳香的烟雾带来的愉悦”。而随着女性觉醒，在全球化城市浪潮的席卷下，女性将抽烟正式纳入时尚生活的范畴中。

A/ 个体主义美学

烟草的功能，从最早在北美用于祭祀，到传播至欧洲以后用于“防治疾病”，再到上流社会的贵族和名媛淑女们开始研究如何优雅地抽烟并吐出令人眼花缭乱的烟圈，到了法国则迅速被当地人用来“保持美丽容颜”。班·凯乐的《中国烟草史》认为这就是“全球化烟草时尚美学消费文化”的开端。

作为时尚文化，它具备了样板及仿效的功能。迪迪埃·努里松《烟火撩人：香烟的历史》记载：17世纪，社会上对吸烟的热衷以至于学校老师会拿出自己的烟斗给学生做示范。而在校园之外，富人抽长雪茄，穷人把烟头里剩余烟丝取出做成小的烟卷来抽。在抽烟俱乐部，人们可以交谈，有藏书和美食，抽烟成了人们高雅的习惯。

这一时期个体主义美学和诱惑美学的出现，产生了崇尚新奇和变化的时尚。中世纪晚期开始的个体意识的觉醒使得贵族阶层特别重视外观的个性化；而随着个体意识觉醒以及对于现世欢乐的追求形成男女两性吸引的新观念，从而在这种新观念影响之下身体外观成为诱惑所在。这是一种前所未有的对于主体身份意识的提升，一种要表达个体特殊性的新渴望。它们刺激了个人在寻求新奇、差别和独创性方面的想象力。香烟作为外来物种，承担起这一使命似乎是再合适不过。

B/ 蒸汽机的投射

1790年，埃贝尔创办了《杜歇老爹报》，塑造了叼着烟斗的老爹形象，风靡大众，并且在巴黎公社时期，还成为革命形象。两次大革命点燃了民众吸烟的热情，掀起新一轮吸烟风潮。革命歌曲中反复唱道："共和党人要什么？武器、烟草和面包。"（香烟与革命相生相伴，这一情况在近两个世纪后的20世纪60年代再次上演：那是一种颠覆者的狂欢，他们喜欢可口可乐、摇滚、过滤嘴烟，他们的代表人物是格瓦拉。）

1856年，《巴黎吸烟客》杂志问世。同年，另一本《巴黎之香》杂志致力于介绍吸烟的快乐。

1843年，法国国王路易·菲力浦的王后，下令制造了2000支金嘴香烟，以十支一包、每包60金法郎（购买力相当于目前百万人民币以上）的价格拍卖，以救助飓风中的受灾者。同时期的弗里德里希一世，则会定期举行吸烟派对，与上流贵族一边用餐一边抽烟谈国事，人称"吸烟国会"。

在西方，香烟的产业化及进阶正好赶上工业革命的节奏，艺术家将香烟与蒸汽机相提并论："两大事件标志着新时代的开启：煤炭征服了世界，烟草虏获了人心。"一首名为《吸烟的艺术》的诗中写道，这两样都会喷出烟雾的"神奇物品"，一起推动了人类的进步。社会批评家同样将这两大革命性事件联系在一起，吸烟就是工业社会文明体系的美德——被点燃的不仅仅是一支香烟，更是其内心。就整体而言，当时工业社会的新兴繁荣，得益于时刻不停歇的蒸汽机和冶炼炉。吸烟者嘴里散发出的烟雾，在某种程度上正是蒸汽机形象的投射。因此，吸烟象征着一种更强大、更活跃、更丰富的生活。

C/ 商业化助推

1967年，时装大师圣罗兰设计了第一件女性吸烟装：领结、马甲、铅笔裤、粗跟高跟鞋、金属质感配饰、英伦绅士礼帽、修长收身皮草西服、皮手套、褶皱的长丝巾、长筒马靴等。吸烟装具有一种由男士礼服经典的设计和细节与女性高雅、柔美等元素完美结合的中性风格。吸烟装的出现，代表的更是当时女权主义的进一步觉醒。它让女人可以摆脱厚重的裙装，像男人一样迈开大步走路，可以像男人一样一手叉腰一手夹烟，女人从此可以像男人一样行动，而不必再遵循所谓妇人之道，处处为传统所掣肘、拖累。

商业时代的到来又把女性对香烟的追求推向时尚化。克莱恩也承认：抽烟与购物有着共同的地方。吸烟的时候，有一种占有整个世界的感觉，但吸烟结束后，这种占有也就结束了。购物的时候，购物者也有一种占有全部物品的心理，直到最终选定一种或者几种商品才让这种心态重回现实。

香烟可以给人短暂的快感，这快感让吸烟者消融而入，社会规范似乎在这一刻被解体，消失得无影无踪……最终进入诗意体验。香烟的这种体验也像极了时尚给人的感觉。影星拿着世界上最长的烟斗、时尚大师香奈尔极致优雅，她们带领着女人们正是这样走来。奥黛丽·赫本坐在椅子里，她点燃了一支“金叶”香烟，香奈尔站立在塞纳河边，蓝色烟雾缓慢而自由……只有拥有一颗从容不迫的心才让她们活得优雅、自在、潇洒、飘逸。

D/ 时尚产业蓬勃

在时尚带动下香烟销量大涨。法国从 1870 年到 1909 年的香烟消费量增长了 30 倍。1870 年的美国人消费了 1390 万支烟，平均每人只有 0.36 支，而 70 年之后的 1940 年，平均每人达到 997 支。

在香烟发展的不同阶段，过滤嘴、细支烟、电子烟都留下过属于自己的时尚生活印迹。甚至低焦油的中南海，从 10mg、8mg、再到 5mg，也成为城市特别是北京白领、文化艺术圈里的情怀香烟。

细支烟被认为“健康、焦油含量较低”，它也成为时尚香烟文化的一部分。中烟南京卷烟厂从 2006 年引进技术和生产线，并大规模生产。但中国细支烟市场占比仅不足 2%，相比全球 6%—8% 和韩国超过 30% 的比重，还有很大空间。

雪茄是另一个时尚香烟文化的代表，销量一直保持稳健增长态势。古巴雪茄出口 2023 年增长率为 31%，这表明全球奢侈品需求的增加对雪茄市场产生了积极影响。2023 年中国雪茄市场的销售业绩也再创新高，达 3166 万支，同比增长 8.5%。

近百年来产生了一系列优秀的女性香烟品牌：YSL（圣罗兰，美国）、Black Devil（黑魔鬼，荷兰）、ESSE（大田，韩国）、MILD SEVEN（七星，日本）、Salem（沙龙，日本）、KENT（健牌，美国）。行业研究表明：有洁癖、因工作繁忙而导致身体虚弱的女性喜欢 YSL，叛逆女性特别是女作家喜欢“柔和七星”。Black Devil 拥有黑色的烟身，非常特别，奶油口味，闻的人也会喜欢。Salem 是世界上第一个混合型薄荷烟品牌。ESSE 则烟支纤长，滤嘴采用先进的激光打孔、侧流基技术，减少吸阻，将口感与吸感科学、合理地进行调配。

4　逝去的竞技狂欢

香烟与体育运动关系的紧密不免让人不悦：一个“有害健康”，一个“有益健康”，不矛盾吗？同时，一定是这样吗？事实上，过度运动、强竞技、兴奋剂等都是有害健康的。所以无法简单地定义香烟与体育运动的关系。

从2018年开始，一位“抽烟哥”不断出现在中国南方一些城市的马拉松比赛中，他叼着烟在赛道上跑步的照片已经“跑出中国，走向世界”，并且成绩保持在3小时30分以内。

香烟与体育运动关系的紧密不免让人不悦：一个“有害健康”，一个“有益健康”，不矛盾吗？

如果说香烟有害健康，那么与体育相关的一定是有益健康的吗？事实上，过度运动、强竞技、兴奋剂等都是有害健康的。所以无法从有害或有益这个角度简单地定义香烟与体育运动的关系。

A/ 曾是生命线

无法考证体育运动与香烟产生关联或者说烟草赞助体育运动始于何时，但20世纪七八十年代达到了顶峰却是一个客观历程。

代表性项目是F1。1968年，当时莲花车队的查普曼将帝国烟草公司的金叶香烟标志贴上了赛车。20世纪80年代起，帝国烟草公司和菲莫烟草公司相继赞助莲花和迈凯伦车队。1997年，万宝路支持法拉利，迈凯伦的主赞助商改为德国Reemtsma烟草公司（2002年被帝国烟草收购），WEST就是该德国公司旗下两大烟草品牌之一。

至20世纪90年代，烟草厂商一度承担了F1各车队约80%的开支：英国的金边臣（Bensen&Hedgets）赞助乔丹，乐富门（Rothmans）赞助威廉姆斯，拥有“健牌”“好彩”“555”等品牌的英美烟草每年投入5500万美元建立了英美车队。

即使到了欧盟禁烟令生效前的最后一年，F1赛道依然是烟草商在国际体育领域的最后一块阵地，烟草商也仍然是各车队的保命金主：法拉利从万宝路得到7000万欧元，迈凯伦从德国WEST得到4110万欧元，雷诺从七星得到4400万欧元。

万宝路是F1最有影响、最重要的赞助商。这一奔放、竞争、极具挑战性的运动项目的特征和车手的精神形象正符合万宝路要塑造的“硬派男子”的品牌意象。万宝路赞助F1二十余年，对于其树立品牌形象起到了巨大的作用，博得了公众的好感。

此外，万宝路还是足球、摩托车、赛马、滑雪比赛以及自行车比赛的长期赞助商。

B/ 语录上烟标

中国体育与香烟的结缘至少在20世纪初就已经开始。20世纪20年代中期，一幅香烟广告描绘了时髦年轻女郎着旗袍、穿高跟鞋、双手持高尔夫球棒、面呈欣喜之态，正在练习开球。画面迎合了当时人们的审美需求。

中国体育题材烟标，也打上了时代的印迹。

1966年7月16日，73岁高龄的毛泽东畅游长江，国营汉口卷烟总厂出产了“游泳”烟标，印有毛泽东的手迹“万里长江横渡，极目楚天舒”，书法气势磅礴、潇洒飘逸。

1973年北京举办亚非拉乒乓球友好邀请赛，天津推出了“友谊”纪念香烟，广州也出了“银球”香烟。1984年奥运会，许海峰实现了中国奥运金牌零的突破，河南商丘卷烟厂出产了多个版本的“夺魁”烟标。

体育纪念烟标的鼎盛时期，出现在 1990 年的北京第十一届亚运会上。国内有近 30 家烟厂抓住商机，生产了 60 种以上的香烟，如北京厂的“北京”、砀山的“亚运”、贵阳的“90”等。

20 世纪 80 年代，中国女排连获世界冠军，湖北随州卷烟厂出产的“争光”烟标，主图为一名女排队员高高跃起、大力扣球的精彩瞬间。商丘、郴州、四平等地出产了“夺魁”“三连冠”“四连冠”“五连冠”等烟标。此外，红安“球迷”祝愿中国足球冲出亚洲走向世界。

C/“心飞了起来”

放在今天无法想象的是，台球作为室内运动，赛场内观众吸烟，球员也吸烟，一片云雾缭绕。这种现象一直延续到 20 世纪 70 年代。且不说英伦赛事，早期中国赛事的赞助商也是烟草厂商。1987 年 3 月，在北京举办的国际台球大赛，是在中国举办的第一项世界职业赛事，其赞助品牌是英美烟草公司的“健牌”。

白沙烟在雅典奥运会期间推出了“奥运时刻，我心飞翔”的形象广告，北京申奥成功时打出“这一刻，中国人的心飞了起来”的广告。

“芙蓉王”赞助的体育活动有高尔夫球赛，还有惊险、豪迈的赛马运动，符合“芙蓉王”的品牌主张以及消费人群的喜好，具有体育营销专业性和针对性，即品牌主张与体育项目高度契合。

从 1998 年开始，“红河”实施了以“赛车运动”为平台的体育营销战略，组建红河车队，参加汽车拉力锦标赛，购进先进赛车，引进知名车手，把品牌的影响力发挥到了较高层次。2005 年，“红河”成为中国赛车运动推广战略合作伙伴，上海国际赛车场最具挑战性、最富有特点的一号弯道还被命名为“红河弯”，把 F1 赛车运动的激情与红河品牌的热情完美结合起来。2008 年，“红河”组队参加达喀尔汽车拉力赛，成为第一个真正以中国本土品牌冠名的车队，展现了中国民族品牌的实力和魅力。

“七匹狼”则赞助过英超联赛的转播，它还有配套线下活动叫作“火热之夜”。

D/“无烟体育”

随着全球禁烟运动的开展，体育领域逐渐开始摆脱烟草赞助。随着香烟与健康之间关系的厘清，代表着人类健康方向的体育与香烟之间的关系正在产生变化。其中之一就是，大量烟草广告退出体育赞助的行列……

1986 年，国际足联在各大体育组织中第一个宣布不再接受烟草业的广告。1988 年，加拿大冬季奥运会率先提倡并践行赛事无烟化。1992 年，巴塞罗那奥运会实现全面禁烟。其后的每届奥运会都成为无烟运动会，包括：比赛场馆等公共场所全面禁烟，禁止一切与烟草有关的广告等。特别是 2000 年悉尼奥运会，世界卫生组织称赞其为无烟奥运的金标准。

2001 年，世界卫生组织、国际奥委会、国际汽车联合会、国际足联在日内瓦发起“无烟体育”运动。2002 年，世界卫生组织将“无烟体育——清洁的比赛”定为当年世界无烟日的主题。2002 年，日韩国际足联世界杯及当年其他众多体育赛事都宣布无烟化。

2003 年 5 月，世界卫生大会正式通过《世界卫生组织烟草控制框架公约》。该公约是第一份致力于治理烟草问题的国际条约，其中就含有全面禁止包括体育活动赞助在内的一切烟草广告的规定。包括国际足联和国际赛车运动联合会在内的多家重要体育运动团体，都已声明支持该公约的实施。这些体育团体谴责体育运动和烟草长期以来的联系，从而为各级体育事业的无烟化铺平了道路。

2005 年，欧洲议会规定：禁止香烟制造商赞助包括体育比赛在内的大型活动。2022 年，卡塔尔世界杯组织了一支由 80 名烟草检查员组成的小组，监督执行国际足联关于烟草的赛事政策。

至此，竞技与香烟的狂欢也如烟一般逝去。

2024 年，“抽烟哥”再次刷新了关于抽烟与体育运动的话题。1 月，厦门马拉松组委会发布公告：取消其成绩和名次，禁赛两年。

5 以科学之名

对吸烟的反对，早期主要在道德领域。“吸烟危害健康”的研究始于 20 世纪 50 年代。现有理论认为：烟雾中有 4000 多种物质，其中多数有害。1996 年，强烈致癌物苯并芘被发现，而其所致病变也不只是肺癌。

长期以来，人类在吸烟与健康的关系问题上一直争议不断。但权威部分公布的“中国人十大死亡原因”却并无争议，占前四位的四种原因为恶性肿瘤、心脏病、脑血管病、呼吸疾病，都与吸烟有关。

近年来全球归因于烟草使用的死亡人数超 800 万，其中中国超过

100 万，有 33.8% 的人在 40—69 岁之间去世。

A/ 发现终极证据

17 世纪，詹姆斯一世在牛津发起一场关于抽烟的辩论，反对吸烟者出示了吸烟者变黑的脑颅和内脏来证明吸烟的危害。那时的科学水平也还不足以让人们对吸烟的合理性产生质疑。

19 世纪在比利时曾发生一起残疾人暴毙的惨案：妻子与其弟弟向被害人嘴里灌入尼古丁致其死亡……这类事件成为人们探究问题的催化剂。早期社会对吸烟的态度主要是道德、宗教的反映，没有确切的科学依据。甚至法国“反对滥用烟草联盟”于 1868 年 7 月 11 日成立时，虽然已经初步认识“过度吸烟造成危害”，也只是警示有可能出现“精神疾病、麻痹性瘫痪、口腔及胃癌癌变、视力减弱等”。

尽管这个时期出现了一些质疑的声音，但是大多数人并不相信这些疾病和烟草有什么联系。1948 年，理查德・多尔爵士开始设法说服人们认识抽烟对健康的有害影响。他通过一连串的肺癌流行病理学的研究，使英国和美国公共卫生专家确信抽烟危害人们的健康——一氧化碳取代氧气附着在红细胞的血红蛋白中，导致血液中氧气含量减少，从而使心脏和动脉的负担加重，最终出现心脏病和心血管疾病。反对抽烟的公共卫生运动就是从这个时候开始的。

20 世纪 50 年代，开始出现对此真正科学而理性的研究。大量研究从不同侧面提出了“吸烟危害健康”的证据，但没有形成一个综合性、科学性、全局性的观点。

1962 年，美国联邦卫生局组成 10 人专家委员会，聘请 155 名专家顾问，组织十几个工作小组，历时 13 个月，对过去几千份科研成果进行了综合分析审查，对“吸烟与健康”问题进行了系统性的科学论证，并于 1964 年 1 月发布了第一份“吸烟与健康”报告，第一次以政府名义给出了“吸烟危害健康”的权威结论。

1996 年，香烟烟雾含有的一种强烈致癌物——苯并芘被发现。科学家发现这种物质不仅可以引起 p53 基因突变，也是引发 K-ras 突变的主要危险因素，而 p53 基因也叫抑癌基因，正是调控细胞分裂的关键。苯并芘的发现被视为吸烟导致肺癌的“最终证据”，此后，烟草公司再也不能以“相关不因果”作为挡箭牌了。

B/ 肺部伤害详解

18 世纪的一部《医学大辞典》提出：没有防护的烟厂工人，普遍面黄肌瘦，有哮喘、腹泻、便血、头晕、心绞痛等症状。那时肺癌还很少见，在 1761 年之前，人们甚至不认为肺癌是一种明确的疾病。1761 年，约翰·希尔明确将抽烟和鼻道癌联系在一起，这很快成为一个普遍认同的“事实”。直到 1810 年，肺癌终于有了详细记载。

如果之前抽烟一直被认为是一种快感或一种药方，或一种恶习和疾病的诱因，那么到了 19 世纪，医疗机构已经清楚地认识到烟草对健康的危害，科学家开始研究抽烟对健康的影响。1878 年，在尸检时发现的癌症中，肺部恶性肿瘤仅占 1%，但到 20 世纪早期，这一比例上升到 10%—15%。1903 年，健康改革家 J. H. 凯洛格说：“抽烟用一种最确定的方式破坏了健康和精神……”

直到烟草被欧洲人发现 400 多年后的一天，1929 年，一位德国内科医生弗里茨·利金特意识到了吸烟和肺癌的直接关联，才引发了医学界的重视。

吸烟对肺部的伤害是这样进行的：

吸烟导致的炎症及氧化应激反应，造成气道黏膜炎性损伤、变性和坏死；

气道天然的保护功能被削弱，继而破坏细支气管，引起小气道阻塞，从而使肺功能明显下降，导致慢性支气管炎、哮喘及慢阻肺等发生。

烟草对人的影响有滞后效应，有时甚至延迟10—30年。人类由于衰老等原因，肺功能会出现生理性下降，而吸烟会加速这一过程。

吸烟者患慢阻肺的概率几乎是不吸烟者的5倍，一旦出现慢阻肺，肺功能的下降不可逆转。戒烟者的肺功能下降速度会有所缓解，但仍恢复不到吸烟前的状态。

另外，一些烟民可能认为既然抽烟很久了，已经损伤肺功能了，不如不戒烟了。但该研究显示，人在戒烟后，肺功能损伤将比吸烟时减少80%，有相当程度的改善。因此，任何时候戒烟都不晚。研究人员提醒，如果能在没患病前戒烟，10—15年后，戒烟者的死亡率将与不吸烟者没太大差别。

C/ 这些被忽视的

首先被忽略的吸烟威胁是心血管崩溃。更多的研究还发现，除肺癌外，吸烟还可以使头颈癌、胰腺癌、膀胱癌等十几种癌症的危险性增高。比起吸烟伤肺，很多人可能没意识到，心血管疾病才是吸烟最大的隐形伤害。嗜好雪茄的丘吉尔、喜欢“骆驼”牌香烟的罗斯福、总是叼着烟斗的斯大林——三位全都死于脑出血。

香烟中含有的尼古丁等多种毒素，会损伤血管内皮，导致血管痉挛，使心跳加快、血压和胆固醇升高，增加形成血液凝块的可能，诱发动脉粥样硬化；

粥样硬化斑块一旦破裂或脱落，会在短时间内堵塞血管，导致急性心梗或脑卒中，严重危及生命；

长期吸烟会诱发冠心病、心律失常及房颤等心血管疾病，特别是冠心病，且被动吸烟者也会受到极大伤害。

2020年，瑞典乌普萨拉大学一项涉及90万人的8年随访研究发现，吸烟可导致7种心血管疾病，包括冠心病、心衰、腹主动脉瘤、缺血性脑卒中、短暂性脑缺血发作、外周动脉疾病、高血压。

其次被忽略的是国家卫生水平。据《世卫组织2000—2025年全球烟草使用流行趋势报告》，全球每年有800多万人死于烟草使用，其中700多万人因直接吸食烟草而死亡，还有约120万不吸烟者因接触二手烟雾而死亡，大多数烟草相关死亡发生在低收入和中等收入国家。据世界卫生组织、英国帝国癌症研究基金会和美国癌症协会数据，全世界每10秒钟就有1人死于吸烟所引起的疾病。

烟草燃烧所产生的5000多种物质中多数有害并会侵害身体：损坏牙釉质，破坏鼻神经，摧毁肺，带走血氧，使人感觉胸闷气短、身体越来越虚弱，等等。尼古丁使血管壁狭窄，增加血栓形成并触发心脏病发作和中风的可能性，甚至引发人体DNA的危险突变，导致患癌风险增加……

第一类忽略来自人们的习惯思维，第二类忽略来自发展的不平衡。通往人类健康的道路依然坎坷。

别篇：科技的背面

人类关于“烟草是否具有危害”的科学实验让无数的小白鼠和几十条

比格犬付出了生命的代价。而科学家们则在早期卓绝的工作之后走向分化，有的如同殉道者，有的则似乎成为帮凶。

一只狗和一支烟之间，似乎很难发生什么。而这无法想象的事情确实发生了，通过动物实验。

科技与武器类似，本身无意识，不同价值观会赋予它不同倾向，从而产生不同的结果。

A/ 焦油涂抹在老鼠身上

1947 年，纽约贝尔维尤医院，实习医生恩斯特·温德被眼前的景象吓傻了，这是他人生中第一次看到因肺癌去世者的肺。

在 20 世纪上半叶，肺癌还是一种极其罕见的癌症。

但温德发现，近两年得肺癌的人却越来越多，在走访了数十位肺癌患者后，温德惊奇地发现了这些患者的共性——抽烟。

温德最初是把这个发现告诉了自己的导师格雷厄姆，但他马上就遭到了手持香烟的导师的否定与嘲笑。

和当时大部分医生一样，这位导师认为烟草是有益于健康的天然草本植物，还鼓励人们通过咀嚼烟叶来缓解牙痛和清除口腔异味，甚至很多医生都有抽烟的习惯。

而且因为肺癌和吸烟同时出现就断定吸烟导致肺癌，这在逻辑学上也是说不通的。

导师在接受采访时还开玩笑说，既然丝袜和香烟是同时兴起的，那么是否也有理由推断是丝袜导致了肺癌。

不过格雷厄姆导师最终还是同意了温德的研究计划，一方面是因为温德太拗了，另一方面也是为了打脸“抽烟致癌”这种说法。

于是他们进行了后来震惊世界的焦油老鼠实验，而最终结果却让格雷厄姆感到头皮发麻。

他们设计了一个模拟人肺的装置，用它来模拟吸烟，然后便发现了一种冷凝物——焦油。

他们把焦油进行溶解，涂抹在老鼠身上，并和没有涂抹的老鼠进行对照。42 天后，他们发现那群涂抹组的老鼠几乎都发生了癌变，最终存活率仅有 9.8%。

实验数据让格雷厄姆感到十分惊悚，他立马联系胸外科医生和癌症专家，呼吁禁烟。

然而对于格雷厄姆自己来说，却为时已晚，七年后，格雷厄姆死于肺癌。

B/ 电子烟健康神话破灭

2022 年，JUUL Labs 因其产品设计和市场营销策略导致青少年电子烟吸食率激增，陷入法律诉讼，自美国电子烟风味禁令发布以来在美销量大受影响。禁令依据来自多轮动物实验。

美国路易斯维尔大学医学院卡尔（Alex P. Carll）团队实验发现，电子烟溶剂（植物甘油和丙二醇）产生的气溶胶在吸入期间会导致小鼠的心动过缓、心律失常和心率变异性升高。薄荷味电子烟溶剂产生的气溶胶引起室性心律失常，并增加早期心室复极，改变心房和房室传导。上述现象与副交感神经对心脏的调节发生改变有关。该研究首次证实电子烟的单一化学成分可能通过引起心律失常和刺激自主神经反射提高心脏疾病风险。

根据彭博社报道，纽约大学医学院研究人员将老鼠暴露在电子烟烟雾中 12 周，剂量和持续时间相当于一名 10 年资历的轻度电子烟吸烟者。在试验结束时，烟雾已经在动物的肺、膀胱和心脏中造成 DNA 损伤，并抑制肺蛋白和重要的 DNA 修复功能。

禁售令影响了 JUUL Labs 约 95% 的收入来源，也导致上市准入申请被拒。面对监管带来的破产危机，JUUL Labs 向联邦巡回法院提出上诉，FDA 暂停了对该产品的禁售令但并未取消。禁售令也改变了美国电子烟行业格局，JUUL 市场份额被英美烟草的 Vuse 超越且差距不断扩大，失去了美国电子烟市场的第一把交椅。JUUL Labs 公司估值大幅下跌，从高峰时的 380 亿美元跌至 100 亿美元，并陆续宣布退出印度尼西亚、韩国、法国、德国、奥地利、葡萄牙、西班牙等多个市场，相当于基本暂停在欧洲大陆及亚洲市场的销售。

C/48 只比格犬的惨剧

而最残酷的牺牲出人意料地降临到了一群狗身上。

1920 年之后，一些研究人员发现长期吸烟的人容易得病，很多人开始减少购买烟草，而一些英国烟草公司为了减少销售量的下降，用比格犬做实验来证明吸烟不会对人体产生影响。

烟草商先购买了 48 只比格犬，并给每一只狗都配备上抽烟装置，而抽烟的量是惊人的一天 100 根，实验最后，比格犬似乎没有明显变化，于是得出了“吸烟无害”的实验结论。

当时一名记者对此产生了质疑，并设法进入烟草商的实验室，发现那 48 只比格犬被关在密闭空间内每天被迫“吸烟”，残忍的是他们还将一些狗的气管切开直接送入烟雾，而由于吸烟过量晕倒的狗，会被电醒接着吸烟，整个场面非常残忍，随后她将此事进行了曝光——

这是一次丧失人性的实验。

以狗为实验对象如果是个例，小白鼠则是常态，并被习以为常。

这是中国某省疾控中心毒理所现场演示的烟草危害实验：实验人员使用模拟吸烟装置现场提取一支香烟所产生的毒物，溶解于试管内的蒸馏水中，一支烟全部燃烧完，蒸馏水变成了深黄色的油性溶液；紧接着，实验人员将溶液注入一只体重20克左右的小白鼠体内，注射完溶液的小白鼠显得异常兴奋，在大烧杯里不停地窜来窜去，不停用头撞击玻璃，甚至一跃而出20多厘米的烧杯壁；不到三分钟，小白鼠无力倒地，身子不停发抖，四肢也开始抽搐起来，这时候小白鼠的生命已经接近了尾声。

D/ 对科学家的人性实验

2020年11月，3位科学家在知名美国科技博客网Gizmodo上揭露了一件震惊世人的科学欺诈事件。斯坦福大学科学史、肺医学教授罗伯特·普罗克特实名举报：20世纪50年代，烟草公司贿赂27位诺贝尔奖得主，转移走了大量吸烟导致死亡的证据。期间，数亿美元流向了各位世界一流顶级学者的账户，以换取诺贝尔奖得主们对公众的“误导”：香烟之外的东西更致癌，香烟不是致癌的焦点。

这种“被利用”的故事其实并不鲜见。20世纪中期，烟草商们让医生来为烟草背书：20679名医生说“好彩”牌卷烟刺激性更弱。雷诺兹则成立了一个医学部，聘请斯坦福大学的医学博士做代言，把自己的“骆驼”牌香烟免费送到所有医生手中。

20世纪中期，烟草公司发明的过滤嘴香烟，似乎是在努力打消人们对于吸食香烟致病的顾虑。然而讽刺的是，40年后，过滤嘴中的石棉被认定为超强致癌物。

局部科学的局限在香烟这一巨大文化和经济现象面前，显得不堪一击。

托马斯·阿尔瓦·爱迪生（Thomas Alva Edison）曾经说过“灵感来自吸烟的过程”。雪茄曾伴随这位伟大的天才度过无数艰难岁月，并与他一起见证了许多奇迹的发生。热爱雪茄的爱迪生甚至还专门列出了一项发明：可反复使用的雪茄。这项发明最后由于种种原因没有实现。那么问题是：这项发明是否应该呢？

科学研究与实验如何进行？如何在科学研究与实验中避免非人性的行为？如何避免科学为非人道行为所利用？或许这个问题与核技术的使用有一定的相近性。

6　药用及其他积极性争议

16世纪的欧洲，几乎所有医生都把烟草当“神药”使用，用它来医治牙痛、肠道寄生虫、口臭、破伤风甚至癌症。这和早期印第安人用吸烟防治头疼、牙疼、咳嗽等疾病是相似的。直到目前仍有相当数量的意见支持烟草的健康功能。

500年来，有关“烟草致病”“烟草有益健康”等核心观点的交锋，一直在进行。

A/ 传奇“神药”

早期的印第安人把烟草串在一起，挂在阴凉处晾干，并且让生病的人抽烟或吸鼻烟，也进行口服和外敷，用来治疗和预防头疼、牙疼、咳嗽、胃疼、腰疼、心脏病、风湿病、被毒箭射中的创伤、红肿、鼻膜炎等，作为一种镇静、止痛、消炎的药物。人们相信它是来自神灵的馈赠和救助。

16 世纪的欧洲，几乎所有医生都把烟草当“神药”使用，用它来医治牙痛、肠道寄生虫、口臭、破伤风甚至癌症等更重的病。当时，欧洲有一种说法认为烟草可以治疗黑死病，当年英国伊顿公学每天早晨都会用鞭子逼着孩子们吸烟以对抗瘟疫。

而 1665 年伦敦大瘟疫时更是曾以吸烟作为防疫措施。一次霍乱流行，汉堡的烟厂工人无一人得病。人们开始相信吸烟可以预防疾病——尤其是瘟疫。

1560 年前后，直接导致“尼古丁”命名的法国驻葡萄牙大使杰恩·尼古特听说烟草能够解乏提神，可以止痛和治疗疾病，尤其对头痛有疗效，于是将烟草精心栽培在自己的花园里，经常采摘试吸，感觉良好。据说他用烟草治好了厨师的刀伤、助手的父亲持续两年的腿部溃烂、妇女脸上的癣、船长的瘰疬，用捣碎的烟草及汁液治愈了助手面颊上的侵蚀性溃疡，并且他还称点燃香烟吸入烟雾可以缓解咳嗽，将烟雾吹入患处还可以缓解牙齿疼痛。

和李时珍同一时期的西班牙名医兼植物学家尼古拉斯·蒙纳德斯（Nicolas Monardes），在 1571 年写了一本和《本草纲目》一样富于传奇色彩的《新世界药用植物》（又名《关于烟草可以治愈的 36 种特定疾病》）。在书中，他宣告这种“圣草”的“功效”及“伟大之处”：它能医治疾病，驱除邪灵；事实上，这种药草可以满足人们的普遍需求，不仅因为它可以医治疾病，还因为它能让人保持健康。他还解释说，抽烟能缓解疲劳，让人放松。抽烟对人体有益处这个说法很高程度上就是从这里传出去的。另一位西班牙药草学家卡德纳斯认为烟草驱寒、止饿、止渴，这和 1642 年洪承畴麾下的明朝官兵使用烟草的目的如出一辙。

后来，欧洲人在这基础上不断给烟草加戏，到伊丽莎白时代，著名的沃尔特·罗利爵士就坚信并一直宣扬烟草拥有各种神奇的保健功能。

事实上，18 至 19 世纪欧洲曾用烟熏的方法治疗溺水和呼吸类疾病如肺部疾病。而至今尼古丁仍被用于治疗肠癌。

B/ 博弈时代

1947 年，一位名叫罗瑞拉德（Lorillard）的化学家再次证明吸烟会导致癌症，这一证据直接让烟草业发生了方向性逆转。

但树与风从来都不是孤独的。1948 年，美国医学会的结论是：吸烟能摆脱精神紧张，故无须反对。

在吸烟有害越来越深入人心、但也仍然不乏争议的情况下，烟草业来到了产业与消费最具上升势头的 20 世纪中叶。

1950 年，50% 的香烟都拥有了过滤嘴。卷烟过滤嘴的三种主要功能包括直接拦截、惯性压紧和扩散沉淀，最普遍的是直接拦截过滤嘴。过滤是一个复杂的过程，也就是说焦油小滴从烟雾中分离出来后，当它们到达过滤嘴材料的表面时就附着在上面。

只过了两年，1952 年，《读者文摘》刊载了《香烟引起的癌症》一文，揭露了过滤香烟的假象。

这时，“抽烟预防和缓解多种疾病”的观点仍占有相当的舆论优势。1964 年，美国医政总署报告显示，吸烟者患神经失调的比例只有不吸烟者的一半。1985 年，世界卫生组织邀请世界知名专家讨论吸烟问题，一致认为吸烟可以部分预防子宫内膜癌、结肠溃疡、震颤性麻痹症、妊娠中毒性贫血和骨质疏松等 5 种疾病。1991 年，《国际流行病学》报道，在精神错乱患者中，吸烟者仅占 1/3。1994 年，澳大利亚统计局对 1200 万国民所做的调查表明，吸烟者比不吸烟者患心脏病和高血压病的人数要少。约有 24.9% 的吸烟者没有患过任何疾病，而不吸烟者未患任何疾病的仅占 17.9%。

还有观点认为：烟草燃烧过程中的非饱和状态的尼古丁，具有重要的生物活性，能提高人体免疫力；含有的四甲基吡嗪，能够扩张血管、改善微循环及抑制血小板聚集。烟草生产过程中大量使用酵母，酵母中具有细胞自噬的关键基因，自噬过程能够清除掉淤积的代谢残渣，而残渣关联多种疾病。

另外，世界卫生组织早在 20 世纪 90 年代就在全球大力推广“尼古丁替代疗法”进行戒烟，取代了以往从香烟中获得的尼古丁，帮助人们在生理和心理上克服对香烟的依赖，使戒烟的成功机会增加 1 倍以上。2012 年 6 月，美国科学家研制出一种新型尼古丁疫苗，能够帮助烟民戒掉烟瘾，同时也能防止非烟民染上这种不良嗜好。这种疫苗一次注射便可让接受者终生产生免疫反应。

C/ 长寿传说？

如果做一个真实的烟民调查，对于“香烟有害健康”的说法，这样一种态度一定会占有为数不少的量：相信科学，但似乎太遥远了。同时，那些长寿的烟民反倒成为不胫而走的“形象代言”。

这是一个关于法国长寿老人珍妮（Jeanne）的故事：1965 年，珍妮 90 岁，她用自己的房子和一个律师签下了一份反向贷款协议。房子价值 30 万法郎，老人向律师贷款每月 2500 法郎，这么算下来合同执行要超过 10 年，律师才会亏。而老人 90 岁。也就是说，除非老太太活到100岁，不然对律师而言，这是一个稳赚的买卖。但惊人的事发生了。老人活到了 1997 年，122 岁，累计领了 96 万法郎。

是的，我们之所以谈论这位老人，是想说她的生活习惯——烟瘾。她一直抽烟抽到了 117 岁才戒掉，而且还不是出于对健康的考虑。她当时眼睛已经看不清东西，但不好意思一直叫别人帮自己点火。

1995 年 7 月 26 日，日本《朝日新闻》报道，欧盟吸烟最多的是希腊，但这国的平均寿命在欧盟中排第 2 位。

广西河池烟草公司"长寿老人与吸烟调查"课题组，于 1994 年 6 月对巴马瑶族自治县 228 名 90 岁以上老人的吸烟情况进行了调查，结果表明，90 岁以上的吸烟老人，基本没有发现典型阿尔茨海默病和帕金森病例，绝大多数吸烟老人的思维、记忆、表达能力较好。

2023 年，权威学术期刊《Nature Communication》发表研究结果：长期微量服用尼古丁能够有效改善能量代谢和延缓全身性衰老。该研究由中国科学院深圳先进技术研究院脑认知与脑疾病研究所李翔团队提出。研究中，48 只白鼠分为两组，实验组每天饮用 2μg/ml 的尼古丁水，对照组不做干预。12 个月后，实验组运动量、精力水平、反应速度等更优异，且存活率（91.7%）显著高于对照组（54.2%）。此外，研究团队还检测了存活白鼠的神经功能，实验组在记忆力、思维活力上表现更好，阿尔茨海默病的相关指标更低，且肌肉、心脏中细胞线粒体活性更强。

2018 年 4 月 18 日上午，湖南卫视《快乐心灵鲁豫有约》节目组走进湖南杂交水稻研究中心，采访袁隆平。袁隆平说："我总结过吸烟有五大好处呢，一是友谊的桥梁，二是寂寞的伴侣，三是灵感的源泉，四是税收的保证，五是健康的证明。"袁隆平于 2021 年去世，享年 91 岁。

别篇：草本纵横

果然，在这个草药大国，烟草的确曾用于治病。中医认为烟草具备三方面功效：驱寒解表，可以扶阳；解郁结，可以宣肺；通十二经脉，治疗各种寒凝气滞。《本草纲目》未涉及烟草，最权威的相关文献是《景岳全书》。

美国学者班·凯乐的《中国烟草史》记载：中医在17世纪初已经意识到烟草会伤害身体，入药时已被告知不要过度使用。1611年，万历三十九年，福建兴化府莆田县人姚旅作《露书》，记录了许多当地的药用植物，其中就包括烟草。

在中国传统的中医药理论中，烟草具有“通血脉、散湿气”“行药势、杀百邪恶毒气”“除风下气、开胃下食”“温肠胃、御风寒”“止腰膝疼痛”等作用。

A/ 功效

《滇南本草》记载：“治热毒疔疮，痈疽搭背，无名肿毒，一切热毒疮，或吃牛马驴骡死内中毒。”《现代实用中药》记载：“治疥疮等寄生性皮肤病。”《广州植物志》也有记录：“治骨节疼痛，痿麻不仁，偏风头痛，毒蛇咬伤。”

根据这些记载，烟草治病有几大功效：驱寒解表，可以扶阳；解郁结，可以宣肺；通十二经脉，治疗各种寒凝气滞；还可治疗疔疮、痈疽、毒疮，偏头痛、关节痛，蚊虫、毒蛇咬伤等。

扶阳指使人体的阳气变得更加充足，能够御寒，能够抗感冒。古人衣食不足，经常在风中劳作，所以干活之余抽一两根烟，可以解乏，也可以驱寒。《本草备要》说“治风寒湿痹，滞气停痰，山岚瘴雾”。中医采用“温补”增强阳气，代表人是张景岳，浙江山阴（今绍兴）人，1624 年编纂了《景岳全书》，其中大量篇幅说到烟草的疗效，其学说对后世影响很大。顺治年间的沈穆就认为烟草可修复纵欲造成的伤害，化解各种淤结。烟草气温而味辛，作为一种向上和向外生发、具有微热性的草药，这些温、补、生发等特征，可以克服许多身体疾病，如饮食不当、过劳等，特别是寒和湿引起的流行病和发热病，还可抵御风邪、缓解风湿性疼痛。

古代医者认为烟草可以缓解抑郁情绪，对肺部有很好的调节作用。因为肺是怕寒邪的，在寒邪的侵袭下，抽一根烟就能使肺经经脉相对通畅，调节情志，“其气入口，不循常度，顷刻而周一身，令人通体俱快，醒能使醉，醉能使醒，饥能使饱，饱能使饥”。作家全祖望（1705—1755）在其著名的论烟草的短文中称，烟草的本质是提供单纯的快感及崇高的精神，沮丧时，烟能愉悦精神，引导人们打开精神通道；它能让醉意变为清醒，亦能让人沉醉；它能排解苦闷，排解烦恼，是日常生活的必需品。

《本草正》说烟草“用以治表，善逐一切阴邪寒毒，山岚瘴气，风湿邪闭腠理，筋骨疼痛；用以治里，善壮胃气，祛阴浊寒滞，消膨胀宿食，止呕哕霍乱，除积聚诸虫，解郁结，止疼痛，行气停血瘀，举下陷后坠，通达三焦”。

从疟疾预防到治疗风湿和普通感冒，清代社会精英进一步赞扬了抽烟的医疗功效，对中国形成一种浓厚的抽烟文化起到了推波助澜的作用。

1624 年，倪朱谟作《本草汇言》，指出阳气由于积寒而停滞，烟气可化痰、开胃、止渴，妇女可以清除小腹阻塞，并可缓解儿童疳积，此药“大能御霜露风雨之寒，避山蛊鬼邪之气”。

《蚓庵琐语》认为，“烟叶出闽中，边上人寒疾，非此不治”。《食物本草》甚至将其当成灵丹妙药，称“凡食烟，一切抑郁愁闷，俱可藉以消遣，故亦名忘忧草”。

B/ 禁忌

因为烟是辛温的，所以虚寒之人，身体有寒湿、有痹痛的人，可以吸烟，特别是风寒湿痹的患者，可以吸食适量的烟，通痹散结。

什么样的人不能抽烟？身体有阴虚情况之人不能抽烟，中焦有湿热的人不能抽烟，肺部有热者不能抽烟。《本草正》说：“此物性属纯阳，善行善散，惟阴滞者用之，若阳盛气越而多躁多火，及气虚气短而多汗者，皆不宜用。”

很多人都有咽喉炎，其实是一种阴虚火甚的表现，这种情况也不适宜，《本草汇言》说：“阴虚吐血，肺燥劳瘵之人，勿用。”因为抽烟的人都偏向于寒湿，所以很多抽烟的人都痰多，在中医看来就是阴邪，必须要温药才能化，烟草就是一个很好的化寒湿的药。

这些典籍的观点总体为：烟草性烈，辛温，所以即使抽也要控制量，不能太过。烟草是一味药，偏性太大，所以服用之时要慎重，要注意。

《景岳全书》也认可烟草的毒性。比如，长期吸食会耗尽阳气，妇女长期吸食会造成月经不调和不育。

中医用这一理论解释了戒烟之后人发胖的原因：因为烟辛温，可通经脉，对身体中的寒湿之气有克制作用，抽烟的人通常原本就是寒湿体质，才会对烟草产生依赖，戒烟后气血运行出了问题，就会寒湿凝结，人自然就长胖了。

C/ 可能性

除了精英阶层，民间也多有烟草入医的案例。在贵州，仍然有烟草治病的现实。比如急性肠胃疼痛，将烟筒水倒入一只土罐中放在火上烧涨，用纱布过滤后喝下去，据说几分钟后就可以缓解。

而商业化时代，将烟草养生化的做法屡见不鲜。中国烟草商通过在卷烟中添加中草药提取液，开发出了有中国特色中草药型卷烟。只不过这种行为是否算是创新也具有一定的争议性。

1979 年，北京某卷烟厂开发了中国第一种中草药卷烟“某乐”。1994 年，江西中烟开发的“金圣”，声称含有中药萃取液“金圣香”；“金圣”打出的口号是“吸烟有害健康，金圣与众不同”，并称能“有效减少烟草有害成分，对人体肾、肺有调理作用”。1999 年，广东中烟开发研制的“五叶神”，含有“神农萃取液”；“五叶神”在 1999 年上市至 2005 年的七年间，产销量以每年平均 2.8 倍的速度增长，期间销量居于中国烟草一类卷烟的第四位。“五叶神”号称能有效减少烟草烟雾中的有害成分，能抑制烟草烟雾中苯并芘的致癌性，能够降低 61.5% 亚硝胺和烟草特有亚硝胺的影响，还能够止痰化咳。

在其他产业方面，也有人用烟草制造杀虫剂，提取烟碱、苹果酸、柠檬酸等，还有用来制肥料和杀虫剂的。由于烟草中的烟碱有强烈的刺激气味，可与水以任何比例相混合，是一种神经毒剂，能刺激飞虫的神经中枢，使害虫兴奋中毒，速效杀灭。

水能克火，也有人以此为依据进行戒烟：因为烟草具有很强的火性，所以宜抽水烟；旱烟容易出现上火的情形，现在有滤嘴，但还是不能制烟之毒，唯有水能克火，所以制烟之毒的最好方法就是用水，比如服用戒烟饮品等。

7　复盘尼古丁

对于尼古丁，正反方都认为它对中枢神经系统和植物神经系统的神经细胞和运动神经末梢发生作用。只不过在加快信息在人脑中传递的速度、增强记忆的物理化学反应过程等方面解读完全不同……

1560年前后，法国驻葡萄牙大使杰恩·尼古特（Jean Nicot，1530—1604）发现并亲自种植和尝试了烟草后，回到法国，尼古特迫不及待地将烟草及种子赠送给了法兰西国王二世和王后，以治疗王后的偏头痛。这对烟草在欧洲大陆的推广起到了重要的作用。

后来人们为了纪念尼古特，就把烟草中特有的植物碱——烟碱命名为尼古丁（nicotine）。

A/ 并非一无是处

1828年，德国化学家波塞尔特（Posselt）和赖曼（Reimann）首次将尼古丁由烟草中分离出来。

尼古丁，俗名烟碱，它是一种存在于茄科植物（茄属）中的生物碱，也是烟草的重要成分。这些茄科植物包括番茄、马铃薯、茄子和辣椒，同时洋山芋、花椰菜、茶叶、枸杞子等中也含有尼古丁。之所以这些植物被忽略，是因为人们从日常饮食中摄取的尼古丁剂量，仅为从1支香烟中摄取尼古丁剂量的1/500。通过人体消化系统的分解后只有很少量会进入血液，不会对人体造成危害。

经过科学家近两百年的研究总结，尼古丁会使人上瘾或产生依赖性，它主要对中枢神经系统和植物神经系统的神经细胞和运动神经末梢发生作用，能够刺激血管收缩。在这个原理之上，反对吸烟的理论认为：重复使用尼古丁也增加心跳速度和升高血压并降低食欲，大剂量的尼古丁会引起呕吐以及恶心，严重时人会死亡。而支持一方的观点是：烟碱可以加快信息在人脑中传递的速度，增强记忆的物理化学反应过程，并减轻脑部血管扩张所造成的头痛。一篇发表于 1700 年的法国论文称，抽烟能使大脑和神经更干净更稳固。抽烟有利于形成更好的判断能力、更清晰更周到的推理能力以及更强的灵魂持久力。吸烟可以调节人的行为和情绪就是在这个意义上讲的，可具体体现在三方面。

一是健脑，增强记忆。美国休斯敦拜勒（Baylor）药学院约翰·丹尼和他的同事认为，烟碱通过增强人脑海马结构中神经细胞之间的联系来增强记忆力。烟碱刺激神经细胞释放出更多的神经递质。美国杜克大学的研究人员表示，烟碱有助于治疗注意力不集中的紊乱症。

二是调节人的情绪。烟碱作为一种行为自动调节剂，当人的活动频率低时它加快，当活动频率高时它降低。因此，这奇怪的烟既可以使人兴奋，也可以使人镇静。

三是降低阿尔茨海默病发病率。吸烟与阿尔茨海默病发病率呈显著负相关关系，可减少感染帕金森病的危险性。2007 年 3 月 6 日，《神经学》杂志文章指出，在帕金森病发作前已经吸烟 15—24 年的人，患帕金森病的风险明显降低 30%—60%。美国化学学会《生物化学》发表的一项研究表明，烟碱能阻止异常的乙种淀粉蛋白块形成，而该物被质疑为脑硬化的根本致病物。

以下是尼古丁在民间的一些其他用途（未曾与科学结论核对）。

有的人认为香烟可以当驱蚊剂使用，可以用来清洗家具、清洁厕所，这是因为香烟中的尼古丁是一种强效的去污剂。在衣柜里放一根香烟，可以帮助消除异味并让衣柜更加清香。在潮湿的环境下，家具、书籍等容易产生霉菌，烟碱成分可以有效防止霉菌滋生，将一些烟蒂放在书柜、衣柜等容易产生潮湿的地方，就可以有效预防霉菌。

B/ 再探肺癌

为什么很多吸烟者不得肺癌？发表于英国权威医学期刊《自然》子刊《自然·遗传学（Nature Genetics）》上的一项研究指出，一些长期吸烟的人，体内可能产生了一定的自我保护机制，以此限制吸烟引起的 DNA 突变。该研究由美国爱因斯坦医学院完成，实验主要发现了以下结果。

首先，DNA 突变会随年龄、吸烟量增长在肺部细胞累积，吸烟者的 DNA 突变概率比不吸烟者更高。也就是说，排除其他因素，相比吸烟的人，不吸烟的人更少得肺癌，而 10%—20% 的终生吸烟者更易得肺癌。

其次，当吸烟数量达到每年 23 包，DNA 突变上涨的趋势便会趋于平稳。研究者指出，吸烟量超过某一临界点，就会触发吸烟者体内的自我保护机制，进入 DNA 突变平稳期，正是这种强大的 DNA 修复能力，帮助抵御导致肺癌的吸烟损害。因此，很多吸烟者最终没有患上肺癌。

但这并不能够为不肯戒烟的“侥幸者”提供理由。研究警告：吸烟伤肺，可能延迟 10 年以上。即使长期吸烟未必让人患上肺癌，但吸烟没有“安全量”，它对肺的伤害有滞后性。2019 年，《柳叶刀》刊载的研究显示，以往曾经吸烟及低剂量吸烟者与从未吸烟者相比，肺功能下降更快，对于一些靶器官造成长期不可逆损害。

哥伦比亚大学和美国国家卫生研究院在对 2.5 万名 17—93 岁烟民

30 多年的肺功能跟踪检测后发现，轻度吸烟者（每天＜ 5 支）12 个月的肺功能损伤，与重度吸烟者（每天＞ 30 支）9 个月的损伤程度基本等同。

C/ 争议电子烟

即使是科技发达的当代，很多争议仍旧不断，比如电子烟。

对于严峻的控烟局面，电子烟更多强调了自己控烟减害的正面效应和价值。“电子烟比起传统香烟，减少了焦油、一氧化碳和甲醛的摄入”，这是全球行业龙头 Juul 在美国国会游说时的论点。该公司说，有实验证明，电子烟对人体的伤害要比燃烧烟草少 95% 以上，并说：“电子烟有可能成为我们这一代最重要的公众健康发明。”同时，到目前为止，并无权威实验证明电子烟致癌。

但英国 BBC 电视台拍摄了一部名为《电子烟是奇迹还是威胁》的纪录片，拉开了对极为风靡的电子烟安全性的质疑。没有哪个电子烟品牌敢说自己的产品对健康无害，只不过他们坚定地认为因为没有焦油，电子烟的危害远远小于传统香烟。他们解释“电子烟致死”的本质是有的人配上了含有大麻的非法烟液。

2018 年 8 月，伯明翰大学的蒂克特（David Thickett）教授所带领的团队发现，吸食电子烟可削弱免疫细胞的生存能力。尽管电子烟在一定程度上减少了有害物的释放，但还是会释放出有害物质。所以目前商家所宣传的“抽电子烟无害、可以帮助戒烟”的说法也没有科学依据。

至于致癌，纽约大学的研究指出，只要吸入尼古丁，那么在人体内会转化为致癌物几乎毫无疑问。

美国发表的另一组研究成果更是有力地揭示了电子烟的危害：

1. 损害免疫系统，危害相当于普通香烟的 7 倍；2. 引发心血管疾病，气溶胶引起血小板聚集增加，可能导致血管出现微血栓；3. 导致多种癌症，电池加热烟液产生的气溶胶中，含有对心血管有害的醛；4. 引发闭塞性支气管炎，这是一种罕见、致命且不可逆的阻塞性肺病，会使人的肺逐渐走向衰竭。

当然，电子烟对人体是否有长期影响，还需要长时间观察，这是电子烟未知的风险。而电子烟行业事实上一直处于灰色状态，核心原因正是其健康危害说法不一。

8 NO SMOKING 简史（上）

无论是以公共卫生行为体现的禁烟还是个人行为的戒烟，都始终与烟草业本身的发展联系紧密，甚至可以说烟草业是在禁烟的历史长河中成长起来的。甚至我们不妨以禁烟历程的角度观察一下这个行业和这个社会现象。

在 16 世纪，烟草被欧洲、中国、印度的医疗系统断定为有益身体健康，伊斯兰国家也是接受烟草的。

世界上第一道针对烟草的禁令来自罗马天主教会，它于 1588 年对烟草通过了一个限定性决议。

在世俗社会，詹姆斯一世等多位国王或皇帝都曾出过禁令，但效果不佳。

A/ 来自教会的反对

1588 年，罗马天主教会禁止在教堂里使用烟草，禁止要主持圣礼的神父在做弥撒之前吸烟，无论是经口腔吸入还是经鼻子吸入鼻烟粉末，否则“哪怕是遵循医嘱也将遭永久天谴”——烟草从美洲起源，带着地狱恶魔的色彩，基督教讨厌烟草就像讨厌撒旦一样。

1642 年 1 月 30 日，教皇乌尔班八世颁布了教旨《为了将来的回忆》：“我们深深为之不齿：令人厌恶的烟草汁液玷污了神圣的教袍，刺鼻呛人的烟叶污染了神圣的殿宇，也让那些一心向好的其他教徒感到无比愤慨。吸烟者们早已将对神明的敬畏之心抛诸脑后。”随后又发布逐出吸烟者教令：“无论个人还是团队，无论男女，无论普通民众还是神职人员，任何人无论以嚼、吸或抽烟斗等任何方式在教堂内吸食烟草都将被逐出教会。”

B/ 国王们的努力

1604 年，伦敦大主教死亡，詹姆斯一世将之归罪于吸烟，开始了世俗社会对烟草的反抗，他出版了《对烟草的强烈批判》（A Counterblast to Tobacco），措辞激烈，公开表示与吸烟者势不两立，抨击烟草是恶魔和肮脏的东西，指出人们吸烟上瘾的本质是吸烟人的贪婪放纵，这是违反基督教教义的行为：“最初只有美洲蛮荒之地的野人会食用这种臭气熏天、令人憎恶的草叶，而这种恶习竟然迅速地传到了文明社会，遍布欧洲乃至全世界。烟草不仅带来了源源不断的财富，也彻底改变了整个社会的风俗。然而你们如果还残存着一丝的理智，请远离烟草，请果断地丢弃这污泥中拔出的脏物。只有愚昧无知的蠢人才会去食用它。如果你们不听从我的建议，你们将会遭到神明的报应，你们的健康将受到损害，家财将被耗尽，家族也将因此蒙羞。另外，吸烟的行为如此粗俗不雅，那难以忍受的烟味还将侵蚀你们的思想和智慧。而那些从嘴里喷出的邪恶烟圈就像是从地狱里飘散出来的雾气。”但对此国民并不买单，并因此嘲笑和轻视国王。

同样情况在 18 世纪的普鲁士重演，前任国王全国禁烟，但继任国王偏偏是瘾君子，所以烟品得以解禁。

与詹姆斯一世同一时期，日本于 1609 年、1612 年、1615 年和 1616 年接连发布禁令，每一次新法令规定的惩罚都更加严厉。1632 年，丹麦国王下令禁止携带烟草进入。挪威国王也深信烟草对他的子民有害。1633 年，苏丹穆拉德四世（Murad IV）下令，奥斯曼帝国全境禁止生产、销售、消费香烟。他在位 14 年，处死了 2.5 万多名疑似吸烟者。俄国沙皇米哈伊尔一世于 1643 年下令禁止销售烟草，凡吸鼻烟者要被削鼻，长期使用烟草者会受到严惩，具体刑罚从裂唇到皮鞭鞭笞不等，有时甚至会被阉割和处死。富有的吸烟者可受较轻处罚，往往会被没收财物，流放到西伯利亚冻原。波斯官员也上行下效，毫不手软，所有被抓获的烟草商人，统统被熔化的铅灌喉而死。1719 年，吸烟在法国的许多场所被严格禁止。

在中国，明朝崇祯年间已经开始了严厉的禁烟。皇太极和顺治、康熙、乾隆、雍正等皇帝也延续了禁烟令，但越来越趋向于宽松（详见第一章《谁的香烟》）。慈禧是抽烟的，水烟、卷烟都抽，最喜欢的烟是“孔雀”牌。她在知道了吸烟损害身体健康后戒烟，并传旨禁止朝廷官员和宫廷内的太监、宫女吸烟，违者必罚。光绪于 1907 年颁布相关禁令。

C/ 科学界前赴后继

19 世纪中叶，法国著名的生理学家克劳德·伯纳德（Claude Bernard）深入研究了尼古丁对神经系统的影响，并明确指出它所具有的毒性："几滴尼古丁溶液就能毒死一条狗。"

法国人维克多·梅拉（François-Victor Mérat）在《医学大辞典》（1821）中提到："烟厂工人们普遍面黄肌瘦，常有哮喘、腹泻、便血、头晕头痛等症状。"

随后的时代里，英、法、德、美、加拿大等国都曾出现烟草禁令或反烟草组织，但都未能禁绝烟草。

1900 年，一些流行病学者根据对人类流行疾病的调查研究，发现患肺癌的病人逐年增加，因此引起对吸烟与健康关系问题的关注。

弗朗西斯·培根是率先提出烟草成瘾特性（当时人们对成瘾还不理解）的人之一。他注意到烟草"可以控制其使用者"的能力，并指出："如今，烟草的使用量大大增加，烟草用某种神秘的愉悦征服了人们，因此，那些一旦养成抽烟习惯的人以后很难再摆脱它。"

化学、医学的发展逐渐证明了吸烟的危害，为禁烟的正当性提供了佐证。

从学术上而言，真正首先发表吸烟有害健康方面论文的是 1795 年德国的赛玛林格（Somnering），他认为吸烟斗的人容易生唇瘤。

从 1895 年到 1921 年，鉴于吸食烟草对女性和儿童健康的影响，美国有 14 个州禁止售卖烟草。

但到了第一次世界大战时期，或许由于士兵中流行吸烟，烟草一时间同爱国主义产生了交集，反烟草运动以失败告终。

D/20 世纪以来

晚清的辛亥革命带动了对吸烟文化的改变。1911 年 6 月 4 日，上海成立了“劝戒纸烟会”（纸烟即卷烟）。同年年底，华航琛作词作曲的《戒烟歌》广为传唱，影响深远。其歌词写道：“纸烟纸烟，害人不浅。精神钱财，损伤胜鸦片。劝同胞快快戒吸纸卷烟；纸烟不吸，空气清新人不厌，纸烟不吸，名誉保全谁敢轻贱？纸烟不吸，民壮国强乐永年！”可见当时禁烟的矛头已经指向了吸烟对精神、钱财、身体甚至国运的严重危害了。

20 世纪初，禁烟运动已逐渐在各国兴起，但除德国外成效都不明显，关键原因是力度不足。“二战”前期，德国发动了近代史上第一次大规模禁烟。据说希特勒本人是一位烟酒不沾的人，他认为吸烟是一种堕落的行为、是劣等的美洲印第安人报复白人的阴谋，他也是世界上第一个提倡禁烟运动的国家领导人，而且“二手烟”这个词也是这个时期出现的。

希特勒还以个人名义向一个名为“烟草危害研究局”的机构提供研究经费，这个研究局首次使用病例对照研究，并确认吸烟与肺癌之间的关系。在诸多研究成果中，烟草对孕妇的危害受到了很大的关注，他们研究发现烟草中的尼古丁会造成胎儿流产或死胎。有了科学理论撑腰，推动强制禁烟时便更理直气壮了，为此他们还印刷介绍烟草危害的小册子。

希特勒自杀后，烟草危害研究局关门大吉，满目疮痍的战争废墟上，吸烟现象再度兴起。来自美国和瑞士的香烟，经由黑市源源不断地运抵德国。

9 NO SMOKING 简史（下）

禁烟的历史可以分为两个阶段，一是神权与皇权主导的时代，一是科学与医学广泛参与的时代，其间法律、社会规范、人性、制度、权利等等多方角力，完成了一场充满冲突、戏剧、阴谋甚至牺牲的大戏。

吸烟这件事牵连到人的本能欲望，一旦成瘾很难戒除，也很难通过政令禁止，所以，结果就是屡禁不止。

人类进入现代社会后，科学与理性以及市场经济手段成为禁烟理论的主流。欧洲顶级经济学家和卫生专家建议，将整个欧盟的卷烟和其他烟草产品的最低消费税“至少提高一倍”。

A/ 吸烟有害成主流意识

1924 年，美国《读者文摘》发表一篇题为《烟草对人体有害吗？》的文章，第一次让世人意识到烟草可能有坏处；1932 年，发表在《美国癌症杂志》上的一篇文章将肺癌第一次和香烟联系在了一起。

1950 年英国皇家医学会和 1964 年美国联邦政府医政总署正式发

表第一份关于“吸烟与健康”的报告，权威确认了“吸烟有害健康”。报告综述了流行病学研究、烟草消费趋势、烟草化学成分及其致癌性、吸烟对试验动物的影响，吸烟对人和动物的病变机理等多方面的资料，明确提出了吸烟对人体健康是有害的，特别是与肺癌和心血管疾病有密切关系。

1954 年，4000 名英国医生开始进行吸烟是否有害的相关研究，他们花了 20 年时间得出结论：抽烟的后果远远超出呼吸系统所能承受的限度，长期吸烟极有可能导致平均寿命降低——从此，禁烟有了系统的现代科学依据。

吸烟有害越来越成为人们的共识，对此，烟草公司用过滤嘴、活性炭过滤有害物质的方法进行了改进，但效果不大。

随后控烟行动在全球开始大行其道，最初的办法大多为禁止宣传吸烟以及公开禁止吸烟等，目标是减少对烟草的需求。但是经过多年的博弈，对各国政府来说，最具效力和成本效益的方案是通过征收消费税来提高烟草价格以抑制香烟消费。

B/ 欧洲在行动上领先

法国是世界上比较早的现代意义上通过禁烟法令的国家，1976 年 7 月 9 日开始就已经限制烟草广告，并增加烟草税收，限定在公共场所吸烟的范围，比如说在戏院、电影院不准抽烟。

为落实禁烟令，法国有 17 万名以上的“香烟警察”在公共场所巡逻。这些“香烟警察”由警察、宪兵和军队巡逻兵等组成，一旦发现有人违反禁烟令，“香烟警察”有权对违反者处以相当于 68 欧元的罚款，而违规的公共场所将被处以双倍罚款。

在英国，在公共场所内吸烟一旦被发现，会被处以 50 英镑罚款，随地乱扔烟头者罚款 80 英镑。对于酒吧、俱乐部等法定禁烟场所，如果没有贴出“禁止吸烟”标志，负责人将被罚款 200 到 1000 英镑，对吸烟者违反禁烟令不闻不问的业主或雇主还将面临高达 2500 英镑的罚款。而零售商若向未成年人售烟则有可能被处以 2500 英镑罚款。

2004 年 3 月 30 日，爱尔兰开始在公共场所全面禁烟，从此影响到整个世界的烟草发展，也正因为如此，各大烟草公司在机场等高端、大型公共场所推出吸烟休闲屋，普通公共场所也提供了普通吸烟区。

C/ 全球性烟控兴起

1967 年，在纽约首次举行了世界吸烟与健康会议。此后这样的交流日趋频繁。1980 年，联合国世界卫生组织提出“要吸烟还是要健康，任君选择”的口号，并把这一年定为“反吸烟年”。

1988 年 4 月 7 日是世界第一个无烟日，世卫组织提出“人人为健康，健康为人人”的口号。

1989 年 5 月 31 日成为世界第二个无烟日，主题是“妇女与烟草”。此后每年的“世界无烟日”都定在儿童节的前一天，警示烟草对儿童的危害。

1996 年，第 49 届世卫大会发表了关于吸烟的第一份世界综合性报告《警惕烟草》，报告指出：“香烟每 10 秒钟杀害一个人，估计世界上每年有 300 万人死于吸烟。倘若烟草消费量维持目前的增长率，那么到 2010 年前后每年死亡人数可能达到 1000 万，其中 70%的受害者在发展中国家。”大会要求各国：逐步禁止香烟广告，加重对烟草的课税，加强对不吸烟者在公共场所的保护，减少被动吸烟对少年儿童造成的影响，等等。

2003年，第56届世卫大会通过《世界卫生组织烟草控制框架公约》，这是联合国系统第一部具有法律约束力的医药卫生多边条约。这被看作全球反烟、控烟运动发展的里程碑，标志着控烟进入了全球共识、全球控制、全球联动的新阶段。

D/“健康中国”与控烟

1979年，中国政府发出“关于宣传吸烟有害和控制吸烟的通知”。

1997年，第10届世界禁烟大会在北京举行。

中国于2003年签署了《世界卫生组织烟草控制框架公约》，并于2006年正式成为其参与者和签约国，承诺5年内“在所有室内公共场所、室内工作场所、公共交通工具和其他可能的室外公共场所完全禁止吸烟”，而该项承诺在2011年到期时宣告失败。据世界卫生组织评估，中国的控烟履约成绩只有37.3分，是一名“后进生”，拖了全球控烟工作的后腿。

其后中国控制继续发力。2016年，中国明确了控烟具体目标：到2030年将成人吸烟率降低到20%。2019年，健康中国行动推进委员会发布《健康中国行动（2019—2030年）》，其中包含15项重大行动，“控烟行动”为第四项。

在全球控烟日趋严格的情况下，全球大多数发达国家的吸烟率呈下降趋势，但发展中国家的总体吸烟率依然居高不下，且青少年吸烟率还在上升。

2020年的数据显示，中国成人吸烟率为26.6%，吸烟人数超过3亿，占全球烟民数量的23%，依旧是全球第一大香烟消费国。

E/ 电子烟健康争议

最初，大多数电子烟处于无产品标准、无质量监管与无安全评价的“三无”状态，很多电子烟甚至没有“有害健康”的相关标示或类似提醒。对这些行业的先行者来说，当国内对电子烟的管控进一步加强以及国家对国内市场进行管控后，他们会发现一道厚重的墙竖在眼前。

从 2021 年 3 月 22 日工信部公布《关于修改烟草专卖法实施条例的决定（征求意见稿）》起，酝酿一年，《电子烟管理办法》于 2022 年 5 月 1 日开始实施，办法规定禁止销售除烟草口味外的调味电子烟、禁止向未成年人出售电子烟产品等。

鉴于水果、食品、饮料等口味的调味电子烟和无烟碱电子烟对未成年人具有较强的吸引力，容易诱导未成年人吸食，标准明确规定不应使产品特征风味呈现除烟草外的其他风味，并明确要求“雾化物应含有烟碱”，即不含烟碱的电子烟产品不得进入市场销售。电子烟的新奇的口味一直是其重要卖点，新规实施后电子烟市场明显降温。包括中国香港、新加坡、印度、巴西、菲律宾、加拿大、新西兰、日本、阿根廷、奥地利、比利时、泰国、黎巴嫩、柬埔寨、越南、埃及在内的全球 16 个国家和地区已禁止电子烟。

别篇：戒烟者说

戒烟与吸烟，事实上是健康对文化的争论。有人实话实说“戒烟宣传片没有一条打动我”；有人嚣张地说“劝我戒烟的朋友都死了”；有人悲壮地说“如果戒了烟，你就必须为生命中失去某种极端绚丽的东西而哀悼”。

过去将近30年的时间里，张先生曾经尝试过大大小小十几次戒烟，但都没有超过半个月的，只有从2017年开始的这次算是成功坚持到了现在。他自己深知吸烟的危害与戒烟的不易，只是时常会遇到各种的诱惑，让他游走在戒烟与复吸的边缘。

与张先生的纠结不同，马克·吐温和黄永玉要洒脱得多。马克·吐温自我调侃说：戒烟是最容易的事，因为我都做了1000次了。有人劝黄永玉戒烟，黄老毫不客气地、嚣张地说：“劝我戒烟的朋友都死了！”

戒烟与吸烟，事实上是健康对文化的争论。

A/ 戒烟者萨特说

萨特晚年身体极度糟糕，大脑左边血管萎缩，血液循环严重受阻，他已经很难拿住香烟，不断地从嘴唇上掉下来，腿也麻痹了，只有戒烟才救得了他。《新闻周刊》采访他：“您觉得生活中最重要的是什么？”他答道：“不知道。所有的事，活着，吸烟。”他无法抗拒香烟的魅力：烟雾中的芳香、被压抑的普罗米修斯之火发出的热量。吸烟于他而言是一种祭祀的仪式，供奉一些固体的牺牲品，得到的补偿是巨大的，象征性地拥有了整个世界；相应地，停止吸烟会失去整个世界，戒烟就自然是难以忍受的。如果戒了烟，他就必须为生命中失去某种极端绚丽的东西而哀悼，如同为一颗星星的陨落而悲伤。

以下是一位普通戒烟者的说法，在这一意义上他比萨特成功：

作为曾经的吸烟者、现在的成功戒烟者，我非常了解身份转换产生的影响。我不会对抽烟的人说：“吸烟有害健康，你应该戒烟。”

能戒烟的人基本可以划到有毅力的人群中了。如果说开始抽烟顺应了人性欲望，这时一种“背离人性的行为”确是艰难而有价值的。

B/ 戒烟者林语堂说

林语堂是又一位不成功者。他曾心血来潮，立志戒烟，戒烟的头三天喉咙气管有似痒非痒的感觉，他强忍不适，吃糖饮茶强压。在戒烟的三周里，他甚至昏迷过，都没复吸，度过了一段生理上的折磨期。哪知心理上的煎熬更加惨烈，周边的朋友们气定神闲地一口口吸、一圈圈喷，又勾起他的烟欲，怀疑戒烟的初衷。他在《我的戒烟》中写道：“无端戒烟断绝我们魂灵的清福，这是一件亏负自己而无益于人的不道德行为。”把戒烟上升到道德的层面，思想上打了退堂鼓，复吸就是顺理成章的事了。如此戒烟，可想而知，很快偃旗息鼓。

另一位戒烟者提供了这样一组数据：

戒烟宣传片是这么说的：如果你摆脱香烟，20 分钟后心率和血压就会恢复正常；12 小时后，血氧浓度增加；24 小时后，心脏病发作的风险开始下降；48 小时后，负责嗅觉和味觉的神经末梢开始恢复；大约 1 个月后，肺部会变得更健康，干咳气短会逐渐减少；1 年之后，患心脏病的概率下降了 50%；5 年之后，中风的风险继续降低；10 年之后，患肺癌风险下降 50%；15 年之后，患冠心病的可能性和不吸烟的人群基本相同。

最后他表示，说了这么多没有一条打动他。

C/ 戒烟者袁隆平说

袁隆平每天烟不离手，一天能抽二三十支。2010 年，钟南山对 80 岁的袁隆平说："您得戒烟了。"抽了 60 多年烟的袁隆平，一口答应："戒！一定戒！"

既然答应了，他就开始付诸行动。但把自己对烟的需求降下来，袁隆平用了 2 年。他自创"小循环"吸烟法，只把烟吸进嘴里，不等进肺就吐出来。他严格遵守"三三四"法则，即早上 3 支、中午 3 支、晚上 4 支。然后是"零食替代法"，即用花生、红枣、果丹皮之类的小零食来代替烟。

但真正让他决定一口不抽，是在 82 岁。

这一年，他生了病，咳嗽得很厉害，还打了点滴。看着药水瓶，袁隆平突然说："吸了这么多年，还是有关系的，戒了吧。"

袁隆平自此以后，一口烟都不抽了。有人问他时，袁隆平摇头："做梦的时候还是会梦到在抽烟。"说着，老人就笑了起来。

10　超级诉讼

吸烟者权利的争议无时无刻不在进行，并且直到 20 多年前才取得了诉讼的关键胜利，相比烟草全球化史的 500 年，显得短暂而无力。不断刷出新高的赔偿金额却让人很难判定：烟草斗争谁是真正的赢家与输家。

烟草史上最早的诉讼可以（不完全）追溯到1634年，俄国沙皇禁止烟草买卖和使用，最高处极刑；1657年，伯尔尼议会成立烟草审判庭；1661年，伯尔尼参议院颁布十诫，把吸烟列为罪行……2006年，2800亿美元巨额索赔案终结。

如果我们完整看待，这其实是一场持续近400年的超级诉讼。这也让人很难判定：这场烟草斗争谁是最终的赢家与输家。

A/ 艰难诉讼

从20世纪50年代开始，有消费者陆续对烟草公司提起诉讼。1954年，美国一肺癌患者对烟草公司提出诉讼。从1954到1994年，美国国内有超过800起个人起诉公司的案件，就生产过程和广告中的疏忽、欺诈和违反各州消费者保护条款进行索赔。在政府部门暧昧的立场之下，烟草公司使用消费者的“个人责任”作为辩护，在法庭上大获全胜。50年间仅有2名原告胜诉，且都在之后的上诉中被驳回。

直到20世纪80年代，随着科学证据的大量涌现，烟草公司终于让步，承认“共同过失”（contributory negligence）的罪名，即连带责任。

但无论如何，闸门打开了，那是怎样一个势不可挡的场景！

1994年，在60家法律公司的集资援助下，一位烟民的遗孀与其他三位烟民一同起诉了美国烟草七大巨头。

1996年，36岁的美国烟民迈克尔死于肺癌。2008年开始妻子辛西娅决心要为早逝的丈夫讨个公道。当时没有人知道，这名女子成为一个标志性人物，她让烟草产业发生了巨大的转折。

迈克尔生前是一个重度烟民，并且13岁开始吸烟，“去世的当天都还在抽”。自己有问题就认了吧？倔强的辛西娅不这么认为。她和代理律师克里斯的理由是：烟草公司故意隐瞒卷烟对健康的危害。

辛西娅的奔波没有付诸东流，在迈克尔去世 17 年后，2014 年，辛西娅和迈克尔的孩子们被判获赔 236 亿美元，相当于目前中国下游省份一年的地方财政收入。这个倒霉的公司是美国烟草老二雷诺。但此时的辛西娅已是满脸岁月的风霜。

这一天来之不易。

B/ 诉讼汹涌

1997 年 6 月 20 日，华盛顿花园凯悦饭店。一方是菲莫等大公司的代表，一方是密西西比州司法部长穆尔及其他 40 个州的代理律师，双方协议：在此后 25 年内，美国烟草公司将对美国因吸烟染病的人赔偿 3685 亿美元。25 年后，每年还要追加 150 亿美元。作为交换，烟草公司免于刑事责任。第二年，协议扩展到 46 个州，正式达成赔偿金额为 2060 亿美元。另有四个州单独获赔 400 亿美元。这些补偿金将全部被用来治疗患病烟民。

1997 年 11 月，加州法院判被告烟草公司向一位受害烟民赔偿 150 万美元，这是美国烟草公司首次公开向吸烟受害者做出赔偿。

1999 年 2 月，法官判起诉菲莫公司的亨里获 5150 万美元赔偿，后减至 2650 万美元。3 月，波特兰法官裁定菲莫公司赔偿威廉姆斯家族医疗及精神损失 7950 万美元，后减至 3200 万美元。

2000 年 4 月 7 日，也即是在这同一宗集体诉讼案开审的初期，陪审团裁决烟草使 3 个病人染上癌症，从而判给他们超过 1270 万美元的赔偿。

2002 年 10 月，洛杉矶高等法院一个陪审团作出裁决，要求菲莫公司向一位名为贝蒂·布洛克的女烟民支付280亿美元惩罚性赔偿，原因是该公司未向布洛克告知吸烟有害健康的真相，存在欺诈和过失行为。

这些以百亿计的赔偿金，不断刷新美国历史上赔偿金额的最高纪录。需要说明的是，这些诉讼有些并未形成可执行案件，有的还在进行漫长的证据及法理争议，或陷于反复的再诉讼中。

C/ 诉讼升级

随着诉讼升级，“天价”赔偿也诞生了。

1999年9月22日，美国司法部代表美国联邦政府向哥伦比亚特区联邦法院以欺诈罪名起诉美国五大烟草公司，索赔2800亿美元。该案一举成为美国历史上赔偿和罚款金额最高的案件。

司法部认为这些烟草公司在烟草的健康危害方面欺瞒误导公众，对尼古丁的成瘾性撒谎，将产品冠以“低焦油”标签来欺骗公众，更针对未成年人展开营销。司法部指控烟草公司涉嫌共谋从事非法活动。

司法部要求“没收”烟草公司的非法所得，每年赔偿200亿美元来支付因吸烟而导致疾病的医疗费用。

这一诉状摆到了哥伦比亚特区联邦法院当时61岁的法官格拉迪斯·凯斯勒（Gladys Kessler）的面前。

2004年9月21日，诉讼案在华盛顿地方法院开庭。

2006年8月17日，凯斯勒法官执笔完成了1683页的判决书，对过去数十年烟草公司的违法行为进行整理，判定被告对产品健康风险的集体隐瞒违反了《诈骗操纵和贿赂组织法》（RICO Act）。她写道，烟草公司“带着热忱、欺骗和对利润的单一追求来销售它们致命的产品，忽略了由它们的成功所引起的人生悲剧和社会支出”。

凯斯勒法官在判决中对被告提出了一系列的禁令，包括禁止被告烟草公司使用误导性词语描述其产品，要求被告披露营销数据资料，更要求被告以广告形式在媒体发布声明，对其过去数十年来对大众的刻意误导进行纠正性的公告澄清。对于原告提出“没收”被告非法所得、偿还给政府医疗费用的请求，法官未予支持。

D/ 诉讼贡献

“天价诉讼案”的最大贡献是：麻省理工学院的两位经济学家费雪和约翰逊对此案的赔偿金所设计的计算模型，为美国类似的案件提供了借鉴。其中包括烟草公司向青少年烟民出售香烟获利数额、利息以及额外利润，即：2800 亿美元（2800 亿 = 吸烟者估计人数 × 青少年时期开始养成吸烟习惯至今天数 × 每天 5 支 × 每支单价）。

辛西娅案的惩罚性赔偿金额正是受到了上述案件的启发。辛西娅案事实上是一起集体诉讼案中分离出来的一起个人申诉案件。2006 年，佛罗里达州最高法院受理了有关烟草公司的集体诉讼案，并作出了价值 1448.7 亿美元的赔款裁决。该裁决认定，只要烟民或家属能够提供证据，证明其疾病或死亡是由于吸烟成瘾造成的，即可申请获赔。

之后，2009 年，佛罗里达州法院判美国最大烟草公司菲莫公司向女烟民辛迪赔付 3 亿美元。

2015 年 6 月 1 日，加拿大魁北克高等法院就两桩历时 17 年的烟民集体诉讼案作出判决，要求加拿大 3 家烟草企业对魁北克省烟民作出超过 155 亿加元（约合 124 亿美元）的道德和惩罚性赔偿，缘由是它们没能充分警告吸烟可能带来的危害。

……

而这些也是美国控烟运动最成功的经验之一：持续的诉讼、高额的惩罚性赔偿金，让烟草公司压力巨大，从而烟草巨头们也在不断转型和适应。数据显示，在这些诉讼中有约 70% 的案件原告胜诉，实际赔偿金额少则几十万美元，多则上千万美元。这些诉讼极大地提高了公众对烟草危害的认识，从而大大推动了美国的控烟立法。

2001 年，中国有了第一起烟草诉讼案例：17 岁少年对未成年人有关知情权提起上诉，被裁定不予受理。此后，相关案例屈指可数。

别篇：从《感谢你抽烟》到《惊爆内幕》

这是两部最知名的与抽烟有关的电影。一部围绕“说服别人吸烟”展开情节：“如果醉汉撞了人，是汽车公司原因吗？”一部循着良知或者利益去守护以及毁掉真相：“去你的游戏规则。”

烟草狂潮在 20 世纪七八十年代飙至最高峰，同时一切也在逐渐形成社会共识，但利益和立场、人权与金钱、规则与人性的交锋却并未停息。电影《感谢你抽烟》和《惊爆内幕》艺术地表现了这场浩大的冲突。

A/ 死亡商人

《感谢你抽烟》是一部反烟草的讽刺性影片。男主尼克是一个顶级职业说客，从事这个世界上最赚钱的烟草行业——说服别人吸烟。

这次，尼克在电视综艺上向大众宣扬烟草文化的时候，一个由于抽烟患了肺癌的孩子也上了这个节目，对面的参议员质疑烟草公司是否将危害告知于大众。

尼克对于这个问题的立场是——他们把各种利弊因素摆在人们面前，但最后“觉得是否有害”和“决定是否吸烟”应该是个人的选择，其他人不应该去干预。

尽管尼克每一次露面都会迎来嘘声和咒骂，但还是能每次都出奇制胜。

生活中的尼克只有两个交心的朋友，分别是酒精行业的代言人和军火行业的代言人。他们自称为“M.O.D. 三人组（死亡商人）”，虽然他们代言的产品不同，但都具有威胁生命的特征。

三个人每个周末都聚在一起，在餐馆里一边吃着垃圾食品，一边相互出谋划策、共同切磋该如何应对科学家、医生和社会工作者的围追堵截。比如他们比较了美国各个行业造成的死亡人数：每年因中枪死亡的人数在一万人左右，每年因酒精死亡的人数在十万人左右，每年因抽烟死亡的人数将近五十万人，平均每天 1200 人。

尼克越风生水起，越被大众深深地憎恶着。他甚至接到了恐吓电话。

终于有一次，尼克被人敲晕带到了汽车里。

这些烟草的极端反对者在尼克身上贴满了最高剂量的尼古丁贴，尼克直接昏迷了过去。

等他醒过来的时候，已经是在医院里。

周围的人说他被救起的时候浑身赤裸地躺在街道旁边的雕塑上。

医生感叹道，如果不是尼克有抽烟的习惯，那么他的血液绝对经不起如此高的尼古丁含量。抽烟救了尼克的命。

这次事件让尼克获得了大众的同情，所有的这一切让他看起来像个幸运的受害者。

不久，尼克经受不住诱惑，与一个美丽性感的女记者发生了关系，并且还将所有的秘密告知了女记者。女记者将所有的这一切登在了报纸上，包括烟草公司的计划、M.O.D. 三人组的个人信息等。

烟草公司因为尼克未能保守秘密而解雇了他。

电影中，尼克的职业说辞让人印象深刻：

“如果一架飞机因为飞行员的责任失事了，你会去责备波音公司吗？如果有人醉酒撞了人，你会去找通用汽车公司闹事吗？”

“我们并不希望肺癌患者死去，因为这样我们等于失去了一个消费者，我们都希望他们活着并继续吸烟。”

电影的结尾，烟草公司因为尼克的离去而付出了代价，他们输掉了诉讼，需要赔几千亿美元。

而尼克也想到儿子的身体健康，意识到他不能再这样了。

B/ 职业勇气

1996 年 2 月 4 日，一名叫杰弗里·维甘德的烟草公司高管成为举报人。

他在 CBS 新闻节目《60 分钟》中曝出，布朗·威廉姆森（Brown & Williamson）烟草公司故意将烟草混合物与化学药品（比如氨水）一起使用，来增强尼古丁的上瘾性，而且卷烟添加剂中也有其他致癌成分——香豆素，因而可以支配烟民的“自愿行为”。

新闻一出，舆论哗然。

维甘德因此遭到了烟草公司的死亡威胁。他就是电影《惊爆内幕》的原型，而事件背景则是美国司法和解烟草诉讼真实案例。在维甘德的影响下，曾经在烟草公司就职的科学家们陆续站了出来，鼓起勇气揭开了真相。

阿尔·帕西诺扮演的美国著名电视节目《60 分钟》的制作人罗威希望发掘出美国烟草巨头背后的新闻，而这时他遇到了由罗素·克劳扮演的科学家杰弗里。杰弗里是美国一家烟草集团科研部门负责人，因为反对在香烟中添加有害身体健康的、使人成瘾的添加剂而被公司辞退，这部电影就是以这两个人的角度来看待整个事件的进程。整部电影讲述了罗威使尽全力让杰弗里走上法庭并在自己的节目中揭露真相。在这个过程中，烟草巨头一直对《60 分钟》节目所在电视台施压，阻挠已经录制完成的节目的播出。

罗威作为一个新闻人勇敢无畏，但杰弗里是一个被生活压得喘不过气来的男人，从他拒绝签署条款的那一刻起，就被危险包围着，跟踪、监视、恐吓电话不断，对他的精神造成重大打击，他被迫搬家并妻离子散。

但他最终还是讲出了烟草业的惊爆内幕。但是，视频播出前，受到来自各方的阻挠。罗威作为新闻战士，也无法捍卫应该被公众所知的真相。

为了不让杰弗里的个人牺牲化为乌有，为了将信息发布出去，让社会公众了解真相，罗威只有去找其他媒体，并且想办法爆料给他们，说服他们，让他们相信，公布真相带来的收益会非常可观——当正义的执行变得如此艰难和算计，是商业的悲哀还是社会的悲哀？罗威说得坚决："去你的游戏规则。"

《惊爆内幕》上映时是 1999 年。当年，美国司法部的"天价"诉讼刚刚拉开帷幕，索赔 2800 亿美元，并于 7 年后艰难获胜。五大烟草公司赔付 1448.7 亿美元。

电影在 2000 年获得第 72 届奥斯卡金像奖 7 项提名、第 57 届美国金球奖电影类剧情类最佳影片等提名。

B/ 利益攸关

商业社会的本质是货币自由交换，只要你情我愿，似乎交换什么都可以。哪怕是交换对公众危害严重的吸烟的秘密。

政府、企业、个体、机构、组织全部是整个市场里的利益体——尽一切可能使自己的利益最大化从而形成一个竞争的市场。但是，往往因为市场中个体体量的差异、特殊的属性不同，市场信息容易出现不充分以及失衡。这样，利益的分配就会产生倾斜。另一方面，每个利益体的利益又不是单方面的，而是互相影响的，所以很多时候，它们的行为并不见得会是尽职尽责的。

就像影片《惊爆内幕》中，两个小人物想要扳倒烟草巨头，而和烟草巨头利益相关的州政府和法律机构立马签发各种禁令来制约维护。相对的，另一个州的政府利益并不在烟草公司，而在于选民的身体健康，所以就站出来力挺。

同样的，当曝光真相能够带来可观的利益的时候，新闻媒体就一个个俨然神圣的自由守卫者。而当讲真话会损害自身利益的时候，媒体们便会全部闭上嘴巴或者以谣言扭曲事实。所以《惊爆内幕》里的《60分钟》节目会选择删除信息。同样，《感谢你抽烟》中尼克就会鼓动烟草公司与好莱坞的影视经纪人合作，一起设计电影中主角抽烟的场景，以此来吸引观众吸烟。

11　多棱罪与罚

烟草作为一项大产业、大消费，甚至可局部承担金融属性，其财富诱惑性巨大：控烟之下企业经营的正当性应该如何看待？政府官员的烟草腐败是否具有行业的特殊性？官商利益链条如何才可以斩断？

1618 年，詹姆斯一世以叛国罪为名斩首了沃尔特·罗利爵士，这是詹皇举行全国性禁烟的政治需要。罗利是使用烟斗的倡导者，最早开拓了弗吉尼亚至英国的贸易，是新生活和新观念的象征人物。

他直到人头落地前还含着烟斗，并说："烟是猛药，但它会治愈所有的病。"这是一句意味深长的话。

A/ 从罗利之死到菲莫檄文

罗利去世 22 年后，在距离英国 10000 公里的北京，一名小人物的死却是悄无声息。

1640 年，是崇祯禁烟令颁布的第二年。有个举人带了一名仆人从福建来到北京参加会试，仆人大概是想替主人出门在外赚点儿补贴开销，于是把带来的烟草拿了一部分到街上卖，自然就因违反烟草销售禁令被捕了，按规定要被斩首，他被送进北京的有关衙门。

死刑判决呈送到了崇祯那里，自然也就获批准了。这是有记载的中国禁烟令下的第一缕亡魂。

但由于当时烟草在北京已经呈燎原之势，加之时任蓟辽总督洪承畴出于前线士兵需要请求废除禁令，禁令居然真的于 1642 年就被废除了。

罪与罚有时就是这样，放在大历史的背景下，不免令人唏嘘。

罗利死后获得了崇拜者极高的评价，他们甚至希望用他的名字作为国名。他死后，英国苏醒，开启了伊丽莎白时代。

时过境迁，300 多年后，多起超级诉讼把美国政府与烟草行业的对决拉到前台。美国烟草业陷入四面楚歌的困境，经营业绩大受影响，诉讼自然遭到烟草公司的强烈反抗。

菲莫公司发出檄文《这到底是事实正确，还是政治正确？》；律师比尔·欧莱米叶把索赔金额称为"捏造的数字"，并说烟草公司不可能支付这么多钱；代理法律顾问葛雷格·利特尔（Greg Little）也称：“我们不会向拉着政治正确作大旗的敲诈勒索低头。我们不计划寻求和解。”

愤怒的雷诺烟草称，“损害赔偿金严重过度，是国家法律和宪法所不允许的”。公司副总裁兼法律顾问 J. 杰夫里·兰伯恩认为，此案中所涉及的惩罚性赔偿金“过高”，且“不符合本州法律以及宪法的规定……这项裁定有失公允与公平，而且和呈堂证供完全不相符合”。辩护律师表示，这项裁决是不公正的，它将使烟草公司破产，工人也将因此失业。

美国商会执行副总裁布鲁斯·乔斯滕（Bruce Josten）也说：“如果为了提高财政收入增加政治资本，司法部的权力巨手就可以随时向任何商业伸出的话，美国不会有任何公司能觉得踏实安全。”

B/ 从诉讼风暴到商业旋涡

美国“诉讼风暴”20 年后，中国烟草行业以整治内部腐败为名将烟草官员和烟草企业送上法庭。

2022 至 2024 年，中国多家烟草行业上市公司或其实控人被调查，分别是集友股份、恩捷股份、华宝股份等，除了华宝股份是做烟草用的香精之外，集友股份、恩捷股份和劲嘉股份都有烟标业务。2022 年 1 月 24 日，首先被调查的华宝股份当天其两家上市公司一个暴跌 66%、一个跌 20% 封死在跌停板上。2022 年 11 月 22 日，恩捷股份董事长李晓明、副董事长兼总经理李晓华被公安机关指定居所监视居住。李晓明和李晓华两兄弟靠烟标烟膜发迹，成为云南首富，在 2021 年的胡润百富榜上，李晓明以 725 亿的身价位列第 71 位，其弟李晓华排在 109 位。后来李晓明加入美国籍，因此恩捷股份对李晓明的称呼是其外籍姓名“Paul Xiaoming Lee”。

多家上市公司或其控制人被调查的背后，都有一个关键词“中烟”。他们均与中国烟草总公司或者省级中烟工业公司有业务往来。2022年6月以后，相继有中烟集团和省级地方公司退休及现任高管被查（存在“接受烟草系统私营企业主安排的宴请”“长期违规经商办企业攫取巨额经济利益”等犯罪事实），中烟反腐风暴难停。

20世纪50年代，那是中国反腐的一个朴素年代，著名的“刘青山、张子善案”就是从二人收受“哈德门”香烟开始突破的。

之后若干年，中国公务人员群体与香烟总是有一些难以言说的关联。在烟草消费潜规则里，公务人员特别是官员吸烟往往不用自掏腰包，公务人员烟草消费隐藏着不少腐败因素。一些“天价烟”及名烟的政府消费，就很能说明问题。有些官员不吸烟，但是同样收受高档香烟，家中高档香烟堆积如山，这说明高档香烟不仅用来消费，同时也用来进行利益交换。这被称作“香烟腐败”。有公务人员坦言：“你抽烟，别人就会送烟，否则，就等于少了一条财路。”近几年查处的贪腐案件中，很多问题官员都有大量收受高级香烟的情况，以至于很多香烟店不只卖烟还收烟，并且生意火爆。

C/ 烟草改变了人的什么？

食色性也，从满足人性最基本的需求出发，烟草产业自然也可以理解。但烟草产业也在悄然使人发生改变。它从生理和心理上可以改变人的状态，它在社会意义上可以改变人的气质和社交关系，它还潜移默化地改变了人的价值观念。有的改变让人无可奈何。

1910年一个夏日，美国肯塔基州的哈兰县煤矿。矿工杰克结束了一天的工作，点燃一支香烟，深深地吸了一口，这是他休息的方式。

然后他将烟头随手一扔并转身离开，这也是他一天中少有的潇洒时刻。这一扔却直接扔出一场持续燃烧 100 多年的“世纪大火”。

杰克丢弃的烟蒂没有熄灭，它在煤层上微微燃烧，渐渐地，这一点火星接触到煤层，燃烧越来越旺。就这样，火势出人意料地蔓延开来。到了 1920 年，已经有四分之一的当地煤层被大火烧毁。为了控制火势，各个矿井纷纷用水源试图扑灭，但收效甚微。与此同时，大量含硫化合物的烟尘随燃烧排放到空气中，降雨变得具有酸性，空气质量严重下降，威胁着当地居民的健康和生活。土壤日渐贫瘠，水源受到污染，周边农田的庄稼歉收，不少农民也只能去矿里谋生。

矿工的工作环境更加恶劣，高温、浓烟与有毒气体不断侵蚀他们的身体。许多矿工患上了呼吸系统疾病，平均寿命不超过 50 岁。杰克本人也深受煤尘侵袭，频繁咳嗽，但他不得不继续下矿采煤。

面对这种情况，肯塔基州政府深感危机，决定采取行动来遏制这场灾难，包括居民转移。但矿工和他们的家庭，像杰克一家一样，对搬迁持有抵触情绪。他们代代相传，在这块土地上生活和工作，与这片土地有着深厚的情感联系。此外，政府提供的补偿金额太少，远远不足以让这些矿工家庭在新地方重新开始他们的生活。

燃烧仍在继续，矿工们的生存环境也在不断恶化。杰克的妻子因呼吸道疾病去世，两个儿子也患上了肺病相继离世。

12　人性与规则

谁能相信烟草的流行和禁烟不是相对抗的，甚至有可能一直相爱相杀、不离不弃？人对于烟草的需求与社会的规范之间，一方面是明明知道的吸烟的危害，一方面是无法割舍的“爱”。那么，人为什么要“自杀”？

在关于烟草的社会意义上，“完美”体现了规则与人性的冲突——“我要抽烟 VS 禁烟”。

对此理查德·克莱恩持不同意见：为抵制吸烟制定的法律从来抵制不了吸烟，反而可能产生相反的结果，这种矛盾使人对强制行为的目的和作用产生怀疑。

A/ 心甘情愿要“自杀”？

1974 年，萨特已双眼失明，并且有很严重的高血压。但他仍平静而坚决地拒绝了医生对他戒烟的要求，一如十年前他坚决地拒绝领取诺贝尔文学奖。

萨特去世 28 年后，2008 年，欧洲开始实施公共场所禁烟。自由的法国顿时陷入哲学思辨的旋涡之中——这场禁烟会否成为改变法兰西民族传统与文化的风暴？此后，除了极少数的设有封闭并通风的吸烟区的咖啡馆之外，几乎 20 多万家餐饮场所均被贴上“禁止吸烟”的标识。

许多人以为从法国文化史的角度来讲，咖啡厅往往是艺术家和哲学家出没的地方，但事实上在相当长的时间里，专门的“吸烟室”在欧洲才是无数灵感和创意在云雾间自由诞生的地方。

对萨特来说，香烟远非他个人的标志，而是哲学存在的基础。在前几年的一次萨特展览上，组织者为了符合所谓的政治正确，将萨特签名相片中的香烟抹掉了，结果引起了一片哗然。法国人不断质问——

如果萨特不抽烟，他会如何？

又过了若干年后，2022 年，有市民举报复旦大学退休教授王德峰在授课时吸烟，学校被罚款 3500 元。事实上这的确与“公共场合不能吸烟”的普遍认知和禁烟规定出现了冲突。王德峰曾经在课堂上公开说过：“我感到非常惭愧，克服不了吸烟的依赖心理，不吸烟思维就不顺畅。”

吸烟有害健康，世界上每个有认知能力的人都明白。但吸烟者就是难以放弃这种伤害自己的欢愉。人对于烟草的需求与社会的规范之间，一方面是明明知道的吸烟的危害，一方面是无法割舍的“爱”。那么，人为什么心甘情愿要“自杀”？

B/“少数人”利益怎么办？

伴随着烟草的风靡，社会文明进程同样经历了很多起伏。政府和教会都曾反对吸食烟草。英国国王詹姆斯一世把烟草叫作“地狱草”，不准民众使用。俄国对吸烟者进行放逐和割鼻子，土耳其的艾哈迈德一世把烟斗杆插进吸烟者的鼻子里。

18 世纪开始，各国逐渐将烟草管理理顺。而即使如此，控烟也在如火如荼地进行，双方到底是此消彼长还是互相成就？甚或烟草的流行和禁烟不是相对抗的，甚至有可能一直相爱相杀、不离不弃？比如电子烟从业者们打造出年轻时尚的品牌形象，但是他们明确表明未成年人不要购买。

可以肯定的一点是：随着各国以提升卷烟制品价格来实现控烟而到来的是抽烟者的痛苦，他们的生活成本上升了，他们抽烟的便利不存在了。在维护“大多数利益”的时候，这些“少数人”的利益受到了一种伤害。有反对“反烟运动”的人提出：抛开人去谈控烟没有意义，是以牺牲一个人群吸烟的自由和自身的权益来实现某些人的政绩、利益或者虚荣心。他们担心吸烟者会被当作麻风病人那样来对待。

关于吸烟人群作为少数人利益受到侵犯的观点，美国学者理查德·克莱恩也持同样的看法："在飞机上，空气都经过严格的净化，乘客在自己的座位上吸烟的权利也被剥夺了。时代从他的手中夺走了一件曾经风靡全球的具有伟大魔力的宝贝，那是一个每个时刻给他虔诚的慰藉、使他面临危险时可以顺从地听天由命的宝物，现在他不得不接受一次令他极度焦虑的飞行航程。"

"权利"，这显然已经超出了香烟的范畴。

C/ 个人自由的测验

20 世纪 80 年代，作为美国总统的卡特，眼中含着泪水，对一群来自北卡罗来纳州的烟草种植者发誓：他绝不会批准删减对他们的补助预算。这是由于他本人就来自烟草种植区，深深理解其中的甘苦，所以甘愿冒被公众批评风险，甘愿背离"保护集体利益免受伤害"这一"政治正确"。

还不再是烟草种植。是的，事实上戒烟和反戒烟的本质已经是政治。2007 年 2 月 1 日，《世界报》发表菲力普·德勒姆的《抽烟上火》：抽烟已成为社会禁忌。

还有一些行为，比如通过审查娱乐方式对自由进行限制。这种做法是令人怀疑的，其实是期望借此增加政府控制或者为了掩盖其他的社会利益。吸烟自由应被视为一种自由的重要象征，而且当它受到威胁时，我们应该立刻看看有什么其他的社会控制也在加剧和正在实施。一个社会对吸烟自由的态度，可以看作它理解个人自由的测验。

理查德·克莱恩曾经很激愤地批评烟草制品反对者们的一元化主张："既然道德家和医生都强烈反对使用烟草制品，那么如果你使用了，那就是一种对权威和人神共治的戒律的藐视和冒犯。"他认为戒烟的本质是政府将公民的不满引向香烟，从而掠夺烟民的权利。

多数人的快感会对社会管理产生威胁，有一种“恐怖”可能潜在地导致不稳定，特别是当统治现状有危机或濒临垮台的时候。当抽烟被视作社会秩序的威胁时，它就变成一种应受惩罚的罪行。如同喝酒和抽烟的消极影响经常看起来是一样的：都把谦卑的、有秩序的工人变成只关心个人快乐的人。政府努力管制这种会带来快感的物质，以保证经济和社会的稳定。

D/ 自由与文明

看一下这两个事例说明了什么？

第一个是明末大员洪承畴为吸食烟草的行为辩护：“辽东士卒，嗜此（烟草）若命。”烟草的魅力如此之大，导致中国最早的禁烟运动夭折。

第二个是极端戒烟的希特勒只允许墨索里尼在他面前抽烟，本质上是他对个人表达自由的极端反感。

因此，控烟所遵循的原则应该是“公众健康 + 人生快乐”，牺牲任何一方面都是偏颇的。所以在控烟的进程中，我们需要明确控烟的意义何在、控烟的主体是谁、到底控谁的烟。在考虑向烟草实施新的法规政策时，必须要非常谨慎地思考斟酌。即使许多平时不吸烟的人，会在个人或公众危机出现时开始吸烟，也会在焦虑感加重、需要自我控制时开始吸烟。这些都是目前控烟法规忽略的人性角落。

《牛津词典》对“文明”的定义是文明社会的特征。其中第六条是：人们具有普遍的同情心，尊重个体的自由选择，关注生活细节。同情心，是人类与动物最大的区别之一。当一个社会的规则容许人们“自私自利”，鼓励人们互惠互利时，人们反而会自发地同情弱者，处处为弱者着想。如果一个社会里最弱小的存在也可以活得有尊严且幸福，那我们可以说这是一个高度文明的社会。

别篇：《芝诺的意识》

这是20世纪最出色小说之一。主人公芝诺终其一生都在奉行一个虚幻的信仰：我抽的是最后一支烟。事实上这“最后一支”总是变成“另一支”，而下一支才是最后一支。抽烟是一种生活方式，戒烟也是一种生活方式。

《芝诺的意识》（The Confessions of Zeno）又译《芝诺的告白》《泽诺的意识（告白）》《最后一支烟》等，是著名的精神分析小说，深刻影响乔伊斯的《尤利西斯》，创作于1923年，通过主人公“最后一支烟”的心理历程，把人物复杂、矛盾的心态赤裸裸呈现出来，映照出人类脆弱的心理和隐藏起来的喜怒哀乐，带读者走进每个人心底潜藏着的一面。

A/“最后一支烟”

这是一部关于戒烟的小说？是，也不是。小说塑造了一个老烟民，或者说一个老“戒烟民”，这个不断尝试戒烟而不成的主人公终其一生都在戒烟，都在奉行一个虚幻的信仰：我抽的是最后一支烟。总在说“我抽的是最后一支烟”，但事实上，这“最后一支”总是变成“另一支”，再“另一支”，而下一支才是“最后一支”。只有不断食言和失信。

小说有很多精彩的描写。

——他和两个男孩躲进地窖，比赛看谁在最短时间抽最多的烟。他赢了，代价是头晕脑涨。他大度而富有英雄气概地掩饰着这次比赛给他身体造成的伤害。

——对香烟的厌恶是一种让人喜爱的厌恶。

——“香烟有害，我不能再吸了，我们要做的第一件事就是再吸最后一支烟。”最后一支烟“完美地粉碎了自己的誓言。要戒烟，你首先就应该吸最后一支烟”。“最后一支烟在20岁时开始在我心中起舞，至今没有停息。”

——1896年2月11日：我要告诉你，在一个又一个诺言之后，此时此地，我宣布，我刚刚吸过的烟就是最后一支烟。

——那一天下午：4点差7分，我又在吸烟，依然像往常一样吸着最后一支烟。

——1896年2月13日：昨天晚上，我已经向丽维娅保证再也不吸烟了。

——那一天下午：谢谢你一时冲动的恩典，允许我最后一次吸烟，以后我们再也不用谈论这个问题了。

——1896年2月19日：我正在吸的这支烟将是最后的一支。

B/ 生命是一种病症

当芝诺老了，他终于成功戒烟，同时发现了人生的智慧：抽烟是一种生活方式，戒烟也是一种生活方式，这是一种两难的人生境界，这是享受欢愉的痛苦的庄严而奇特的一生。吸烟和戒烟，成为人生不同的阶段的里程碑，是时间的流逝、生命的前行。戒烟即失去，昭告人生：香烟是完美诱惑力与力量的替代品。

“吸烟就是我的生活方式，现实中每个人其实都还有更糟糕的生活方式。”

吸烟就是他生命的全部。如果治疗，那等于说生命本身就是一种病症。医生们总是把生命本身的痛苦当作疾病而企图治疗它。吸烟确实有一些令人不快的地方，生命不也是如此吗？生命是痛苦的，爱情是伤人的，它们构成生命的全部，它们对人类的伤害无法被治愈。并非所有的伤痛都是疾病。“现在我老了，没人指望从我这得到任何东西，我继续从抽烟转到决心戒烟，然后又开始抽烟。现在这种决心有何意义呢？”

结尾不可思议，是一个神奇的预言。要知道这是1923年，核技术还未被投入应用。

“或许机器时代的某种难以置信的某种灾难会将我们带回到健康的状态。那时，有一个人，与其他人一样，呼吸着有毒的空气，他就在他的房间里，他安静地发明了强大的爆炸物。而另一个人，他偷走了爆炸物并安装到地心去引爆。然后，没有人会听到这爆炸声了。地球恢复了它模糊混浊的形态，在宇宙中飘荡。一切都消失得无影无踪，包括寄生虫和疾病。”

C/ 吸烟犯罪感

伊塔洛·斯韦沃（Italo Svevo，1861—1928），意大利犹太商人兼小说家，被誉为20世纪最出色小说家之一。大器晚成，六十岁后才写出成名作《芝诺的意识》，此书令詹姆斯·乔伊斯称叹。可惜的是作家在一次意外的车祸中遇难身亡。

穿透这部描述心理治疗过程的小说，作家对精神分析疗法的文学改革，不再是性压抑，而是吸烟史。

芝诺的抽烟史是从偷父亲钱买烟开始的：开始吸烟就是以某种违法举动为标志的。既然道德家和医生都强烈反对使用烟制品，那么如果你使用了，就是对权威和世俗戒律的藐视和冒犯。

直到有一天被父亲碰了个正着。“我吓得要命，只能撒谎说因为好奇在数他衣服上的纽扣。父亲似乎认可了我的清白。但我仍然感觉到他嘲笑了我。”

当父亲把吸了一半的“弗吉尼亚”雪茄放在桌子上或者抽屉里，他认为这是父亲丢弃了的，于是偷偷地拿来吸。

他以这种方式占有父亲的物品，从而使自己变得像一个成年人。

芝诺非常明白，一旦开始吸烟，就有一种俄狄浦斯式的犯罪感。因为父亲的信任，儿子在心里默默地用自责来惩罚了自己，而且这种惩罚的效果是父亲的管束所不能达到的。

假设，父亲的笑根本就是假的，他清楚地看到了芝诺伸进马甲口袋里的手，他只是没有拆穿儿子，给了芝诺一个机会，让他从道德上实现自我认识。

儿子通过父亲化的方式，占有代表了父亲的物品，从而让自己成为像父亲一样的人。

D/ 放大的悖论

除了吸烟的恶习，他又增加了一个决心戒烟的“恶习”，而吸最后一支烟的决定在他生活中变得越来越重要。

从小说里，读者可以看到放大的悖论：政府一边在烟盒上印上警示文字，一边又大力资助烟草种植者；一边抨击吸烟的影响，一边仍在支持香烟市场。

萨特说：决心无法左右行为，往往是人对自由向往的必然结果。过去看似最庄重的决心的失败证明了宿命论的荒谬，证明了即将面对最有力的决定，我们仍然会服从我们自由的天性。

生命本身就是一种疾病，只有死亡能够治愈。“或许我就像长期消化不良的戈尔多尼，他一生都在患病却想健康地死去。”

吸烟本身确实有不完美甚至让人不舒服的方面，但生命本身不也是这样吗？

简单说：痛和爱就是生命的全部，它们对人的伤害是不能被看作疾病的。

爱情是伤人的，生命是痛苦的，它们都不是疾病。

文明所创造的疾病的数量远远超过人类所能够治疗的数量。

吸烟与放弃吸烟对他而言是一种沉思的形式，是一种对呼吸的训练，仿如在吞食圣餐。

一次又一次地下决心戒烟，已经成了他继续吸烟的必不可少的前提条件。这个心理学的导论就是：如果戒除某种癖好的决心实际上允许了甚至保证了这一癖好的继续存在，那么用什么方法才能驱除它呢？

大事记

CHRONOLOGY

公元前 5000 至公元前 3000 年期间，作为礼仪习惯的一部分，北美和南美出现烟草使用的人类行为。

432 年，在墨西哥神庙宗教仪式上，玛雅人将烟草用于祭祀吸食。

1492 年 10 月 12 日，哥伦布及船员一行抵达北美，原住民将烟草作为礼物送给他们。11 月 6 日，船员路易斯·德·托雷斯（Luis de Torres）和罗杰里奥·德赫列斯（Rodrigo de Jerez）成为欧洲最早的吸烟者。回国后，托雷斯被神圣宗教裁判所关了 7 年。德赫列斯也于 1498 年被以施妖术的罪名判处 10 年监禁。

1528 年，西班牙人将烟草种子带回欧洲大陆。

1542 年，葡萄牙水手将烟草传播到日本。

1560 年，一位名叫杰恩·尼古特（Jean Nicot）的法国外交官，从葡萄牙拿到烟草种子并带回到法国。法国国王为表彰他的功绩将烟草命名为“Nicotiana”，从此这个名字成为烟草的通用命名。而另外一种提取自烟草的化学物质生物碱也据此命名：“nicotine”，这就是大名鼎鼎的尼古丁。

1571 年，西班牙名医兼植物学家尼古拉斯·蒙纳德斯（Nicolas Monardes）撰写医书《新世界（指现在的美洲和大洋洲）药用植物》（又名《关于烟草可以治愈的 36 种特定疾病》），指出烟草能医治疾病、驱除邪灵，从牙痛到癌症等都在这本书被提及。

1575 年左右，西班牙人将烟草移植到菲律宾。至 16 世纪末，烟草由菲律宾传至中国台湾，经由福建厦门、漳州一带传入其他各省。

1580 年，烟草经葡萄牙传入土耳其，随后辗转进入伊朗、印度等地。

1584 年，伊丽莎白女王一世授权沃尔特·罗利去北美建立殖民地。

1586 年，罗利从北美回到英国并带回烟草献给女王。

1588 年，罗马天主教会禁止在教堂里使用烟草，这是世界上第一道针对烟草的禁令。

1598 年，有关烟草的描述开始出现在欧洲的文献和艺术作品中。

16 世纪，烟草被欧洲、中国、印度的医疗系统断定为有益身体健康，伊斯兰国家也接受了烟草。

16 至 17 世纪，烟草先后由南、北、东、西四路传入中国。除南路由菲律宾传至广东、福建外，北路约 17 世纪初由朝鲜传至东北，并销售到北京；西路由印度和缅甸等地以水烟形式传入，另有从俄罗斯南下传至中亚和中国西北部地区。

1604 年，英格兰国王詹姆斯一世写出著作《对烟草的强烈批判（*A Counterblast to Tobacco*）》，谴责抽烟行径。

1606 年，英国人以在北美建立商业殖民地为目的组建弗吉尼亚公司。

1610 年 5 月，25 岁的英国移民约翰・拉尔夫来到了弗吉尼亚詹姆斯敦，建立世界最早的烟草种植园。

1612 年，弗吉尼亚公司开始在詹姆斯敦种植烟草，生意火爆。法国、意大利等国也积极效仿。

1618 年，詹姆斯一世斩首了使用烟斗的倡导者以及最早开拓弗吉尼亚至英国贸易的罗利爵士。

1624 年，英国人在弗吉尼亚建立第一个殖民地，并以烟草种植为主业。同年，詹姆斯一世解散弗吉尼亚公司，将其纳入国王的权限之内，烟草业以皇室垄断的形式重组。烟草成为英国财政收入的重要来源。

1633 年，奥斯曼土耳其对吸烟者处以死刑，遭激烈反对，不得不在 1647 年取消规定。

1634 年，莫斯科主教禁止销售烟草，抽烟者受到切开鼻孔或者鞭笞的刑罚。

1636 年，西班牙成立由王室掌控的世界首家烟草专营公司，从种植到销售全面垄断。

1624 年，浙江绍兴人张介宾编纂《景岳全书》，大量篇幅说到烟草的疗效。

1639 年，明思宗下令全国禁止吸烟，凡私自兜售淡巴菰（即烟草）均斩首示众。

17 世纪 30 年代，共有 3 万多英国人移民到美洲种植烟草。

1642 年 1 月 30 日，教皇乌尔班八世颁布教旨《为了将来的回忆》，是又一份烟草禁令。

1665 年，伦敦大瘟疫期间，烟草被提倡用于净化不良空气（病毒 / 细菌）。

1681 年，教皇英诺森十一世再次颁布烟草禁令。

17 世纪，法军的战略后备物资中已有大量烟草。

1730 年，北美大陆第一家烟草公司在弗吉尼亚州开业。

1805—1815 年，清代陈琮辑录前人著作成《烟草谱》出版，被评价为与陆羽《茶经》地位相当。

1806 年，法兰西第一帝国成立国家烟草专卖局，并开征烟草税。

1816 年，法国人弗朗索瓦·德罗斯纳发明摩擦起火的化学火柴。

1823 年，德国化学家备贝莱纳在实验室发现氢气遇到铂棉会起火，这被认为是打火机的前身。

英国人沃克在 1826 年、瑞典人伦特斯特洛姆在 1852 年对火柴做出改进，发明了以磷和硫化合物为发火物的安全火柴。

1832 年，在土耳其和埃及的战争中，一名埃及炮手用纸包住烟丝吸食烟草，这是最早的卷烟。

1839 年，北卡罗来纳州一个种植园失火，烤烟由此发明，为现代卷烟发展提供了原料基础。

1843 年，法国、古巴创办卷烟厂，香烟商业化开始。

19 世纪中叶，法国生理学家克劳德·伯纳德（Claude Bernard）深入研究了尼古丁对神经系统的影响。

1853 年，英国反烟协会成立。

1854 年，清政府实行厘金制度，敕令各地成立“捐厘公局”，开征烟叶厘金。

19 世纪 60 年代，第一台卷烟机发明。

1868 年，意大利实行烟草垄断。

1879 年，卫省轩在广东省佛山县创办中国第一家火柴厂——巧明火柴厂。

1880—1881 年，詹姆斯·邦萨克（James Bonsack）对卷烟机做出改进，卷烟产量大增并开始普及。

1885 年，杜克利用邦萨克自动卷烟机使香烟制造机械化。1889 年，杜克企业销量占全美市场 38%，名列第一。

1890 年，中国人邓宁在英商老晋隆洋行开始小规模销售进口香烟，卷烟开始进入中国市场。

1889 年 1 月，文森特·凡·高（Vincent van Gogh）创作《耳朵上绑绷带叼烟斗的自画像》。

1890 年，杜克组建美国烟草公司。

1891 年，邦萨克卷烟机进入上海，这是中国机制卷烟的开端。

1895 年，利维《Albert Levy》爵士在伦敦创始 555 品牌（全称 State Express 555）。

1895 年起，鉴于吸食烟草对女性和儿童健康的影响，美国在部分州禁止售卖烟草。

1899 年，美国人菲利斯克带着“品海”等香烟来到上海，从此打开中国香烟市场。

1902 年，英美烟草公司以海盗牌（PIRTE，后改成“老刀”），敲开了中国烟草市场的大门。此后，白锡包、红锡包、三炮台、大英、哈德门、老巴夺、大前门占据了民国时期大多数卷烟市场。

1902 年，美国烟草公司和英国帝国烟草公司联合组建英美烟草公司。

1902 年，中外合资北洋烟草公司在天津开业，次年推出中国第一个卷烟品牌“龙珠”。

1904 年，电影镜头中第一次出现吸烟画面：来自高蒙公司的《第一支香烟》。

1905 年，日本华侨简照南在香港创办南洋烟草公司，生产出“双喜”“飞鹤”等品牌香烟。

1905 年，毕加索创作《拿烟斗的男孩》。画作在 2004 年伦敦苏富比拍卖会上以 1.04 亿美元成交，创造了当时世界名画拍卖史的最高纪录。

1907 年，光绪颁布禁令反对未成年人吸烟。

1907 年，雷诺兹创始骆驼（CAMEL）品牌。

1911 年 6 月 4 日，上海成立了“劝戒纸烟会”。

1915 年，美国“新女性运动”开启，上层社会和中产阶级妇女抽烟比例上升成为一个标志。

1916 年，中国第一家烟草机械厂——英美烟草机械厂（即上海烟草机械厂前身）建成。

1918 年，美军约翰・潘兴将军给战争部长写信：“你问我赢得战争需要什么，我要告诉你，我们需要香烟，更多的香烟——甚至比食物更多。”

1919 年，菲利普・莫里斯公司在纽约成立。

1923 年，意大利籍犹太小说家伊塔洛・斯韦沃创作出版《芝诺的意识》（*The Confessions of Zeno*）。通过主人公“最后一支烟”的心理历程，把人物复杂、矛盾的心态呈现出来。

1924 年，美国《读者文摘》杂志发表《烟草对人体有害吗？》，第一次广泛传播“烟草可能有害”。

1924 年，打火机经过改进投入批量生产。

1929 年，德国内科医生弗里茨・利金特意识到了吸烟和肺癌的直接关联，引发医学界的重视。

1932 年，《美国癌症杂志》刊文第一次将肺癌和香烟联系在了一起。

1942 年 11 月 26 日，华纳兄弟影片公司出品的《卡萨布兰卡》在美国上映，以抽烟镜头多而闻名。

1947 年，化学家罗瑞拉德（Lorillard）证明吸烟会导致癌症。

1948 年，美国医学会报告吸烟能摆脱精神紧张。

1949 年，调查显示英国男性 81% 吸烟，女性 39% 吸烟。

1950 年，过滤嘴香烟开始出现。

1951 年，“中华”牌卷烟开始生产。

1952 年，美国劳里拉德（Laurillard）公司生产出加石棉过滤嘴的香烟，以减少焦油和尼古丁的吸入量。

1952 年，劳里拉德公司据公司前执行官 Herbert Kent 名字命名创立健牌（KENT）。

1952 年，《读者文摘》以《香烟引起的癌症》为题，揭露了过滤嘴香烟的假象。

1954 年，美国成年人吸烟比例达到历史最高水平，为 45%。

1954 年，万宝路（Marlboro）美国牛仔形象诞生，一跃成为世界第一大烟草品牌，最高峰时全球平均每分钟消费 100 万支。

1954 年，4000 名英国医生进行“吸烟是否有害”的研究，结论是：抽烟的后果远远超出呼吸系统所能承受的程度，长期吸烟极有可能导致平均寿命降低。

1963 年，美国人赫伯特·吉尔伯特发明第一支电子烟。

1964 年 1 月，美国联邦卫生局医政总署发表报告，明确提出了吸烟对人体健康有害，特别是与肺癌和心血管疾病有密切关系，第一次以国家政府名义给出了“吸烟危害健康”的结论，同时也指出吸烟者患神经失调的比例只有不吸烟者的一半。

1967 年，在纽约首次举行了世界吸烟与健康会议。

1968 年，莲花车队将帝国烟草公司的“金叶”香烟标志贴上了赛车。后菲莫赞助迈凯伦、万宝路支持法拉利，烟草公司与赛车广泛结缘。

20 世纪 60 年代以后，烟草产业转向低焦油方向。

1976 年 7 月 9 日，法国开始限制烟草广告，增加烟草税收，限定在公共场所吸烟的范围。这是世界上较早通过的现代意义上的禁烟法令。

1979 年，中国政府发布关于宣传吸烟有害和控制吸烟的通知。

1980 年，世界卫生组织提出“要吸烟还是要健康，任君选择”的口号，并把这一年定为“反吸烟年”。

1982 年，中国烟草总公司成立。

1984 年，原轻工业部烟草专卖局改组为国家烟草专卖局，与中国烟草总公司一套机构、两块牌子，上级管理单位是工信部，中国烟草行业步入集中统一管理时代。

20 世纪 80 年代，万宝路、健牌、骆驼、555 等知名品牌相继回归或进入中国市场。

1985 年，世界卫生组织邀请世界知名专家讨论吸烟问题，认为吸烟可以部分预防子宫内膜癌、结肠溃疡、震颤性麻痹症、妊娠中毒性贫血和骨质疏松等 5 种疾病。

1986 年，国际足联在各大体育组织中第一个宣布不接受烟草业广告。

1988 年，加拿大冬季奥运会率先提倡并践行赛事无烟化。

1988 年 4 月 7 日，联合国世界卫生组织世界第一个无烟日活动举行，提出“人人为健康，健康为人人”的口号。

1989 年 5 月 31 日，世界第二个无烟日活动举行，主题是“妇女与烟草”。此后每年的“世界无烟日”都定在儿童节的前一天，以提醒人们注意烟草对儿童的危害。

20 世纪 80 年代，烟草产量在欧美等经济发达国家到达峰值。

1992 年，巴塞罗那奥运会实现全面禁烟，其后的每届奥运会都成为无烟运动会。

1994 年，澳大利亚统计局对 1200 万国民所做的调查表明，吸烟者比不吸烟者患心脏病和高血压病的人数要少。约有 24.9% 的吸烟者没有患过任何疾病，而不吸烟者中未患任何疾病的仅占 17.9%。

1995 年，云南红塔集团和玉溪红塔烟草公司董事长褚时健被举报贪污受贿。1999 年，被判处无期徒刑。

1995 年，《中华人民共和国广告法》施行。

1996 年，香烟烟雾中含有的强烈致癌物——苯并芘被发现。

1992 年 1 月 1 日，《中华人民共和国烟草专卖法》发布实施。

1997 年 5 月，中国政府禁止人们在公共场合抽烟。同年，第十届世界禁烟大会在北京举行。

1998 年，美国烟草企业被迫答应在接下来的 25 年内，每年支出数十亿美元用于患病烟民的医疗，直到总额达到 2050 亿美元。一系列烟草巨额诉讼相继发生。

20 世纪 90 年代，细支烟开始在欧美国家出现。

2003 年，世界卫生大会通过《世界卫生组织烟草控制框架公约》，这是联合国系统第一部具有法律约束力的医药卫生多边条约。同年，中国签署该公约。

2003 年，中国药剂工程师、烟民韩力，出于戒烟的目的，开发电子烟“如烟”。

2004 年 3 月 30 日，爱尔兰开始在公共场所全面禁烟，影响到整个世界的烟草发展，机场等高端、大型公共场所开始推出吸烟屋，普通公共场所也提供了普通吸烟区。

2005 年，欧洲议会规定：禁止香烟制造商赞助包括体育比赛在内的大型活动。

2005 年，中国归因于烟草使用的死亡人数达 120 万，其中有 33.8% 的人在 40—69 岁之间死去。

2007 年 3 月 6 日，《神经学》杂志指出，之前吸烟 15—24 年的人，患帕金森病的风险明显降低 30% 到 60%。美国化学学会《生物化学》研究表明，烟碱能阻止异常的脑硬化致病物乙种淀粉蛋白块形成。

2008 年，欧洲开始实施公共场所禁烟。

2014 年，“vape”，也就是电子烟，入选英国牛津词典年度词汇。

2016年，中国明确控烟目标：2030年成人吸烟率降低到20%。

2017年，曾经担任Uber中国区负责人的汪莹创建深圳雾芯科技，主产品为悦刻（RELX）电子烟。

2019年，CCTV“3·15”晚会集中揭开中国电子烟市场乱象，指电子烟甲醛超标、诱导小学生购买、危害吸烟者和被动吸烟人群健康。

2019年7月9日，《健康中国行动（2019—2030年）》发布，其中“控烟行动”被列为第四项。

2019年11月，中国互联网电子烟禁售政策出台，电子烟法治化监管开始加速。

2020年，数据显示中国成人吸烟率为26.6%，吸烟人数超过3亿，占全球烟民23%，是第一大香烟消费国。

2020年11月，3位科学家揭露：20世纪50年代，烟草公司贿赂27位诺贝尔奖得主，转移走了大量吸烟导致死亡的证据。

2020年，瑞典乌普萨拉大学对90万人进行8年随访研究发现，吸烟可导致7种心血管疾病。

2021年1月23日，悦刻登陆纽交所，暴涨146%，汪莹身价超1700亿元。

2022年5月1日，中国《电子烟管理办法》开始实施，规定禁止销售除烟草口味外的调味电子烟、禁止向未成年人出售电子烟产品等。同时，国家市场监管总局（标准委）发布电子烟强制性国家标准。

2022年，新西兰通过包含“下一代无烟”条款的法案（规定不允许向2009年1月1日之后出生的人销售烟草制品），后被多国效仿。2023年，新西兰和马来西亚相继宣布废除这一法案。

2023年，加热卷烟已经成为跨国烟草公司新增长点，各公司积极推出新产品，开拓新市场。

2024年，美国成年人吸烟比例下降到11%。

后记：香烟的未来

香烟到底是什么？一定程度上香烟就是正在消逝的存在，就是消亡这个词的本义在现实世界的展现。

500 年来，人类与香烟曾经度过了可以称之为“美好时代”的岁月。而人类命运的一次新冒险历程正在我们面前展开，那是一种新的人类进化。那么香烟呢？

1

尽管吸烟所导致的疾病与死亡使医疗卫生资源更为紧张，烟草种植也挤占了其他粮食作物的耕种面积，但《柳叶刀》的研究报告显示：戒烟已无疑是世界上最成功的公共卫生及人类健康行动之一。反烟、控烟经过几十年的推动和发展，从地区到国家、从区域到国际、从发达国家到发展中国家，逐渐形成了全球性运动。世界卫生组织数据显示，当前吸烟率处在过去几十年中的最低水平。2018 年中国 15 岁及以上人群吸烟率为 26.6%，与既往调查结果相比，吸烟率呈现下降趋势。

而经济发展的最终目的是提高人们的生活水平，让人们生活得更健康、更长久、更幸福。烟草行业也不例外。烟草产业因其特殊性，必然成为未来经济转型、产业转型的看点。

2

目前，中国官方对“吸烟与健康”的基本观点十分明确。

《中华人民共和国烟草专卖法》第一章第五条规定：国家加强对烟草专卖品的科学研究和技术开发，提高烟草制品的质量，降低焦油和其他有害成分的含量。国家和社会加强吸烟危害健康的宣传教育，禁止或者限制在公共交通工具和公共场所吸烟，劝阻青少年吸烟，禁止中小学生吸烟。

国家烟草专卖局官方网站上也做了进一步的解释：同时提倡各种不同观点的交流、对话和合作，客观、冷静、科学、合理地思考和解决各种矛盾和问题。反对那种不科学的、偏激的、推断式的，甚至是危言耸听的反吸烟宣传及其做法。

《中华人民共和国烟草专卖法》第一章第一条还为行业发展奠定了法律基础：卷烟在世界范围内都是合法产品，中国烟草行业坚持依法办事，严格在现行法律规定的范围内从事生产经营和相关活动。同时烟草行业将进一步加强行业自律和科技进步，努力减少烟草的有害成分，适应社会发展的需要。

3

又一个话题是：烟草产业的税利贡献是否可以弥补全社会的成本付出？这些税利到底是如何使用的？一个宏大的力量长期以来于无声

处幽灵一般形塑着我们的日常生活。趋势的改变已经于烟草公司显现。

菲利普·莫里斯公司最近十几年的财报显示不仅利润没有增长，而且基本上随着全球吸烟率的降低，处于衰退之中。但他们决定将在10年内停止在英国出售香烟，此举是该公司成为无烟公司目标的一部分。其领导人说："我们能够看到没有香烟的世界。事实上，这发生得越早，对所有人都越好。在一些国家，只要有正确的监管，10年后就能实现。"耐人寻味的还有：它收购了英国制药公司"Vectura Group"，后者生产哮喘吸入剂，从而进军医疗保健行业。目前，公司已有近四分之一的收入来自替代产品。

英美烟草公司早在20世纪60年代就开始了多元化发展，积极推广新的产业，比如他们利用F1推广的并不是烟草品牌，而是一种名为"雅得利"的香水。

4

第三次工业革命以来新技术频现，所以新技术将如何影响烟草产业及烟草的社会文化现象就具有重要的意义。

最显著的是新型烟草，包括电子烟。事实上，它们试图解除人和社会对烟草的依赖。而由于这种尝试超越了现有的发展阶段，缺乏成功的必要条件，发展时遭遇巨大阻力自然在所难免。比如，改变人烟共同体更可行的方案是什么？烟草产业又将如何实现自身的转型升级？

在强大的社会需求和现代科技支持下，研发出一种低危害又基本具备甚至完全具备传统卷烟吸食功能与感受的新型烟草制品是可能的。如果这种产品最终取得成功，在消费者对尼古丁的依赖以及现代网络经济推动下，新型烟草制品可能为消费大众接受，并最终替代传统产品，带来一个完全不同的未来。

医生们则倡议以简单化的方式进行迭代，即用土豆叶等替代尼古丁叶，实验表明“经过工艺处理这种替代可达到相近味道”。

各种探索事实上是为数众多的。

5

人类必须抛弃的是二元论、零和博弈。也就是说，如果烟草仅仅只有害处，毫无益处，那么，烟草是不可能走进人类生活的。“无害共处”不仅是人类的感性生命而且是理性需求。萨特早已明确过这一思维：“我眷念的并不是烟草的味道，而是我即将失去的吸烟这个行为本身的含义。”法国学者迪迪埃·努里松说：“禁烟与吸烟，是科学与诗歌，是健康与自由。”

我们似乎还可以跳出香烟来说——糖业也被曝出令消费者难以察觉其高度的成瘾性，慢性创伤性脑病变折磨是足球运动中经常发生的，手机公司则想方设法抹除手机辐射与各种健康问题之间的关联，哪怕世界上的枪击案已达到平均每天一起的程度，枪械业依旧透过游说成功地避开了许多实质性的监管，而化石燃料公司在油气排放与气候变迁之间的联系公开化面前依旧蓬勃。

不止烟草，很多商业决策可带来短期盈利，但长期来看累积着威胁文明的危险。那么我们是如何对待烟草之外其他类似行业的？

6

人与烟是否可以和谐共生？或者说是否可以如 500 年来这样和谐共生，而不是在零和博弈中只顾及道德正确？烟草本身作为一种自然存在物不是敌人，尼古丁作为一种天然的生物碱同样不是敌人。

在漫长的人类和烟草相互影响、相互改变的过程中，它们在互动中不断发展，并最终在特定历史和社会发展阶段定型，只不过突然之间不再适应现代社会发展的需要，一如人类文明发展中许许多多的事物。

让我们告别水火不容和势不两立的价值观，而将其统一于变革和改造人烟关系，使之适应现代社会发展需要这一共同目标。

比如是否可以务实地这样努力：减少并消除致病物质的生成和摄入，防止烟草向不适当群体扩散，不断降低社会对烟草的依赖。

7

这将是一个既古老又现代的难题。人的生理需求、社会的形态构成、产业的转型突破、文化的传承发展、哲学的无望抽离、艺术的瞬间触动……所有的方面都在暗示，也许人类的美好未来并不需要摒除香烟。

2008 年 1 月，《世界报》刊发了米其林娜·贝纳塔尔医生的看法："一个社会如果不能容纳异己分子，例如自己感到幸福的吸烟者，那么这样的社会简直就是一个极权社会。"事实上无论是世卫组织层面还是各国政府部门，在对待这一问题上的做法是公平的：成年人吸烟是个人的自主选择，在开展控烟工作中既要尊重不吸烟者的权利，也要尊重吸烟者的权利。

而当我们的思考指向停留在吸烟者、烟草公司，它们真的是问题的终结吗？有权力左右这一切的不是某一个个体，显赫的烟草势力和消费者以及生产者，谁承担了更多？从此以后，人类从前遵循的有关烟草的社会契约不复存在，取而代之的是以人类健康为名义来进行的社会管制，而这种健康标准却是由管制者来定。香烟以其更具典型意义的提醒告诉我们：对政策制定者的不宽容拥有可贵的价值。

8

那么这样一个幽灵是否已经出现：吸烟者之魂逡巡在一片已没有

烟草立足之地的土地上。弗朗西斯·培根400年前的话已成为遥远的梦境：“烟草广泛传播，倾倒众生，带来一种神秘的欢乐，这种欢乐如此之深，以至于任何人习惯后难以自拔。”

2008年1月，法国《观点》（Le Point）杂志主编克劳德·安贝尔感叹：“最后一次向消逝远去的吸烟乐趣致敬，带着特有的芬芳，一个时代离开了我们。它同时带走了那混杂英国荷兰风味金黄色烟丝的甘美，带走了茨冈、波雅尔法国棕色烟丝的味道。今后将只能在家里享受哈瓦那雪茄的快感了。”

理查德·克莱恩预警了这一文化现象：某一天，当反烟运动的胜利者用他们的鞋底踩熄地球人制造的最后一个烟头，世界是否会感到一丝悲伤呢？或者哀悼从此失去了一种风尚、一支梦幻的魔杖？

而失去是否可以带来新生，其实并不能准确预测。一部烟草史，仍然是充满着大大小小谜团的一段独特而魅力蒸腾的历程。